21世纪全国高等院校材料类创新型应用人才培养规划教材

高分子材料与工程实验教程

主　编　刘丽丽
副主编　浦丽莉　李伟奇　胡明星
主　审　朱传勇

内容简介

本书分为绪论、正交试验设计、数据处理、高分子基础实验、高分子材料成形加工与性能实验、综合性实验、设计性实验7个部分，力求较全面地反映高分子材料与工程实验的内容，涉及范围广，应用性强。当代计算机技术的飞速发展，使得各个领域的科学家和工程人员运用计算机去解决各自领域中的问题，因此本书从实验方案入手，融入一定量的计算机模拟技术和利用计算机处理数据的实验内容。另外，对某些实验还从不同的侧面反映同一实验目标，内容齐全，信息量大，这对高分子材料与工程实验教与学有较大帮助。

本书可作为高等院校材料类、化学类、化工类、环境类等相关专业的实验教学用书，也可供其他相关专业参考使用。

图书在版编目(CIP)数据

高分子材料与工程实验教程/刘丽丽主编. —北京：北京大学出版社，2012.8
(21世纪全国高等院校材料类创新型应用人才培养规划教材)
ISBN 978-7-301-21001-7

Ⅰ.①高… Ⅱ.①刘… Ⅲ.①高分子材料—实验—高等学校—教材 Ⅳ.①TB324.02

中国版本图书馆CIP数据核字(2012)第166449号

书　　名：高分子材料与工程实验教程
著作责任者：刘丽丽　主编
策划编辑：童君鑫　宋亚玲
责任编辑：宋亚玲
标准书号：ISBN 978-7-301-21001-7/TG·0030
出版者：北京大学出版社
地　　址：北京市海淀区成府路205号　100871
网　　址：http://www.pup.cn　http://www.pup6.cn
电　　话：邮购部62752015　发行部62750672　编辑部62750667　出版部62754962
电子邮箱：pup_6@163.com
印刷者：北京富生印刷厂
发行者：北京大学出版社
经销者：新华书店
787毫米×1092毫米　16开本　13印张　296千字
2012年8月第1版　2012年8月第1次印刷
定　　价：28.00元

未经许可，不得以任何方式复制或抄袭本书之部分或全部内容。

版权所有，侵权必究　**举报电话：010-62752024**
电子邮箱：fd@pup.pku.edu.cn

21世纪全国高等院校材料类创新型应用人才培养规划教材

编审指导与建设委员会

成员名单 （按拼音排序）

白培康 （中北大学）
陈华辉 （中国矿业大学）
崔占全 （燕山大学）
杜彦良 （石家庄铁道大学）
杜振民 （北京科技大学）
耿桂宏 （北方民族大学）
关绍康 （郑州大学）
胡志强 （大连工业大学）
李 楠 （武汉科技大学）
梁金生 （河北工业大学）
林志东 （武汉工程大学）
刘爱民 （大连理工大学）
刘开平 （长安大学）
芦 笙 （江苏科技大学）
裴 坚 （北京大学）
时海芳 （辽宁工程技术大学）
孙凤莲 （哈尔滨理工大学）
孙玉福 （郑州大学）
万发荣 （北京科技大学）
王春青 （哈尔滨工业大学）
王 峰 （北京化工大学）
王金淑 （北京工业大学）
王昆林 （清华大学）
卫英慧 （太原理工大学）
伍玉娇 （贵州大学）
夏 华 （重庆理工大学）
徐 鸿 （华北电力大学）
余心宏 （西北工业大学）
张朝晖 （北京理工大学）
张海涛 （安徽工程大学）
张敏刚 （太原科技大学）
张 锐 （郑州航空工业管理学院）
张晓燕 （贵州大学）
赵惠忠 （武汉科技大学）
赵莉萍 （内蒙古科技大学）
赵玉涛 （江苏大学）

前　言

“高分子材料与工程实验教程”是高等院校材料类、化学类、化工类、环境类等相关专业学生必修的重要实践课程。它与高分子材料理论课相互依存、相辅相成，高分子材料与工程实验教学对于加深学生对理论课知识的理解、训练实验技能、掌握实验测试技术、培养解决实际问题的能力有着重要作用。

为了更好地适应当代计算机技术飞速发展的需要，及时跟上实验技术的进步和实验仪器更新换代的步伐，本书从实验方案入手，融入一定量的计算机模拟技术和利用计算机处理数据的实验内容；并在实验教学中不断充实实验内容、优化实验方法、更新实验仪器、总结实验经验；对某些实验还从不同的侧面反映同一实验目标，内容齐全，信息量大。考虑到实验教材也应该随着科学技术的发展和实际应用需求而与时俱进，不能只限于加深学生对理论知识的理解，更多地要从“应用”上下工夫，使教材更好地为培养应用型人才服务。因此，在编写时我们十分重视实验测试技术的强化及其应用潜力的开发。所选实验联系理论教材实际，照顾理论教材的知识面和章节结构。实验所需条件不脱离一般实验室实际。其中，有经典实验，也有改进实验和新编实验；有综合性实验，也有设计性实验。为便于学生预习和收到更好的实验教学效果，还在实验项目内容中增加了实验仪器装置图、思考题及注意事项等内容。

本书具有以下几个特点：①精选实验内容，力求涵盖面较宽，适合化学类、材料类、化工类、环境类等专业使用；②尽量吸收反映高分子材料实验教学的最新成果，采用先进且价格适中的实验仪器、装置，更新不合时宜的实验内容；③扩充了综合设计性实验内容，有利于学生综合实验能力的培养和提高；④内容叙述力求简洁。

本书分为绪论、正交试验设计、数据处理、高分子基础实验、高分子材料成形加工与性能实验、综合性实验、设计性实验 7 个部分，由黑龙江工程学院和哈尔滨工业大学合编。本书的编写采用分工协作完成。其中李伟奇负责编写第 1 章、第 2 章、第 3 章；刘丽丽负责编写第 4 章及第 5 章 5.15～5.18 节；浦丽莉负责编写第 5 章的 5.1～5.14 节；胡明星负责编写第 6 章、第 7 章的内容。同组人员共同完成书稿的通读、整理和定稿，本书由朱传勇审稿。本书编写过程中得到了黑龙江工程学院材料与化学工程系朱传勇、高春波、林鹏的大力支持，并参考了国内同类教材的部分内容，在此一并表示衷心的感谢！

由于本书编者水平所限，加之时间仓促，书中疏漏之处在所难免，恳请使用本书的读者多提宝贵意见。

编　者

2012 年 6 月于哈尔滨

目　录

第 1 章　绪论 …… 1

1.1　高分子材料与工程实验的特点和任务 …… 1

1.1.1　特点 …… 1

1.1.2　任务 …… 1

1.2　学习方法 …… 3

1.3　高分子材料与工程实验室安全知识 …… 4

1.3.1　安全用电常识 …… 5

1.3.2　使用化学药品的安全防护 …… 6

1.3.3　受压容器的安全使用 …… 8

第 2 章　正交试验设计 …… 11

2.1　正交试验设计的基本概念 …… 11

2.2　正交试验设计的基本原理 …… 12

2.3　正交试验设计的基本程序 …… 13

2.3.1　试验方案设计 …… 14

2.3.2　试验结果分析 …… 15

第 3 章　数据处理 …… 19

3.1　应用 Excel 处理实验数据 …… 19

3.1.1　用 Excel 制工作表 …… 19

3.1.2　Excel 编辑表 …… 21

3.1.3　Excel 中的公式和函数 …… 23

3.1.4　Excel 的图表 …… 24

3.1.5　应用实例 …… 25

3.2　应用 Origin 处理实验数据 …… 29

3.2.1　Origin 主要功能 …… 29

3.2.2　Origin 的安装 …… 30

3.2.3　数据输入 …… 30

3.2.4　图形生成 …… 31

3.2.5　坐标轴的标注 …… 33

3.2.6　线条及实验点图标的修改 …… 34

3.2.7　数据的拟合 …… 34

3.2.8　其他功能 …… 35

第 4 章　高分子基础实验 …… 38

4.1　甲基丙烯酸甲酯的本体聚合 …… 38

4.2　脲醛树脂的制备 …… 39

4.3　乙酸乙烯酯的乳液聚合——白乳胶的制备 …… 42

4.4　双酚 A 型环氧树脂的合成及共固化 …… 44

4.5　膨胀计法测定甲基丙烯酸甲酯本体聚合反应速率 …… 48

4.6　引发剂分解速率常数的测定 …… 51

4.7　软质聚氨酯泡沫塑料的制备 …… 53

4.8　丙烯酸酯乳胶漆制备 …… 56

4.9　苯乙烯的悬浮聚合 …… 60

4.10　聚醋酸乙烯酯的溶液聚合 …… 64

4.11　淀粉接枝丙烯腈高吸水树脂的制备 …… 66

4.12　用“分子模拟”软件构建全同 PP、PE 并计算其末端距 …… 68

4.13　黏度法测定聚合物的黏均分子量 …… 75

4.14　红外光谱法定性鉴定苯甲酸 …… 83

4.15　塑料焊接实验 …… 84

4.16　溶胀法测定橡胶的交联密度 …… 88

4.17　黏度的测定 …… 90

4.18　扫描电镜的工作原理和操作 …… 92

4.19　扫描电镜图像观察和试样制备 … 94

4.20　微波辐射合成淀粉丙烯酸高吸水性树脂 …… 96

4.21　水溶性聚乙烯醇的制备 …… 97

第 5 章　高分子材料成形加工与性能实验 ······ 100

5.1　塑料挤出吹膜实验 ······ 100
5.2　热塑性塑料注射成形 ······ 104
5.3　挤出成形聚氯乙烯塑料管材 ······ 108
5.4　聚氨酯泡沫塑料的加工 ······ 112
5.5　淀粉基热塑性塑料母料的制备 ······ 115
5.6　生物降解塑料流动速率的测定 ······ 117
5.7　淀粉基热塑性塑料的拉伸强度测定 ······ 121
5.8　塑料压缩强度实验 ······ 124
5.9　高分子材料冲击性能实验 ······ 126
5.10　弯曲性能测定 ······ 129
5.11　塑料撕裂强度 ······ 133
5.12　生物降解塑料挤出吹膜成形实验 ······ 134
5.13　热固性塑料模压成形工艺实验 ······ 136
5.14　天然橡胶的加工成形 ······ 139
5.15　热塑性塑料中空吹塑成形工艺实验 ······ 143
5.16　不饱和聚酯的增稠及 SMC 的制备 ······ 146
5.17　玻璃钢(FRP)制品手糊成形实验 ······ 147
5.18　塑料激光雕刻成形 ······ 149

第 6 章　综合性实验 ······ 153

6.1　甲基丙烯酸甲酯的本体聚合成形及其性能测定 ······ 153
6.1.1　甲基丙烯酸甲酯单体的预处理 ······ 153
6.1.2　引发剂的精制 ······ 154
6.1.3　甲基丙烯酸甲酯的本体聚合及成形 ······ 155
6.1.4　黏度法测定聚甲基丙烯酸甲酯的相对分子质量 ······ 156
6.1.5　有机玻璃薄板的光学性能测试 ······ 157
6.2　聚乙烯醇缩丁醛的制备 ······ 163
6.2.1　醋酸乙烯酯的乳液聚合 ······ 163
6.2.2　聚醋酸乙烯醋酯的溶液聚合与聚乙烯醇的制备 ······ 165
6.2.3　聚乙烯醇及其缩丁醛的制备 ······ 166
6.3　油改性醇酸树脂的制备 ······ 168
6.3.1　植物油改性醋酸树脂 ······ 168
6.3.2　猪油改性醇酸树脂的制备 ······ 170
6.4　酚醛泡沫的制备及性能表征 ······ 172
6.5　苯乙烯的正离子聚合 ······ 174
6.6　淀粉基热塑性塑料的注射成形工艺实验 ······ 176

第 7 章　设计性实验 ······ 181

7.1　碱木质素基聚氨酯薄膜的制备及性能检测 ······ 181
7.2　废旧高分子材料的分离与鉴定 ······ 182
7.3　丙烯酸乳液压敏胶的制备 ······ 184
7.4　尼龙-66 的制备 ······ 185
7.5　增容木粉/LDPE 复合材料的制备与性能测定 ······ 186

附录 ······ 188

参考文献 ······ 196

第1章 绪论

1.1 高分子材料与工程实验的特点和任务

1.1.1 特点

高分子材料与工程实验是一门实践性技术基础课。本实验教程设置的项目(除绪论外)包括正交试验设计、数据处理、基础实验、成形加工与性能实验、综合性实验和设计性实验六大版块。将基础化学中的基本单元操作有机地组合，通过教学达到巩固学生基础化学实验技能的目的，再结合正交试验设计理念和数据处理，培养学生综合实验能力，提高学生的综合实验素质，为学习后续课程和将来从事生产技术工作奠定坚实基础。

长期以来，传统观点认为学生上实验课做实验是验证所学的书本知识，加深对书本的理解和记忆，“实验”这个词的验证含义已经深深地植入人们的大脑之中。当然，由于理论教学的需要，适当做些验证性的实验是必要的，但只做验证性的实验是不够的。改革开放以来，高等教育要求大学等毕业生要具有较强的动脑和动手能力，因此传统的教育观念必须改变，学生不仅要做验证性的实验，还要做测试性、综合性和设计性的实验。

在实际工作中，无论是一个科研项目的探索性实验，还是一种材料的性能实验，一般都由一系列的单项实验组成，都得按计划一个一个地做，然后根据各项实验现象或数据分析和判断，得出最终实验结果(结论)。高分子材料与工程实验也是这样，可以按教学要求或实验室的条件选择一种类型进行实验教学。但无论选择做何种类型的实验，都是由一系列的单项实验组成的，每个单项实验都为实验设计的总目标服务，按计划一个一个地做。为此，在做每个实验时要有整体实验的概念，要考虑每个实验之间的联系、每个实验可能对最终实验结果产生的影响。

1.1.2 任务

高分子材料与工程实验的任务可以概括为：对学生进行实验思路、实验设计技术和方法的培养；对学生进行工程、创新能力的培养；对学生进行理论联系实际和自主学习的培养。学生应在指导教师的具体指导下，逐步实现独立操作。学生通过实验将达到以下要求。

1. 完善本专业的知识结构

在高等教育中，理论教学和实验教学是大学教育的两个主要项目，两者相辅相成，并由此构成完整的教学体系。

从某种意义上说，实验也是材料科学知识的具体应用与深化。通过实验教学环节，使学生巩固在理论课中所学的材料制备、各种基本物理化学性能及测量这些性能的理论知识，加深对本专业的认识和理解，完善本专业的知识结构，从而达到本专业应有的水平。充分利用所学过的知识对实验中所产生的现象进行合理的解释和分析，能够分析出实验失败的原因和总结出成功的经验，这对于学生今后从事有关实际工作有重要意义。

2. 培养和提高能力

高分子材料与工程实验课程的主要任务是通过基础知识的学习和实际操作训练，使学生初步掌握本专业实验的主要方法和操作要点，培养学生理论联系实际、分析问题和解决问题的能力，这些能力主要包括以下几点。

(1) 自学能力。学会独立查阅资料，尤其是充分利用网上资源。能对所查阅的资料进行分析、汇总，设计实验方案，提交出实验所需仪器、药品；能够自行阅读实验教材，按教材要求做好实验前的准备，尽量避免“跟着老师做实验，老师离开就停转”的现象。

(2) 动手能力。能借助教材和仪器说明书，正确使用仪器设备；能够利用所学知识对实验现象进行初步分析判断；能够正确记录和处理实验数据、绘制曲线、说明实验结果、撰写合格的实验报告等。

3. 培养和提高素质

素质的教育与培养是大学教育的重要一环。实验教学不仅是让学生理论联系实际，学习科研方法，提高科研能力，还要使学生具有较高的科研素质。科研素质主要包括以下几个方面。

(1) 探索精神。通过对实验现象的观察、分析和对材料的物理化学性能测量数据的处理，探索其中的奥妙，总结其中的经验，提出新的见解，创立新的理论等。

(2) 团队精神。在实验教学环节中，有许多实验是单个人无法独立完成的，有的实验要花上十几个小时甚至几天才能完成，实验中必须多人分工合作才能进行，要充分发挥集体的力量才能使实验成功；要通过做这类实验提高实验组成员的凝聚力，使学生之间的关系更加融洽；要通过做这类实验使学生认识到团队协作精神在材料这个行业中的重要性，增强责任感和事业心，培养团队协作精神和能力，为将来的工作打好基础。

(3) 工作态度。做实验有时是枯燥乏味和艰苦的。但是，纵观做出贡献的科学家或工程师，几乎都是在实验室里刻苦工作干出来的。因此，在实验教学中要教育学生，要求学生刻苦钻研、严谨求实、一丝不苟地做实验，要督促他们在实验室里进行磨炼，认真把实验做好。要使之明白“先苦后甜”的道理，只有在大学的学习中学会对工作、对生活的正确态度，才能胜任将来材料研究或生产的工作。

(4) 人文素质。人文素质通常指人文科学知识和素养。材料类专业的学生在大学期间这方面的课程学得不多，因而有的学生人文素质极差，写作水平低下。在实验教学中要求学生通过写较高质量的实验预习报告、设计实验开题报告、实验课题总结报告等形式，提高学生的人文科学知识和素养。

(5) 优良品质。21世纪对人们道德的评价，是以社会公认的公民素质为主来评判的。其标准是具有高度的公民觉悟和公民意识，即具有整体意识、高尚的情操、健全的良好的人格；具有奉献精神、自尊自爱、尊重他人、关心他人、先人后己；具有热情、文明行为，诚实守信，会合作、有良好的人际关系；有个性、有主见；有较强的控制力、坚定的信念、良好的情绪，不因为时势所动；有敬业精神、开拓精神、有新的观念、宽阔的视野、会生存等。只有具备高尚品质的人，才能受人尊重，并在自己工作中做出突出成绩。

在实验教学的过程中，教师要对学生进行引导，使学生克服不良的习惯，提高道德品质，为提高大学生的综合素质做贡献。

1.2 学习方法

传统的实验教学方法是灌输式，学生围着老师转，有许多缺点。但是，传统教育也培养出许多优秀的学生，他们会思考，动手能力强，在工作中做出了不少成绩，或为人类做出了较大的贡献。在相同的条件下培养出了不同质量的学生，答案只有一个，那就是学生个体的特性在起作用，而学习方法不同无疑是主要的影响因素之一。当然，实验教学改革的目的和重点是要让学生从被动转为主动，但对学生来说，无论教师采取什么教学方式，自己发挥主观能动性，自己把被动转为主动，就能把学习搞好，就能成为具有真才实学的人。

为了达到期望的实验教学效果，作者提出以下建议供参考。

1. 重视实验

随着改革开放的不断深入及社会市场经济体制的建立和运行，社会需要的是综合性复合型的人才。专业人士不能只树一帜，必须博学多才，身怀多种绝技。为了将来能适应改革开放的环境，在校大学生不能满足课堂上所学的理论知识，而是要千方百计地拓宽知识面、扩大视野以增强自己的竞争实力，尤其是实验方面的实力。

实验室是人才的诞生地，英国剑桥大学是“科学家的摇篮”，其中的卡文迪什实验室，就出了25人次的诺贝尔奖。实验是一种实践活动，是基本技能训练、动手能力培养的重要环节。现代的理工科大学生要成才，就要足够重视实验，在实验室里努力学习，经受训练。在大学学习期间全身心的投入实验将会受益终身。

2. 预习

为了使实验有良好的效果，实验前必须进行预习。通常，预习应达到下列要求。

(1) 浏览实验教材，知道计划要做的实验项目的总体框架。

(2) 了解实验目的、实验原理、实验重点和关键之处。

(3) 了解仪器设备的工作原理、性能、正确操作方法。

(4) 定量实验必须记录测量数据，因此在预习实验项目时，应画好记录数据的表格，设计表格是一项重要的基本功，应当尽力把表格设计好。

(5) 教材中的思考题或作业题，是对加深实验内容或关键问题的理解、开阔学生的视野，在实验前应把这些问题看一遍或进行一番琢磨，可提高实验的质量。

(6) 对不理解的问题，及时查阅有关参考书或资料或向老师请教。

3. 实验

一般地说，在大学学习期间要做的实验与有成就的科学家们所做的实验是有区别的。这些科学家们所做的实验尽管有的现在看起来比较简单，但做这些实验是为了达到某种科研目的而自行设计的。而学生在实验室所做的课程实验，一般是根据实验教科书上所规定的实验方法、步骤来进行操作的，因此，要达到教学的要求需要注意以下几点。

(1) 认真操作、细心观察，并把观察到的现象如实详细地记录在实验报告中。

(2) 发现实验现象与理论不符合，或测试结果出现异常，就应认真检查原因，并细心重做实验。

(3) 实验中遇到疑难问题而自己难以解释时，应及时提出请教师解答。

(4) 在实验过程中应保持安静，严格遵守实验室学生实验守则，防止出现各种意外事故。

(5) 要在实验教学安排的有限时间里，保质保量地完成实验。

4. 撰写实验报告

实验成功只是实验教学要求的一部分。学生做完实验后，必须写实验报告，这是实践训练的重要环节之一。

实验报告是学生动手能力、写作能力的一种体现，是实验水平的一种证明。如果你的实验很成功，但实验报告却写得一塌糊涂，就不能反映你的真正的实验水平。因此，做完实验之后要尽力地把实验报告写好，要写出深度，写出水平。

实验报告是实验总结的一种方式。对于验证性的实验，应解释每个实验的现象，并作出结论；对于测试性的实验，应根据测得的数据进行计算，求出最终结果，并分析测试结果的可信程度；对于综合性或设计性的实验，还要写出总体实验研究报告。

要按时完成实验报告，并交指导教师评阅。评阅实验报告是教师检查学生学习情况和教学结果的一种重要方法，实验报告的优劣是教师给予实验成绩的依据之一。当然，实验分数的高低不应是学生所关心的主题，重要的是要看教师评阅后发还的实验报告，要明白哪些做对了，哪些做错了。

实验报告是整个高分子材料与工程实验中重要的一项工作。反对粗枝大叶、错误百出、字迹潦草，而要求写报告过程中开动脑筋、钻研问题、耐心计算、仔细写作，使每份报告都合乎要求。

1.3 高分子材料与工程实验室安全知识

实验室安全问题，除化学实验室安全手册等专著外，化学实验用书也常有所介绍。在此，只对其与高分子材料与工程实验室关系较密切的一般问题，作简要叙述。而实验室安全保障，首在防患未然，故工作者知晓实验室安全防护知识并养成良好习惯，遵守实验室规章制度更为必要。

1.3.1 安全用电常识

1. 关于触电

人体通过50Hz的交流电1mA就有感觉，10mA以上使肌肉强烈收缩，25mA以上则呼吸困难，甚至停止呼吸，100mA以上则使心脏的心室产生纤维性颤动，以致无法救活。直流电在通过同样电流的情况下，对人体也有相似的危害。

防止触电需注意以下几点。

(1) 操作电器时，手必须干燥。因为手潮湿时，电阻显著减少，容易引起触电。不得直接接触绝缘不好的通电设备。

(2) 一切电源裸露部分都应有绝缘装置(电开关应有绝缘匣，电线接头裹以胶布、胶管)，所有电器设备的金属外壳应接上地线。

(3) 已损坏的接头或绝缘不良的电线应及时更换。

(4) 修理或安装电器设备时，必须先切断电源。

(5) 不能用试电笔去试高压电。

(6) 如果遇有人触电，应首先切断电源，然后进行抢救。因此，应该清楚电源的总闸在什么地方。

2. 负荷及短路

高分子材料与工程实验室总闸一般允许最大电流为30～50A，超过时就会使空气开关自动跳闸保护。一般墙壁电或实验台上分闸的最大允许电流为15A。使用功率很大的仪器，应该事先计算电流量。应严格按照规定的安培数使用电器，长期使用超过规定负荷的电流时，容易引起火灾或其他严重事故。为防止短路，避免导线间的摩擦，尽可能不使电线、电器受到水淋或浸在导电的液体中。例如，实验室中常用的加热器如电热刀或电灯泡的接口不能浸在水中。

若室内有大量的氢气、煤气等易燃易爆气体时，应防止产生火花，否则会引起火灾或爆炸。电火花经常在电器接触点(如插销)接触不良、继电器工作时以及开关电闸时发生，因此应注意室内通风；电线接头要接触良好，包扎牢固以消防电火花等。万一着火应首先拉开电闸，切断电路，再用一般方法灭火。如无法拉开电闸，则可用砂土、干粉灭火器、CCl_4灭火器来灭火，绝不能用水或泡沫灭火器来灭电火，因为它们导电。

3. 使用电器仪表

(1) 注意仪器设备所要求的电源是交流电，还是直流电、三相电还是单相电，电压的大小(380V、220V、110V、6V等)，功率是否合适以及正负接头等。

(2) 注意仪表的量程。待测量值必须与仪器的量程相适应，若待测量大小不清楚时，必须先从仪器的最大量程开始。

(3) 线路安装完毕应检查无误。正式实验前不论对安装是否有把握(包括仪器量程是否合适)，总是先使线路接通一瞬间，根据仪表指针摆动速度及方向加以判断，当确定无误后，才能正式进行实验。

(4) 不进行测量时应断开线路或关闭电源，做到省电又延长仪器寿命。

1.3.2 使用化学药品的安全防护

化学药品等物质导致的事故有下列几类，如对人体的伤害、产生爆炸和燃烧以及损坏设备、建筑物等。使用化学药品应注意防毒、防火、防灼伤、防水。

1. 防毒

大多数化学药品都具有不同程度的毒性。毒物可以通过呼吸道、消化道和皮肤进入人体内。因此，防毒的关键是要尽量地杜绝和减少毒物进入人体的途径。

(1) 实验前应了解所有毒品的毒性，性能和防护措施。

(2) 操作有毒气体(如 Cl_2、Br_2、NO_2、浓盐酸、氢氟酸等)应在通风橱中进行。

(3) 防止煤气管漏气，使用完煤气后一定要把煤气阀门关好。

(4) 苯、四氯化碳、乙醚、硝基苯等的蒸汽会引起中毒，虽然它们都有特殊气味，但久吸后会使嗅觉减弱，必须高度警惕。

(5) 用移液管移取有毒、有腐蚀性液体时(如苯、洗液等)，严禁用嘴吸。

(6) 有些药品(如苯、有机溶剂、汞)能穿过皮肤进入体内，应避免直接与皮肤接触。

(7) 高汞盐($HgCl_2$、$Hg(NO_3)_2$ 等)，可溶性钡盐($BaCO_3$、$BaCl_2$)，重金属盐(镉盐、铅盐)以及氰化物、三氯化二砷等剧毒物，应妥善保管。

(8) 不得在实验室内喝水、抽烟、吃东西。饮食用具不得带进实验室内，以防止毒物沾染。离开实验室要洗净双手。

某些有毒气体的最高容许浓度见表 1-1。

表 1-1　有毒气体最高容许浓度

物质	最高容许的浓度/($mg \cdot m^{-3}$)	备注
氧化氮物(以 NO_2 计)	5	2×10^{-1} *
氢化氰(HCN)	—	1.1×10^{-3} *
氟化氢(HF)	1	能腐蚀玻璃
氯气(Cl_2)	1	1.46×10^{-2} *
升汞($HgCl_2$)	0.1	汞盐中毒性最大者
磷化氢(PH_3)	—	4×10^{-1} *
五氧化二磷(P_2O_5)	1	—
砷化氢(AsH_3)	0.3	毒性很大
三氧化二砷(As_2O_3)	0.3	—
五氧化二砷(As_2O_5)	0.3	—
硫化铝(AlS)	0.5	—
二氧化硒(SeO_2)	0.1	—
五氧化二钒(V_2O_5)	0.1～0.5	尘烟有毒
金属铅(Pb 尘)	0.03～0.05	铅盐有毒，四乙铅最大
金属汞(Hg 蒸气)	0.01	汞盐多有毒

（续）

物质	最高容许的浓度/(mg·m^{-3})	备注
铬酸盐、重铬酸盐	0.05	（全部换成 Cr_2O_3）
一氧化碳(CO)	30	无色、无臭、无味，更危险

注：*为能察觉到的该毒气在空气中的含量。

2. 防爆

可燃性的气体和空气的混合物，当两者的比例处于爆炸极限时，只要有一个适当的热源(如电火花)诱发，将引起爆炸。因此，应尽量防止可燃性气体散失到室内空气中。同时保持室内通风良好，不使它们形成爆炸的混合气。在操作大量可燃性气体时，应严禁使用明火，严禁用可能产生电火花的电器以及防止铁器撞击产生火花等。

使用金属钠(一般不使用钾)等活性物质处理溶剂时，要仔细检查反应瓶、回流冷凝管以及水管是否破损，连接水管不能靠近磁力搅拌器、电热套或油浴锅，注意回流水不能开得太大，以免水管破裂，水流冲入反应装置内导致钠遇水剧烈反应而发生爆炸。

试剂标签上均标明其是否易燃易爆或者毒性和注意事项，在使用前，仔细看标签。对于醚类溶剂，如果生产时间较长，或者久置不用的话，一定不要震动，同时要加入还原剂，除掉生成的过氧化合物。蒸馏乙醚和四氢呋喃时，千万不要蒸干，否则形成过氧化物，会受热爆炸。

另外，有些化学药品如叠氮铅、乙炔银、乙炔铜、高氯酸盐、过氧化物等受到震动或受热容易引起爆炸。特别应防止强氧化剂与强还原剂存放在一起。久藏的乙醚使用前需设法除去其中可能产生的过氧化物。在操作可能发生爆炸的实验时，应有防爆措施。

某些气体的爆炸极限见表1-2。

表1-2 与空气相混合的某些气体的爆炸极限

(以20℃压力为1大气压时的体积百分比数计算，V%)

气体名称	爆炸高限(V%)	爆炸低限(V%)	气体名称	爆炸高限(V%)	爆炸低限(V%)	气体名称	爆炸高限(V%)	爆炸低限(V%)
乙炔	80.0	2.5	丙烯	11.1	2.0	乙醛*	57.0	4.0
环氧乙烷	80.3	3.0	乙烯	28.6	2.8	甲烷	15.0	5.0
氢	74.2	4.0	丙酮*	12.8	2.6	硫化氢	45.5	4.3
乙醚*	36.5	1.9	乙烷	12.5	3.2	甲醇	36.5	6.7
苯*	6.8	1.4	乙醇*	19.0	3.2	一氧化碳	74.2	12.5

注：*在室温下为液体。

3. 防火

物质燃烧需具有3个条件：可燃物质、氧气或氧化剂以及一定的温度。

许多有机溶剂，像乙醚、石油醚、乙醇、甲醇、丙酮、四氢呋喃、乙酸乙酯等很容易引起燃烧。使用这类有机溶剂时室内不应有明火，以及电火花、静电放电等，在使用时应在通风环境良好的情况下进行，不可用敞口容器放置或加热。这类药品在实验室不可存放过多，用后要及时回收处理，不要倒入下水道，以免积聚引起火灾等。还有些物质能自燃，如黄磷在空气中就能因氧化发生自行升温燃烧起来。一些金属如铁、锌、铝等的粉末由于比表面很大，能激烈地进行氧化，自行燃烧。金属钠、钾、电石以及金属的氢化物、烷基化合物也应注意存放和使用。

万一着火应冷静判断情况采取应对措施。可以采取隔绝氧的供应，降低燃烧物质的温度，将可燃物质与火焰隔离的办法。常用来灭火的有水、砂、二氧化碳灭火器、CCl_4 灭火器、泡沫灭火器以及干粉灭火器等，可根据着火原因，场所情况选用。

水是常用的灭火物质，可以降低燃烧物质的温度，并且形成“水蒸气幕”能在相当长时间阻止空气接近燃烧物质。但是，应注意起火地点的具体情况。

(1) 在金属钠、钾、镁、铝粉、电石、过氧化钠等应采用干砂灭火。

(2) 对易燃液体(比重比水轻)如汽油、苯、丙酮等的着火采用泡沫灭火器更有效，因为泡沫比易燃体轻，覆盖上面隔绝空气。

(3) 在有灼烧的金属或熔融物的地方着火应采用干砂或固体粉末灭火器(一般是在碳酸氢钠中加入相当于碳酸氢钠重量 45%～90%的细砂，硅藻土或滑石粉，也有其他配方)来灭火。

(4) 电气设备或带电系统着火，用二氧化碳灭火器或四氯化碳较合适。

上述 4 种情况均不能用水，因为有的可以生成氢气等使火势加大甚至引起爆炸，有的会发生触电等。同时也不能用四氯化碳来灭碱土金属的火。另外，四氯化碳有毒，在室内救火时最好不用。灭火时不能慌乱，应防止在灭火过程中再打碎可燃物的容器。平时应知道各种灭火器具的使用和存放地点。

4. 防灼伤

强酸、强碱、强氧化剂、溴、磷、钠、钾、苯酚、冰醋酸等都会腐蚀皮肤。万一受伤要及时治疗。

使用金属钠、钾、氢化钠、氢化钙、正丁基锂等活性物质时必须小心谨慎。取正丁基锂的针要烘干，将切过钠或钾的小刀、滤纸等小心地浸入盛有水的烧杯中处理其中残留的微量钠、钾。反应后残留的金属钠、钾的反应瓶，不能随便抛弃在垃圾桶中，严禁与水接触。通常将反应瓶放在沙桶里加入适量乙醇，使其缓慢反应至残余金属消失为止。反应后的其他玻璃仪器先用水处理后再放入碱缸。

5. 防水

有时因停水而水门没有关闭，当来水后若实验室没有人，又遇排水不畅，则会发生事故，淋湿甚至浸泡实验设备。有些试剂如金属钠、钾、金属化合物，电石等遇水还会发生燃烧、爆炸等。因此，离开实验室前应检查水、电、煤气开关是否关好。

1.3.3 受压容器的安全使用

受压玻璃仪器包括供高压或真空实验用的玻璃仪器，装载水银的容器、压力计以及各种保温容器等，使用这类仪器时必须注意以下几点。

(1) 受压玻璃仪器的器壁应足够坚固，不能用薄壁材料或平底烧瓶之类的器皿。

(2) 供气流稳压用的玻璃稳压瓶，其外壳应裹以布套或细网套。

(3) 实验中常用液氮作为获得低温的手段，在将液氮注入真空容器时要注意真空容器可能发生破裂，不要把脸靠近容器的正上方。

(4) 装载水银的U形压力计或容器，要注意使用时玻璃容器破裂，造成水银散溅到桌上或地上，因此装水银的玻璃容器下部应放置搪瓷盘或适当的容器。使用U形水银压力计时，应防止系统压力变动过于剧烈而使压力计中的水银散溅到系统内。

(5) 使用真空玻璃系统时，要注意任何一个活塞的开闭均会影响系统的其他部分，因此操作时应特别小心，防止在系统内形成高温爆鸣气混合物或让爆鸣气混合物进入高温区。在开启或关闭活塞时，应两手操作，一手握活塞套，一手缓缓旋转内塞，务必使玻璃系统各部分不产生力矩，以免扭裂。在用真空系统进行低温吸附实验时，当吸附剂吸附大量吸附质气体后，不能先将装有液氮的保温瓶从盛放吸附剂的样品管处移去，而应先启动机械泵对系统进行抽空，然后移去保温瓶。因为一旦先移去低温的保温瓶，又不致系统压力过大，使U形压力计中的水银冲出或引起封闭玻璃系统爆裂。

(6) 高压钢瓶使用注意事项：气体钢瓶是由无缝碳素钢或合金钢制成，适合于装介质压力在15.2MPa以下的气体。标准气瓶类型见表1-3。

表1-3 标准气瓶类型

气瓶类型	用途	工作压力/$(kg\cdot cm^2)$	实验压力/$(kg\cdot cm^2)$	
			水压实验	气压实验
甲	装O_2、H_2、N_2、CH_4、压缩空气和惰性气体等	150	225	150
乙	装纯净水煤气及CO_2等	125	190	125
丙	装NH_3、Cl_2、光气、异丁烯等	30	60	30
丁	装SO_2等	6	12	6

使用气瓶的主要危险是气瓶可能爆炸和漏气(这对可燃性气体钢瓶就更危险，应尽可能避免氧气瓶和其他可燃性气体钢瓶放在同一房间内使用，否则，也易引起爆炸)。已充气的气体钢瓶爆炸的主要因素是气瓶受热而使内部气体膨胀，压力超过气瓶的最大负荷而爆炸。或瓶颈螺纹损坏，当内部压力升高时，冲脱瓶颈。在这种情况下，气瓶按火箭作用原理向放出气体的相反方向高速飞行。因此，均可造成很大的破坏和伤亡。另外，如果气瓶金属材料不佳或受到腐蚀时，一旦气瓶撞击坚硬物体时就会发生爆炸。钢瓶(或其他受压容器)是存在着危险的，使用时须注意以下几点。

① 钢瓶应放在阴凉、干燥、远离热源(如阳光、暖气、炉火等)地方。

② 搬运气瓶时要轻稳，要把瓶帽旋上，放置使用时必须牢靠、固定好。

③ 使用时要用气表(CO_2、NH_3可例外)，一般可燃性气体的钢瓶气门螺纹是反扣的(如H_2、C_2H_2)。不燃性或助燃性气体的钢瓶是正扣(如N_2、O_2)。各种气压表一般不得混用。

④ 决不可使油或其他易燃性有机物沾染在气瓶上(特别是出口和气压表)。也不可用麻、棉等物堵漏，以防燃烧引起事故。

⑤ 开启气门时应站在气压表的另一侧，更不许把头或身体对准气瓶总阀门，以防万一阀门或气压表冲出伤人。

⑥ 不可把气瓶内气体用尽，以防重新灌气时发生危险。

⑦ 使用时注意各气瓶上漆的颜色及标字避免混淆，表 1－4 为我国气瓶常用标记。此色标为我国劳动部 1966 年规定。

表 1－4　压缩气瓶的识别和性能

气体名称	瓶身颜色	标字颜色	横条颜色	应承受工作压力/(10^5 Pa)	附注或说明	
氧气	天蓝	黑		150	氧化性气体的瓶口及所连的压力表，应防止易燃物及油腻等玷污	应承受 150bar 压力的气瓶，水压试验的压力应大于 50%，至少 3 年检查一次。压力表及减压表一般可通用
压缩空气	黑	白		150		
粗氩气	黑	白	白	150	广泛用作保护性气氛气体	
纯氩气	灰	绿		150	—	
氦气	棕	白		150	—	
氮气	黑	黄	棕	150	—	
氢气	深绿	红	红	150	可燃性气体气门螺纹是反扣的	
二氧化碳气	黑	黄		125	临界温度为 31.1℃，临界点，蒸气压达 72.95bar	
氨气	黄	蓝	—	30	20℃时蒸气压为 8.24bar，30℃时为 11.5bar	应承受 30bar 以下的易液化气体气瓶，水压试验的压力应大一倍；腐蚀性气体至少两年检查一次，压力表及减压表一般不通用
氯气	草绿	白	—	30	临界点为 146℃，蒸气压为 93.5bar，20℃则蒸气压为 6.62bar	
二硫化碳气	黑	白	黄	6	临界点为 157.2℃，蒸气压为 77.7bar，20℃则蒸气压为 3.23bar	
乙炔	白	红	—	—	多用于乙炔焊	
石油气	灰	红	—	—	广泛用于家庭燃料和加热用燃料，数量最大	
氟氯烷气	铝白	黑	—	—	一般用于冷冻机充液	

⑧ 使用期间的气瓶每隔 3 年至少进行一次检验，用来装腐蚀气体的气瓶每两年至少要检验一次。不合格的气瓶应报废或降级使用。

⑨ 氢气瓶最好放在远离实验室的小屋内，用导管引入(千万要防止漏气)。并应加防止回火的装置。

第2章 正交试验设计

对于单因素或两因素试验，因其因素少，试验设计、实施与分析都比较简单。但在实际工作中，常常需要同时考察3个或3个以上的试验因素，若进行全面试验，则试验的规模将很大，往往因试验条件的限制而难以实施。正交试验设计就是安排多因素试验、寻求最优水平组合的一种高效率试验设计方法。

2.1 正交试验设计的基本概念

正交试验设计(Orthogonal Experimental Design)是利用正交表来安排与分析多因素试验的一种设计方法。它是由试验因素的全部水平组合中，挑选部分有代表性的水平组合进行试验的，通过对这部分试验结果的分析，了解全面试验的情况，找出最优的水平组合。换句话说，正交试验设计是研究多因素多水平的又一种设计方法，它是根据正交性从全面试验中挑选出部分有代表性的点进行试验，这些有代表性的点具备了“均匀分散，齐整可比”的特点。正交试验设计是分析因式设计的主要方法，是一种高效率、快速、经济的实验设计方法。

(1) 因数。影响试验指标的条件称为因素，如在工业生产中，影响产品质量的因素有原材料、工艺条件、工人技术水平等，常用A、B、C等大些英文字母表示。因素通常可分为两类，一种是在试验中可以控制的，另一类是在试验中无法控制的，前者称为可控因素，后者称为随机因素。

(2) 水平。因素在试验中所取得状态称为水平，如果一个因素在试验中取k个不同状态，就称该因素有k个不同水平。因素A的k个水平常用A_1，A_2，…，A_k表示。

(3) 试验指标。衡量试验条件好坏的特性(可以是质量特性也可以是产量特性或其他)称为指标，它是一个随机变量。为了方便起见，常用x表示。在试验设计中，指标的选取和试验目的有关。

(4) 处理。每一可控因素都取定一个水平进行搭配试验，这种搭配称为一个处理。例如，试验只有一个可控因素A，若该因素分为A_1、A_2、A_3 3个水平时，则该因素每一水

平都是一个处理；如果还有一个可控因素 B，B 分成两个水平 B_1、B_2，则这时试验共有 6 个处理(A_1B_1)、(A_1B_2)、(A_2B_1)、(A_2B_2)、(A_3B_1)、(A_3B_2)。

例如，要考察增稠剂用量、pH 值和杀菌温度对豆奶稳定性的影响。每个因素设置 3 个水平进行试验。

A 因素是增稠剂用量，设 A_1、A_2、A_3 3 个水平；B 因素是 pH 值，设 B_1、B_2、B_3 3 个水平；C 因素为杀菌温度，设 C_1、C_2、C_3 3 个水平。这是一个三因素三水平的试验，各因素的水平之间全部可能组合有 27 种。

(5) 全面试验。可以分析各因素的效应，交互作用，也可选出最优水平组合。但全面试验包含的水平组合数较多，工作量大，在有些情况下无法完成。

如果试验主要目的是寻求最优水平组合，那么可利用正交表来设计安排试验。正交试验设计的基本特点是用部分试验来代替全面试验，通过对部分试验结果的分析，了解全面试验的情况。

因为正交试验是用部分试验来代替全面试验的，它不可能像全面试验那样对各因素效应、交互作用一一分析；当交互作用存在时，有可能出现交互作用的混杂。虽然正交试验设计有上述不足，但它能通过部分试验找到最优水平组合，因而很受实际工作者青睐。

如果对于上述三因素三水平试验，若不考虑交互作用，可利用正交表 $L_9(3^4)$ 安排，试验方案仅包含 9 个水平组合，就能反映试验方案包含 27 个水平组合的全面试验的情况，找出最佳的生产条件。

2.2 正交试验设计的基本原理

在试验安排中，在研究的范围内每个因素选几个水平，就好比在选优区内打上网格，如果网上的每个点都做试验，就是全面试验。如上例中，3 个因素的选优区可以用一个立方体表示(图 2.1)，3 个因素各取 3 个水平，把立方体划分成 27 个格点，反映在图 2.1 上就是立方体内的 27 个“·”。若 27 个网格点都试验，就是全面试验，其试验方案见表 2-1。

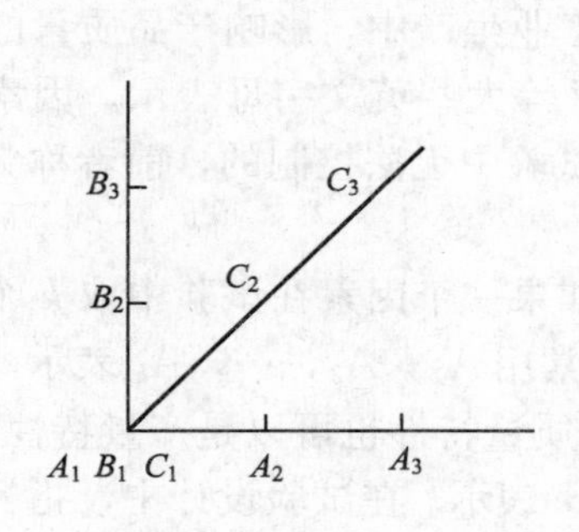

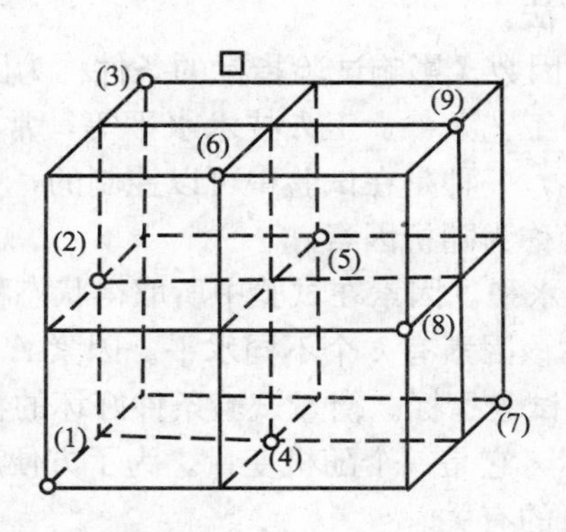

图 2.1 三因素三水平试验的均衡分散立体图

表 2-1 三因素三水平全面试验方案

		C_1	C_2	C_3
A_1	B_1	$A_1B_1C_1$	$A_1B_1C_2$	$A_1B_1C_3$
	B_2	$A_1B_2C_1$	$A_1B_2C_2$	$A_1B_2C_3$
	B_3	$A_1B_3C_1$	$A_1B_3C_2$	$A_1B_3C_3$
A_2	B_1	$A_2B_1C_1$	$A_2B_1C_2$	$A_2B_1C_3$
	B_2	$A_2B_2C_1$	$A_2B_2C_2$	$A_2B_2C_3$
	B_3	$A_2B_3C_1$	$A_2B_3C_2$	$A_2B_3C_3$
A_3	B_1	$A_3B_1C_1$	$A_3B_1C_2$	$A_3B_1C_3$
	B_2	$A_3B_2C_1$	$A_3B_2C_2$	$A_3B_2C_3$
	B_3	$A_3B_3C_1$	$A_3B_3C_2$	$A_3B_3C_3$

因此，三因素三水平的全面试验水平组合数为 $3^3=27$，四因素三水平的全面试验水平组合数为 $3^4=81$，五因素三水平的全面试验水平组合数为 $3^5=243$，这在实际中是有很难做到的。

正交设计就是从选优区全面试验点(水平组合)中挑选出有代表性的部分试验点(水平组合)来进行试验。图 2.1 中标有试验号的九个“·”，就是利用正交表 $L_9(3^4)$从 27 个试验点中挑选出来的 9 个试验点，即：

(1) $A_1B_1C_1$　(2) $A_2B_1C_2$　(3) $A_3B_1C_3$

(4) $A_1B_2C_2$　(5) $A_2B_2C_3$　(6) $A_3B_2C_1$

(7) $A_1B_3C_3$　(8) $A_2B_3C_1$　(9) $A_3B_3C_2$

其中，正交表 $L_9(3^4)$中，L 代表正交表符号，9 代表正交表的行数(正交表安排的试验次数)，4 代表正交排列数(最多可安排因素的个数)，3 代表每个因素的水平数。

上述选择，保证了 A 因素的每个水平与 B 因素、C 因素的各个水平在试验中各搭配一次。对于 A、B、C 3 个因素来说，是在 27 个全面试验点中选择 9 个试验点，仅是全面试验的三分之一。

从图 2.1 中可看到，9 个试验点在选优区中分布是均衡的，在立方体的每个平面上，都恰是 3 个试验点；在立方体的每条线上也恰有一个试验点。9 个试验点均衡地分布于整个立方体内，有很强的代表性，能够比较全面地反映选优区内的基本情况。

2.3 正交试验设计的基本程序

对于多因素试验，正交试验设计是简单常用的一种试验设计方法，其设计基本程序通常包括试验方案设计及试验结果分析两部分。

2.3.1 试验方案设计

试验方案设计步骤如下所示。

1. 试验目的与要求

试验设计前必须明确试验目的，即本次试验要解决什么问题。试验目的确定后，对试验结果如何衡量，即需要确定出试验指标。

2. 试验指标

试验指标可为定量指标，如强度、硬度、产量、出品率、成本等，也可为定性指标如颜色、口感、光泽等。一般为了便于试验结果的分析，定性指标可按相关的标准打分或模糊数学处理进行数量化，将定性指标定量化。

3. 选因素、定水平

根据专业知识、以往的研究结论和经验，从影响试验指标的诸多因素中，通过因果分析筛选出需要考察的试验因素。一般确定试验因素时，应以对试验指标影响大的因素、尚未考察过的因素、尚未完全掌握其规律的因素为先。试验因素选定后，根据所掌握的信息资料和相关知识，确定每个因素的水平，一般以 2～4 个水平为宜。对主要考察的试验因素，可以多取水平，但不宜过多($\leqslant 6$)，否则试验次数骤增。因素的水平间距，应根据专业知识和已有的资料，尽可能把水平值取在理想区域。

4. 因素、水平确定

一般，试验因素的水平数应等于正交表中的水平数；因素个数(包括交互作用)应不大于正交表的列数；各因素及交互作用的自由度之和要小于所选正交表的总自由度，以便估计试验误差。若各因素及交互作用的自由度之和等于所选正交表总自由度，则可采用有重复正交试验来估计试验误差。

5. 选择合适正交表

正交表的选择是正交试验设计的首要问题。确定了因素及其水平后，根据因素、水平及需要考察的交互作用的多少来选择合适的正交表。正交表的选择原则是在能够安排下试验因素和交互作用的前提下，尽可能选用较小的正交表，以减少试验次数。

6. 表头设计

表头设计就是把试验因素和要考察的交互作用分别安排到正交表的各列中去的过程。在不考察交互作用时，各因素可随机安排在各列上；若考察交互作用，就应按所选正交表的交互作用列表安排各因素与交互作用，以防止设计“混杂”。

7. 列试验方案

把正交表中安排各因素的列(不包含欲考察的交互作用列)中的每个水平数字换成该因素的实际水平值，便形成了正交试验方案。

【例 2-1】 为了考查影响某种化工产品转化率的因素，选择了 3 个有关因素：反应温度(A)，反应时间(B)，用碱量(C)，每个因素取 3 种水平，见表 2-2。假设 3 个因素中的任意两个都没有交互作用。

表 2-2　某种化工产品转化率的影响因素

因素＼水平	1	2	3
反应温度(A)/℃	80(A_1)	85(A_2)	90(A_3)
反应时间(B)/min	90(B_1)	120(B_2)	150(B_3)
用碱量(C)(%)	5(C_1)	6(C_2)	7(C_3)

选择正交表时，首先要求正交表中水平数 s 与每个因素的水平数一致，其次要求列数 r 大于或等于实际因素的个数，最后适当选用试验次数 n 尽可能小的正交表。本例中 $s=3$，因素个数为 3，因此，选择正交表 $L_9(3^4)$是合适的。

当正交表选定后，再从正交表中选择 3 个列，把 3 个因素 A、B、C 分别放在 3 个列上，此时，每一列上的数字即为该因素相应的水平号，每一行即为一个水平组合，就本例而言，把 A、B、C 分别放在表 $L_9(3^4)$的第一、二、三列，其第六行相应的水平组合为 $A_2B_3C_1$。表 2-3 中给出了相应的试验方案及试验结果。

表 2-3　试验方案及试验结果

试验号＼列号	1(A)	2(B)	3(C)	4	水平组合	试验值(%)
1	1	1	1	1	$A_1B_1C_1$	$y_1=31$
2	1	2	2	2	$A_1B_2C_2$	$y_2=54$
3	1	3	3	3	$A_1B_3C_3$	$y_3=38$
4	2	1	2	3	$A_2B_1C_2$	$y_4=53$
5	2	2	3	1	$A_2B_2C_3$	$y_5=49$
6	2	3	1	2	$A_2B_3C_1$	$y_6=42$
7	3	1	3	2	$A_3B_1C_3$	$y_7=57$
8	3	2	1	3	$A_3B_2C_1$	$y_8=62$
9	3	3	2	1	$A_3B_3C_2$	$y_9=64$

2.3.2　试验结果分析

进行试验时，记录试验结果，然后对试验结果进行分析。试验结果分析包括极差分析和方差分析两方面。

1. 极差分析

极差分析的步骤如下：

(1) 绘制因素指标趋势图。

(2) 计算极差 R，得出因素主次顺序。

(3) 计算 k 值，优水平，优组合，最后结合步骤(2)得出结论。

极差分析可以依因素对指标影响的大小排定因素重要性的主次顺序。具体步骤以例 2-1

中数据为例说明。

首先，求各数据和，即求出每个因素同一水平下试验值之和。例 2-1 中水平 A_1 下数据之和为 $K_1^A=y_1+y_2+y_3=31+54+38=123$，类似地，有 $K_3^B=y_3+y_6+y_9=38+42+64=144$，…

其次，求数据平均，即每一因素水平下的数据平均等于其数据和除以数据个数。例如，$k_1^A=\frac{K_1^A}{3}=\frac{123}{3}=41$，$k_3^B=\frac{K_3^B}{3}=48$，…

再次，求极差，即同一因素不同水平间平均值得极差反映了这个因素对试验值的波动情况。

$$R_A=\max k_i^A-\min k_i^A=61-41=20$$
$$R_B=\max k_i^B-\min k_i^B=55-47=8$$
$$R_C=\max k_i^C-\min k_i^C=57-45=12$$
$$i=1,\ 2,\ 3$$

把上面求得的数据和、数据平均和极差列于表 2-4 中。

表 2-4 数据和、数据平均和极差的计算结果

试验号 \ 列号	1(*A*)	2(*B*)	3(*C*)	4	转化率 y_i(%)
1	1	1	1	1	31
2	1	2	2	2	54
3	1	3	3	3	38
4	2	1	2	3	53
5	2	2	3	1	49
6	2	3	1	2	42
7	3	1	3	2	57
8	3	2	1	3	62
9	3	3	2	1	64
K_1	123	141	135	144	—
K_2	144	165	171	153	—
K_3	183	144	144	153	—
k_1	41	47	45	—	—
k_2	48	55	57	—	—
k_3	61	48	48	—	—
R	20	8	12	—	—

从表 2-4 直观看到，比较 k_1^A、k_2^A、k_3^A，有 $k_1^A<k_2^A<k_3^A$，可见 A_3 水平最好，类似地得到 B_2 和 C_2 最好，水平组合 $A_3B_2C_2$ 在表中没有出现，可以进行一次试验考察这一方案

的优劣。从表 2-4 中看到第 9 号试验的转化率最高为 64%，试验条件为 $A_3B_3C_2$。

最后，极差分析，极差越大的因素对指标的影响显著。从表中可以看到 $R_A>R_C>R_B$，因此，因素的主次关系为 A→C→B。

极差分析简单明了，计算工作量少，便于推广。但这种方法不能将试验中由于试验条件改变引起的数据波动同试验误差引起的数据波动区分开来，也就是说，不能区分因素各水平间对应的试验结果的差异究竟是由于因素水平不同引起的，还是由于试验误差引起的，无法估计试验误差的大小。此外，各因素对试验结果的影响大小无法给以精确的数量估计，不能提出一个标准来判断所考察因素作用是否显著。为了弥补极差分析的缺陷，可采用方差分析。

2. *方差分析*

方差分析的步骤如下：

首先，计算各列偏差平方和、自由度。

其次，列方差分析表，进行 F 检验。

最后，分析检验结果，写出结论。

方差分析基本思想是将数据的总变异分解成因素引起的变异和误差引起的变异两部分，构造 F 统计量，作 F 检验，即可判断因素作用是否显著，具体步骤如下所示。

设用正交表安排 m 个因素的试验，试验总次数为 n，试验结果分别为 x_1，x_2，…，x_n。假定每个因素有 n_a 个水平，每个水平做 a 次试验。则 $n=an_a$，现分析下面几个问题。

假设，m 个因素的试验($m=9$)；试验次数($n=27$)；试验结果分别为：x_1，x_2，…，x_k，…，x_n；每个因素有 n_a 个水平($n_a=3$)；每个水平做 a 次试验($a=9$)，则 $n=an_a=3\times 9=27$。

(1) 计算离差平方和。

总离差平方和 S_T。

记 $\bar{x}=\frac{1}{n}\sum_{k=1}^{n}x_k$

$$S_T=\sum_{k=1}^{n}(x_k-\bar{x})^2=\sum_{k=1}^{n}x_k^2-\frac{1}{n}\left(\sum_{k=1}^{n}x_k\right)^2$$

记为：$S_T=Q_T-P$

$$Q_T=\sum_{k=1}^{n}x_k^2 \quad P=\frac{1}{n}\left(\sum_{k=1}^{n}x_k\right)^2$$

S_T 反映了试验结果的总差异，它越大，结果之间差异越大。

各因素离差的平方和。以因素 A 为例——S_A，用 x_{ij} 表示 A 的第 i 个水平第 j 个试验结果($i=1, 2, 3, \cdots, n_a$)，($j=1, \cdots, a$)。

$$\sum_{i=1}^{n_a}\sum_{j=1}^{a}x_{ij}=\sum_{k=1}^{n}x_k$$

$$S_A=\sum_{i=1}^{n_a}\sum_{j=1}^{a}(\bar{x}_i-\bar{x})^2$$

$$\bar{x}_i=\frac{1}{a}\sum_{i=1}^{n_a}x_{ij}$$

$$S_A=\frac{1}{a}\sum_{i=1}^{n_a}\left(\sum_{j=1}^{a}x_{ij}\right)^2-\frac{1}{n}\left(\sum_{i=1}^{n_a}\sum_{j=1}^{a}x_{ij}\right)^2=\frac{1}{a}\sum_{i=1}^{n_a}K_i^2-\frac{1}{n}\left(\sum_{i=1}^{n}x_k\right)^2$$

式中，K_i 为第 i 个水平 a 次试验结果的和。记 $S_A=Q_A-P$。

用同样的方法可以计算其他因素的离差平方和。对两因素的交互作用，把它当成一个新的因素看待。如果交互作用占两列，则交互作用的离差平方和等于这两列的离差平方和之和，比如 $S_{A\times B}=S_{(A\times B)_1}+S_{(A\times B)_2}$。

试验误差的离差平方和为 S_E，设 $S_{因+交}$ 为所有因素以及要考虑的交互作用的离差平方和，因为 $S_T=S_{因+交}+S_E$，所以：$S_E=S_T-S_{因+交}$。

(2) 自由度计算。

$$f_{总}=n-1 \quad (n \text{ 为试验总次数})$$

各因素自由度：$f_{因}=n_a-1$ （n_a为水平数）

两因素交互作用的自由度：$f_{A\times B}=f_A\times f_B$

试验误差自由度：$f_E=f_{总}-f_{因+交}$

(3) 计算平均离差平方和(均方)MS。

在计算各因素离差平方和时，它们是若干项平方的和，它们的大小与项数有关，因此，不能确切地反映各因素的情况。为了消除项的影响，引入平均离差平方和，其表达式为

$$因素的平均离差平方和=\frac{S_{因}}{f_{因}}$$

$$试验误差的平均离差平方和=\frac{S_E}{f_E}$$

(4) 求 F 比。

其表达式为

$$F=\frac{S_{因}/f_{因}}{S_E/f_E}$$

其大小反映了各因素试验对结果影响程度的大小。

(5) 对因素进行显著性检验。给出检验水平 a，以 $F_a(f_{因}, f_E)$ 查 F 分布表，比较若 $F>F_a(f_{因}, f_E)$，说明该因素对试验结果的影响显著。

$F>F_{0.01}(f_{因}, f_E)$ 影响高度显著，“* *”；

$F_{0.01}(f_{因}, f_E)>F>F_{0.05}(f_{因}, f_E)$ 影响显著，“*”；

$F<F_{0.05}(f_{因}, f_E)$ 影响不显著。

特殊地，由于 2 水平正交设计比较简单，它的方差分析可以采用特殊的分析方法。其各因素离差平方和为

$$S_{因}=\frac{1}{n}(K_1-K_2)^2$$

其同样适用于交互作用项。

方差分析可以分析出试验误差的大小，从而得出试验精度；对于显著因素，选取优水平并在试验中加以严格控制；对不显著因素，可视具体情况确定优水平。但极差分析不能对各因素的主要程度给予精确的数量估计。

此外，还要考虑交互作用的正交试验设计和水平数不等的正交试验设计等，不仅可给出各因素及交互作用对试验指标影响的主次顺序，而且可分析出哪些因素影响显著，哪些影响不显著，这里不再阐述，请读者根据需要参考有关数理统计书籍。

第3章 数据处理

3.1 应用 Excel 处理实验数据

Excel(中文电子表格处理软件)是 Microsoft Office 的套件之一，是一种集文字、数据、图形、图表以及其他多媒体对象于一体，用于表格处理、数据分析的软件。此软件并不是为科学计算所单独设计，因此，不便于完成较复杂的运算。但由于其简便易学，所以可以作为初学者进行一些简单数据处理的替代性工具。图 3.1 为 Excel 窗口及名称介绍。

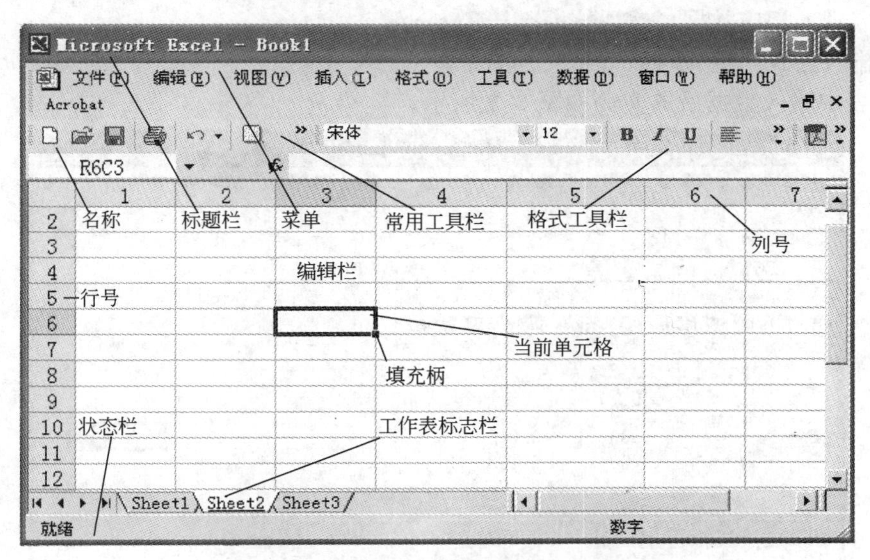

图 3.1 Excel 窗口及名称介绍

3.1.1 用 Excel 制工作表

用 Excel 制表的操作步骤如下所示。

1. 建立和打开表

(1) 创建工作簿文件，启动 Excel 后，自动创建一个新的工作簿文件，取名为 Book 1。

(2) 打开工作簿文件，对已建立的表，在 Excel 窗口(图 3.2)下，在菜单中选择“文件”→“打开”命令或单击工具栏上的图标(图 3.2)打开。

图 3.2 “打开”图标

当建立或打开一个工作簿文件后，在每一个工作簿文件中最多可建 255 张工作表。

2. 在工作表中输入数据

每个单元格中可以输入一个数据(常量或公式)，其输入的办法如下所示。

(1) 输入常量数值：是单元格的默认状态，可输入整数和小数。

输入文字：是字符直接输入，如把数字作为字符，输入时最前加单引号。

输入日期和时间：输入日期时用“/”或“－”作为分隔符；输入时间时用“:”作为分隔符。

输入数据的具体做法是：如果在工作表中的输入数字和文字，需要在第一列的单元格中输入数据，再按 Tab 键以移动到下一个单元格。在行尾，按 Enter 键可移动到下一行的开始处。

如果下一行开始处的单元格不是活动的，在菜单中选择“工具”→“选项”命令，再选择“编辑”选项卡。在“设置”之下，选择“按 Enter 键后移动”复选框，然后在“方向”中选择“向下”单选按钮。

如果需要同时在多个单元格中输入相同数据，请选定需要输入数据的单元格。单元格不必相邻。键入相应数据，然后按 Ctrl＋Enter 键。

(2) 输入公式：输入时以“＝”开头。

工作表中输入数据后的实例如图 3.3 所示。

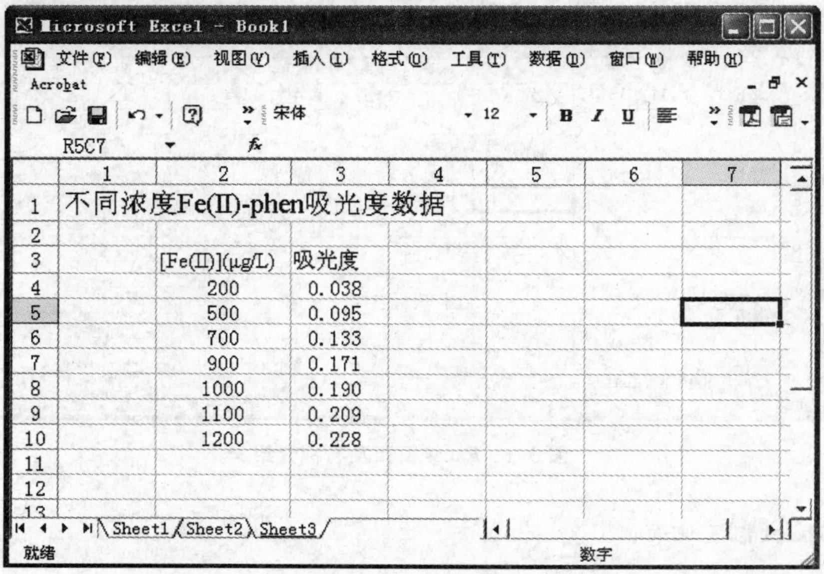

Microsoft Excel - Book1

文件(F) 编辑(E) 视图(V) 插入(I) 格式(O) 工具(T) 数据(D) 窗口(W) 帮助(H)

Acrobat

R5C7

	1	2	3	4	5	6	7
1	不同浓度Fe(II)-phen吸光度数据						
2							
3		[Fe(II)](μg/L)	吸光度				
4		200	0.038				
5		500	0.095				
6		700	0.133				
7		900	0.171				
8		1000	0.190				
9		1100	0.209				
10		1200	0.228				
11							
12							

Sheet1 Sheet2 Sheet3

就绪　数字

图 3.3　Excel 数据表

3.1.2 Excel 编辑表

工作表建立后，经常需要对单元格的内容进行调整，例如，数据的修改，行、列、字体的设置等。其主要操作如下所示。

1) 数据的编辑(修改、插入、删除和格式设置)

(1) 修改单元格数据。单击或双击单元格，在光标处直接修改即可。

(2) 数据的插入。数据插入的几种方法如下所示。

菜单法：用鼠标点击插入处的单元格，在菜单中选择“插入”→“行、列或单元格”命令，即可插入单元格、行或列。

快捷菜单法：先用鼠标单击插入处的单元格、行号或列号，然后单击鼠标右键会弹出一张快捷菜单，选快捷菜单中的“插入”命令，即可分别插入单元格、行或列。

(3) 数据的删除与数据的插入相同，分菜单法和快捷菜单法，操作见数据的插入。

(4) 数据的移动、复制，可选择“编辑”菜单或工具栏中的“剪切”或”复制”和“粘贴”命令完成。其操作方法为：选中要移动或复制内容，然后选择“编辑”菜单或工具栏中的“剪切”或“复制”命令，把光标移到要移动或复制的目的处单击，再选择“编辑”菜单或工具栏中的“粘贴”命令。

(5) 数据的填充。用鼠标左键拖动填充柄(把光标指针移到“填充柄”处，按住鼠标左键拖动)；如果被拖动的单元格为文字，其操作和填充的结果如图 3.4 所示，即在 R2C2 单元格中输入文字“实验数据”，然后移动鼠标使光标指针处于“填充柄”处[图 3.4(a)]，此时光标指针变已为“+”，再按住鼠标左键向下拖动鼠标，填充结果如图 3.4(b)所示。如果被拖动的单元格为一公式，例如在图 3.5 中的 R4C4 单元格中输入一公式“=ln(R4C3)”，然后按住鼠标左键向下拖动“填充柄”，拖动后其结果如图 3.5 所示，它们分别是 ln(R4C3)～ln(R10C3)的计算结果。

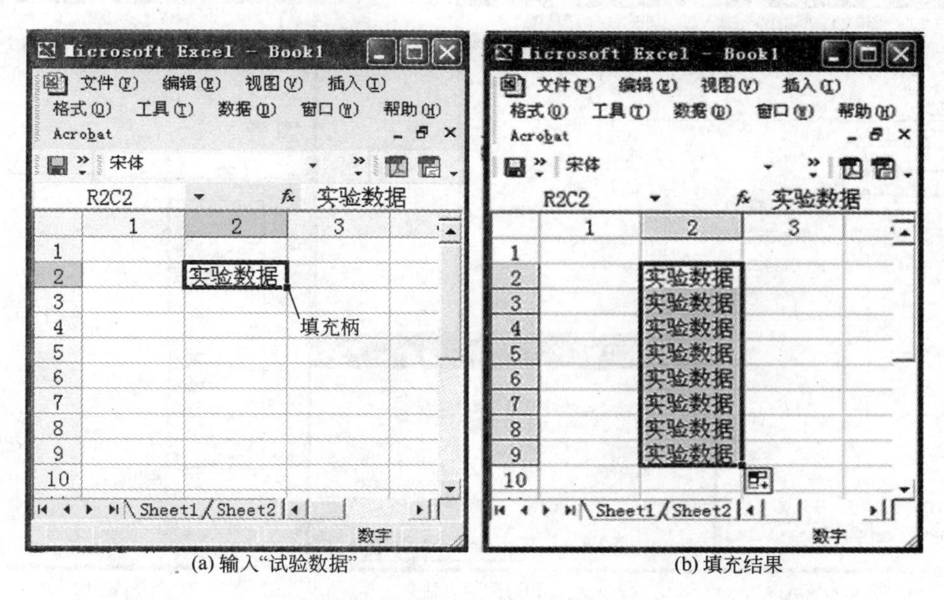

(a) 输入“试验数据”　　(b) 填充结果

图 3.4 数据的填充(拉动文字)

Microsoft Excel - Book1

R11C5

	1	2	3	4
1	不同浓度Fe(Ⅱ)-phen吸光度数据			
2				
3		[Fe(Ⅱ)](μg/L)	吸光度	
4		200	0.038	-3.27017
5		500	0.095	-2.35388
6		700	0.133	-2.01741
7		900	0.171	-1.76609
8		1000	0.190	-1.66073
9		1100	0.209	-1.56542
10		1200	0.228	-1.47841

图 3.5　计算结果

用鼠标右键拖动“填充柄”（把光标指针移到“填充柄”处，按住鼠标右键拖动），其操作和填充的结果如图 3.6 所示，即在 A1 单元格中输入数值“234”，移动光标指针至“填充柄”处，使鼠标指针变为“十”，再按住鼠标右键拖动鼠标(图 3.6 (a))，在弹出的快捷菜单中选择“序列”命令。在弹出的“序列”对话框(图 3.6 (b))中选中“等差序列”单选按钮。取步长值 12，其结果如图 3.6(c)所示。

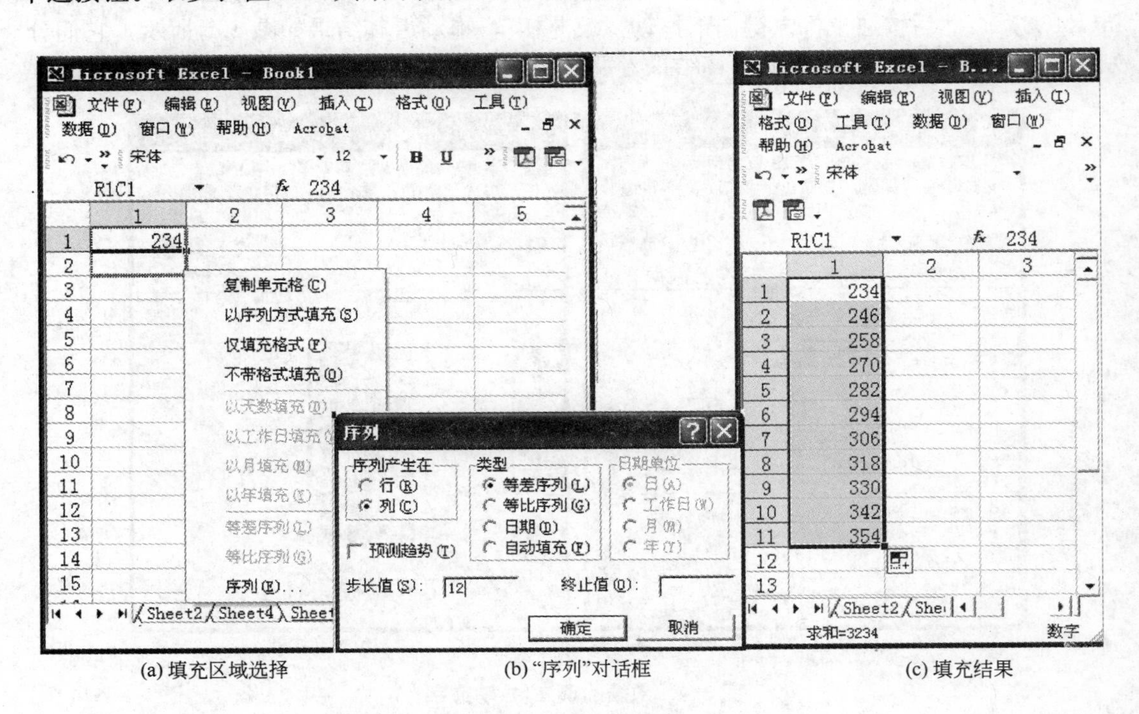

(a) 填充区域选择　　(b)“序列”对话框　　(c) 填充结果

图 3.6　操作和填充的结果

2）调整行、列宽度和字体大小

其具体操作如下所示。

(1) 调整行、列宽度把光标移到行号或列号上，按住鼠标左键，拖动鼠标，即可调整行、列宽度。

(2) 调整字体大小，先选中要调整的区域，选择工具栏中的“字体”、“字号”和“字形”命令，即可进行调整。

3）设置边框线、对齐

对选中的区域进行边框线设置、对齐操作，其操作与设置字体大小相同。工具栏中相应地方设置边框线、对齐图标如图 3.7 所示。

图 3.7 设置“边框线”、“对齐”图标

4）工作簿的保存

对已经编辑好的文档要及时保存，工作簿的保存分保存和另存为。在菜单中选择“文件”→“另存为”命令保存一个新文档时，需回答文档的保存位置、文件名和类型等，以及设置一些保存文件的选项。

5）工作表的打印输出

在菜单中选择“文件”→“打印页面设置”和“打印预览”命令预览合适后，在菜单中选择“文件”→“打印”命令将工作表的数据在本地打印机或网络打印机上打印输出。

3.1.3 Excel 中的公式和函数

Excel 提供了丰富的公式和函数，它可表达数据之间复杂的运算关系，用它可以处理实验数据。

1. 公式

公式是由“＝”、数字、文字、运算符、函数、单元格引用地址等构成。例如“＝al＋b1＋c1”，“＝66＊b3”，“＝ln(a1)”，…

公式输入到单元格中，输入完毕后，在本单元格中显示出结果。

(1) 运算符及运算顺序。运算符有：引用运算符(“;”、“.”、空格和“－”(负号))、算术运算符(“＋”、“－”、“＊”、“/”、“%”)、文字运算符(“&”)和比较运算符(“＝”、“<”、“>”、“<＝”、“>＝”、“<>”)。运算顺序：按引用运算符、算术运算符、文字运算符和比较运算符顺序运算。

(2) 单元格引用地址，包括相对引用地址、绝对引用地址、混合引用地址。

相对引用地址：这种引用地址随公式所在单元格位置的变化而改变，如 C3，F2，“A1：D3”(表示从左上角 A1 到右下角 D3 的区域)。

绝对引用地址：这种引用地址不随公式所在单元格位置的变化而改变，如＄A＄1，＄F＄3，…

混合引用地址：如＄AZ，F＄3，…

2. 函数

函数的种类、功能和使用——在菜单中选择“插入”→“函数”命令或单击工具栏上的 fx 按钮，弹出“插入函数”对话框(图 3.8)，用户根据需要在图 3.8 中选择相应的函数的种类、功能。

插入函数

搜索函数(S):

请输入一条简短的说明来描述您想做什么，然后单击“转到”

转到(G)

或选择类别(C): 全部

选择函数(N):

LEFT
LEFTB
LEN
LENB
LINEST
LN
LOG

LN(number)
返回给定数值的自然对数

有关该函数的帮助　确定　取消

图 3.8 “插入函数”对话框

用户也可按图 3.8 函数的格式，在公式中直接输入使用。

提示：如果在“或选择类别”下拉框中选择函数类别，然后可以在“选择出数”列表框中浏览相关函数列表；如果已经知道所需要的函数的名称，但是用户希望获得如何输入参数的帮助，可以在“搜索函数”文本框中，输入函数名称并单击“确定”按钮。

3.1.4 Excel 的图表

在 Excel 中能很方便地将电子表格中的数据转化为图形。

1. 图表类型

在 Excel 中图表有两类：标准类型(14 种)和自定义类型(图 3.9)。

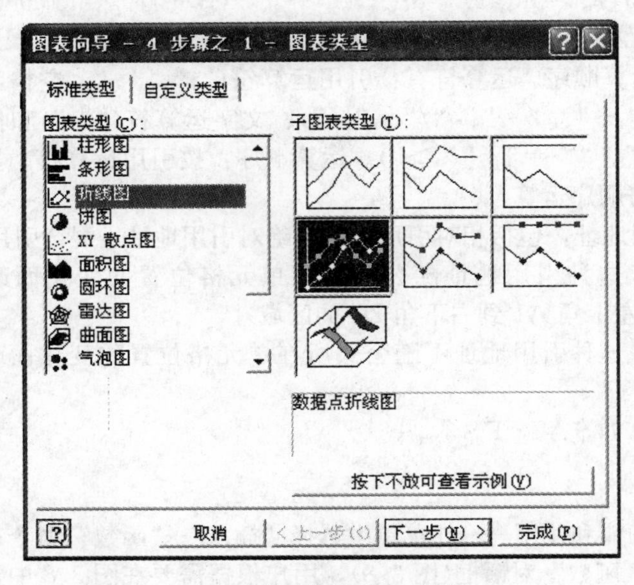

图 3.9 “图表类型”对话框

2. 图表建立

图表有两种形式：嵌入式图表和工作表图表。

建立图表的操作如下。

(1) 在工作表中选定数据区域。

(2) 在菜单中选择“插入”→“图表”命令或单击工具栏上的“图表”图标(图 3.10)，弹出“图表向导”对话框，按向导一步一步设置。其设置共有 3 步：设图表类型(图 3.9)、图表选项和图表位置。

图 3.10 “图表”图标

3. 图表编辑

图表建立后，根据需要可以进行修改图表的位置、大小、类型、标题、数据标记等方面。

其操作方法如下。

(1) 用鼠标单击被修改图表中的某部分。

(2) 在菜单中选择“格式”命令或单击鼠标右键，在弹出的快捷菜单中选择所需修改的内容，其操作应用实例见 3.1.5 节。

3.1.5 应用实例

以邻二氮菲为显色剂，用吸光光度法测定溶液中的 Fe^{2+}，在 508nm 波长下，用 1cm 比色皿，吸光度数据见表 3-1。

表 3-1 Fe^{2+} 在不同浓度下的吸光度

[Fe(II)]/·L^{-1}(μg/L)	吸光度	[Fe(II)]/·L^{-1}(μg/L)	吸光度
200	0.038	1000	0.190
500	0.095	1100	0.209
700	0.133	1200	0.228
900	0.171		

若实验测得某未知样品的吸光度为 0.156，试求出 Fe^{2+} 的浓度为多少？

1. 建立 Excel 数据表

在 Excel 中建立数据表(图 3.11)，图中第 1 列为 Fe^{2+} 的浓度，第 2 列为吸光度。

2. 进行线性回归，求出方程 $y=kx+b$ 中的斜率 k 和截距 b

在图 3.11 所示数据表下方合适的位置处选 4 个单元格，每个单元格上分别输入两名称和两函数(图 3.12)。即可求出直线方程的斜率和截距，同时也可求出未知样品的浓度(图 3.12)。根据有效数字修约规则，Fe^{2+} 的浓度为 821μg/L。

3. 图表处理

在图 3.12 所示的界面上，拖动光标选中从列 1～2 到行 4～10 的区域，单击工具栏上“图表”图标(图 3.10)，出现图 3.13(a)所示的“图表类型”对话框，在“图表类型”列表框中选择“XY 散点图”和子图表类型后，单击“下一步”按钮，出现“图表源数据”

对话框，如图 3.13(b)所示。

在图 3.13(b)所示的对话框中单击“下一步”按钮，出现图 3.14 所示的“图表选项”对话框，在对图的“标题”、“坐标轴”和“网格线”等设置后，单击“完成”按钮，在当前工作表中得到图 3.14 右边所示的用吸光光反法测定 Fe^{2+} 的浓度的标准曲线；单击“下一步”按钮可把标准曲线选嵌入工作表中或选放入其他位置。

Microsoft Excel - Book1

文件(F) 编辑(E) 视图(V) 插入(I) 格式(O) 工具(

R11C7

	1	2	3	4
1	不同浓度Fe(II)-phen吸光度数据			
2				
3	[Fe(II)](μg/L)	吸光度		
4	200	0.038		
5	500	0.095		
6	700	0.133		
7	900	0.171		
8	1000	0.190		
9	1100	0.209		
10	1200	0.228		
11				

图 3.11 建立数据表

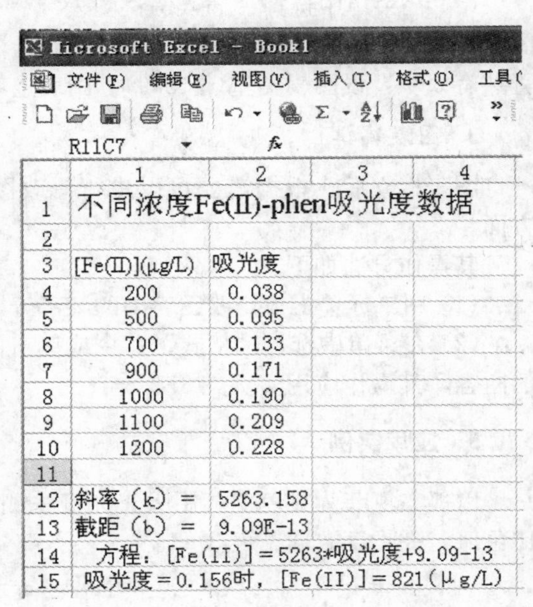

Microsoft Excel - Book1

文件(F) 编辑(E) 视图(V) 插入(I) 格式(O) 工具(

R11C7

	1	2	3	4
1	不同浓度Fe(II)-phen吸光度数据			
2				
3	[Fe(II)](μg/L)	吸光度		
4	200	0.038		
5	500	0.095		
6	700	0.133		
7	900	0.171		
8	1000	0.190		
9	1100	0.209		
10	1200	0.228		
11				
12	斜率（k）＝	5263.158		
13	截距（b）＝	9.09E-13		
14	方程：[Fe(II)]＝5263*吸光度+9.09-13			
15	吸光度＝0.156时，[Fe(II)]＝821(μg/L)			

图 3.12 线性回归处理图

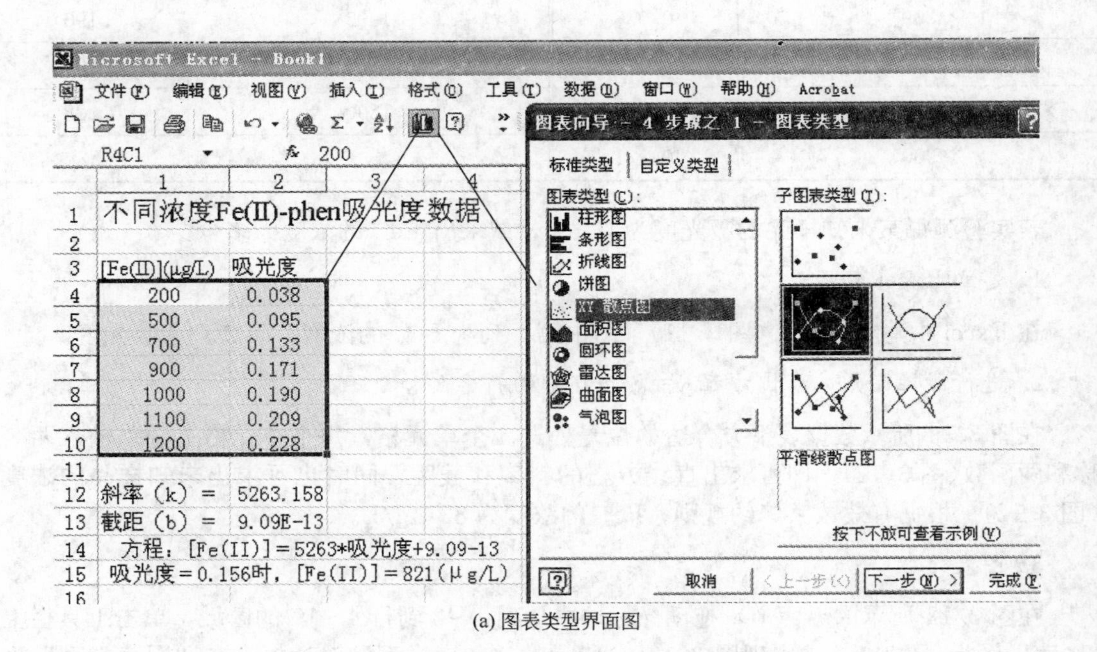

Microsoft Excel - Book1

文件(F) 编辑(E) 视图(V) 插入(I) 格式(O) 工具(T) 数据(D) 窗口(W) 帮助(H) Acrobat

R4C1 200

	1	2	3	4
1	不同浓度Fe(II)-phen吸光度数据			
2				
3	[Fe(II)](μg/L)	吸光度		
4	200	0.038		
5	500	0.095		
6	700	0.133		
7	900	0.171		
8	1000	0.190		
9	1100	0.209		
10	1200	0.228		
11				
12	斜率（k）＝	5263.158		
13	截距（b）＝	9.09E-13		
14	方程：[Fe(II)]＝5263*吸光度+9.09-13			
15	吸光度＝0.156时，[Fe(II)]＝821(μg/L)			
16				

(a) 图表类型界面图

图 3.13 图表处理操作

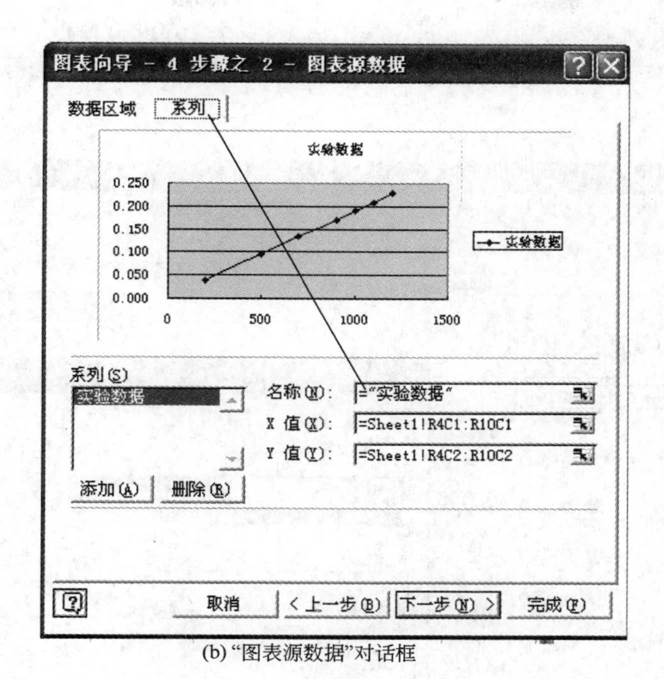

(b)"图表源数据"对话框

图 3.13 图表处理操作(续)

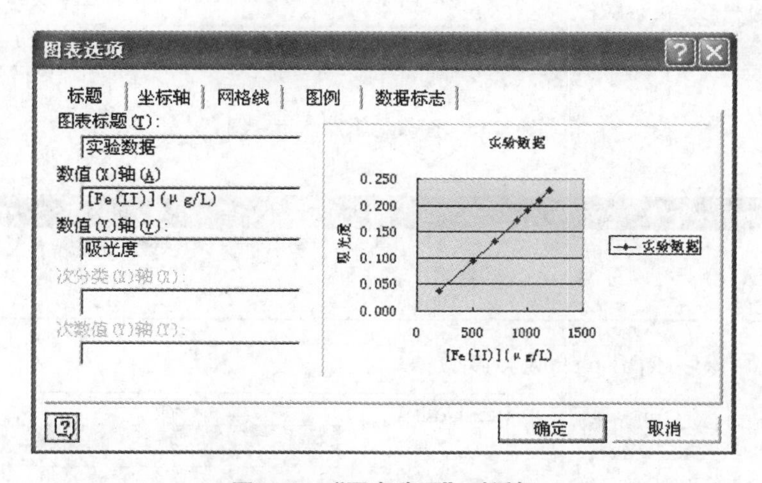

图 3.14 "图表选项"对话框

图表通过以上操作建成后，如果还需要对图表的位置、大小、类型、标题、数据标记等方面进行编辑修改，操作方法如下所示。

(1) 单击所需修改处。图 3.15(左)为用鼠标单击标准曲线中吸光度坐标轴(纵坐标)后，所显示的图表编辑操作示意图。

(2) 在菜单中选择"格式"命令或利用快捷菜单进行对应的修改。

在菜单中选择"格式"命令或单击鼠标右键，显示如图 3.15(上)所示，选择"坐标轴格式"命令，弹出如图 3.15(右)所示的对话框。从而可对所选定的坐标轴的"刻度"、"字体"等进行修改。

(3) 同理，还可对图表的数据曲线、绘图区、网格线等进行修改。另外，当选定了图表的内容后，还可对图表进行移动、放大缩小等操作。经过修改后的标准曲线如图 3.16 所示。

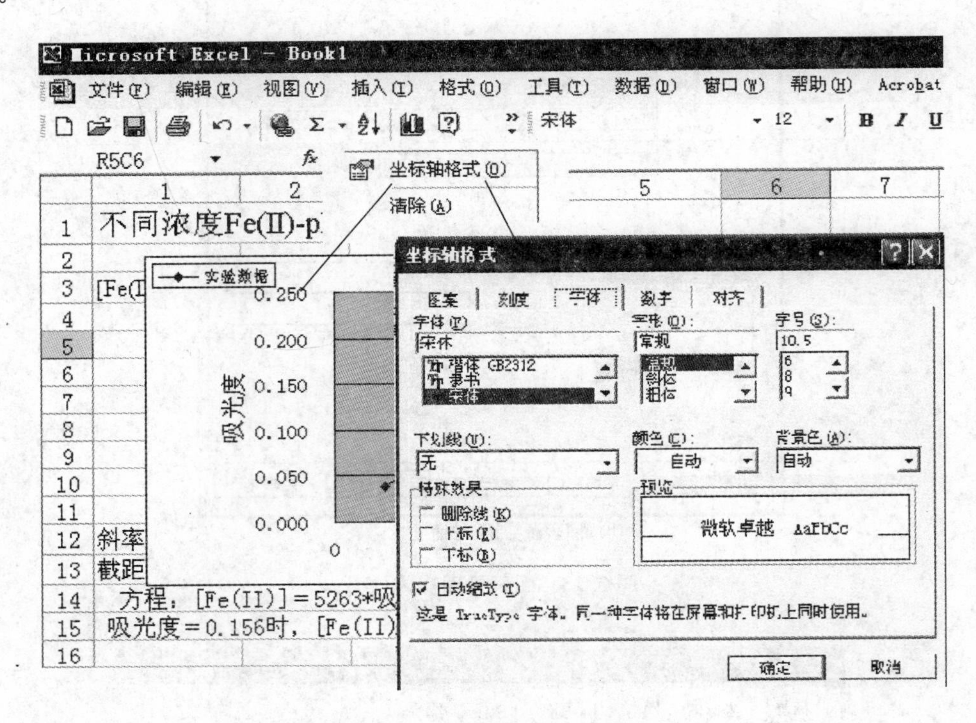

图 3.15　图表编辑操作示意图

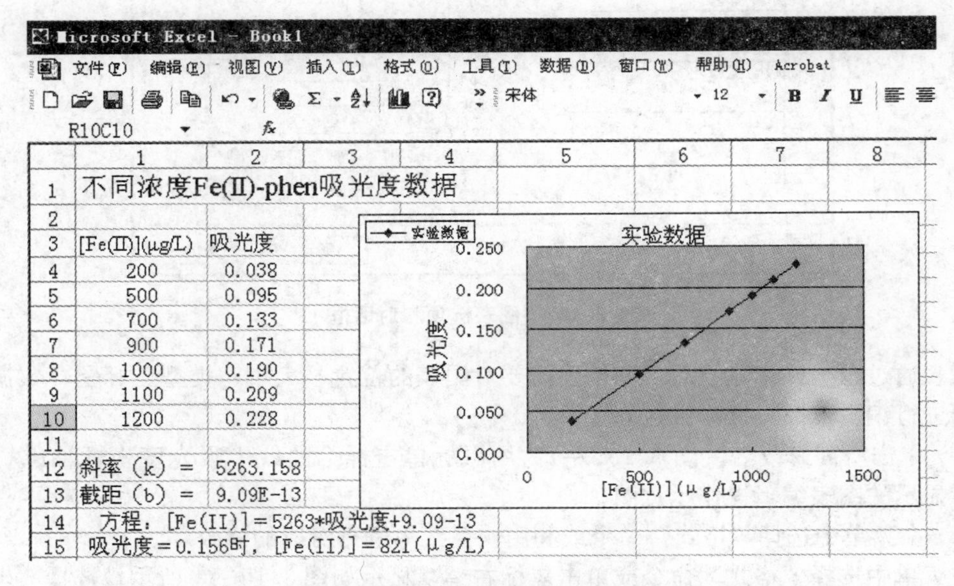

图 3.16　用吸光光反法测定 Fe^{2+} 的浓度的标准曲线图

3.2 应用 Origin 处理实验数据

Origin 是美国 Microsoft 公司推出的数据分析和绘图软件，可用于 Windows 95、98 或 NT 平台，到目前为止，其最高版本 7.0 已上市了。Origin 功能强大，在各国科技工作者中使用较为普遍，当前全世界有数以万计的科学和工程技术人员使用 Origin 软件，公认“Origin 是最快、最灵活、使用最容易的工程绘图软件”。Origin 最突出的特点是使用简单，它采用直观的、图形化的、面向对象的窗口菜单和工具栏操作，全面支持鼠标右键操作、支持拖放式绘图等，且其典型应用不需要用户编写任何一行程序代码。Origin 带给用户的是最直观、最简单的数学分析和绘图环境。

Origin 是一个多文档界面应用程序。它将用户的所有工作都保存在后缀为 OPJ 的项目文件(Project)中，这点与 Visual Basic 等软件很类似。保存项目文件时，各子窗口也随之一起存盘；另外各子窗口也可以单独保存，以便别的项目文件调用。一个项目文件可以包括多个子窗口，可以是工作表窗(Worksheet)、绘图窗口(Graph)、函数图窗口(Function Graph)、矩阵窗口(Matrix)和版面设计窗口(Layout Page)等。一个项目文件中的各窗口相互关联，可以实现数据实时更新，即如果工作表中的数据被改动之后，其变化能立即反映到其他各窗口，比如绘图窗口中所给数据点可以立即得到更新。然而，正因为它功能强大，其菜单界面也就较为繁杂，且当前激活的子窗口类型不一样时，主菜单、工具栏结构也不一样。

Origin 包括两大类功能：数据分析和绘图。Origin 的数据分析包括数据的排序、调整、计算、统计、频谱变换、曲线拟合等各种完善的数学分析功能。准备好数据后进行数据分析时，只需选择所要分析的数据，然后再选择相应的菜单命令即可。Origin 的绘图是基于模板的，Origin 本身提供了几十种二维和三维绘图模板。绘图时，只需选择所要给图的数据，然后再单击相应的工具栏按钮即可。

另外，为了用户扩展功能和二次开发的需要，Origin 提供了广泛的定制功能和各种接口，用户可以自定义数学函数、图形样式和绘图模板等；可以和各种数据库软件、办公软件、图像处理软件等方便地连接；可以用 C 语言等高级编写数据分析程序；还可以使用 Origin 内置的 Lab Talk 语言编程等。

3.2.1 Origin 主要功能

Origin 主要功能如下所述。

(1) 在二维坐标中，将实验数据自动生成图形，有利于对实验趋势的判断。

(2) 在同一幅图中，可以画上多条实验曲线，有利于对不同的实验数据进行比较研究。

(3) 不同的实验曲线可以选择不同的线型，并且可将实验点用不同的符号表示。

(4) 对坐标轴名称可以进行命名，并可进行字体大小及字号的选择。

(5) 可将实验数据进行各种不同的回归计算，自动打印出回归方程及各种偏差。

(6) 可将生成的图形以多种形式保存，以便在其他文件中应用。

(7) 可使用多个坐标轴，并对坐标轴位置、大小进行自由选择。

图 3.17　Origin 快捷方式的图标

总之，Origin 是一个功能十分齐全的软件，对于绘制化学和化工实验曲线非常有用。

3.2.2　Origin 的安装

双击 Origin 的安装程序，按提示操作即可。

安装好 Origin 软件后，在桌面上添加 Origin 的快捷方式，有利于以后使用。Origin 快捷方式的图标如图 3.17 所示。

3.2.3　数据输入

Origin 绘图的第一步是输入数据。下面介绍其主要输入方法。

(1) 打开已装有 Origin 软件的电脑，双击 Origin 快捷方式的图标，计算机就进入如图 3.18 所示的界面。

(2) 直接输入数据的界面如图 3.18 所示，在此界面上只有两列数据输入项，用鼠标单击某一单元格，输入数据，按 Enter 键即可。如果实验数据多于两列，则可在菜单中选择 Column→Add New Columns 命令，弹出如图 3.19 所示的对话框，输入要增加的数据列数，单击“确定”按钮。然后将所有的实验数据输入表格中。

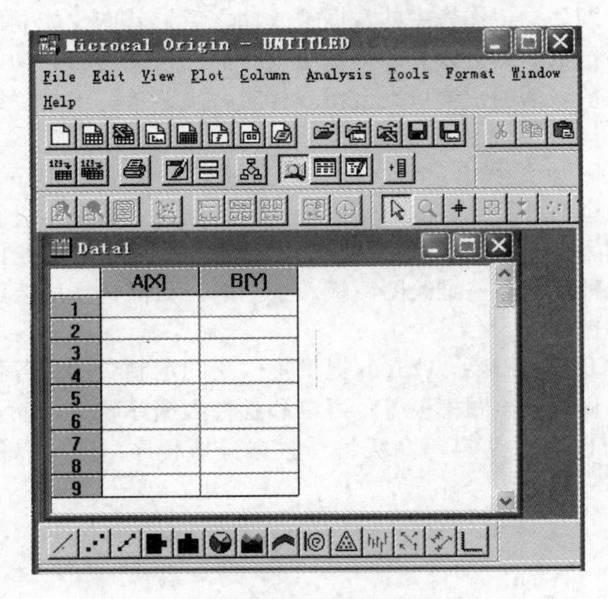

图 3.18　输入数据界面

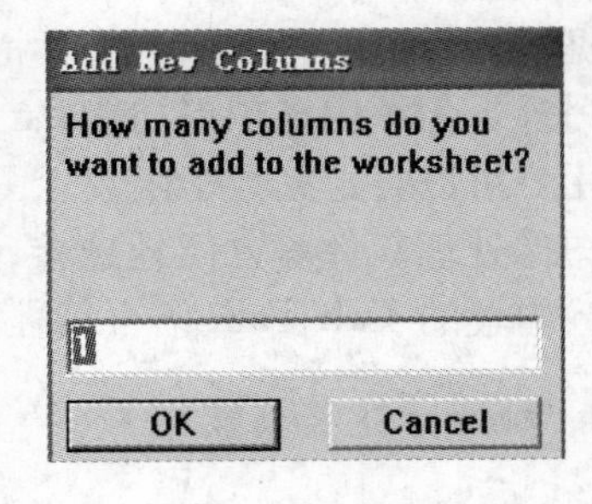

图 3.19　Add New Columns (增加数据)对话框

(3) 除直接输入数据外，也可以将在其他程序计算和测量所取得的数据直接引用过来。其操作方法如下所示。

在菜单中选择 Files→Import 命令，再在弹出的菜单项中选择一种你所存储的数据形式(图 3.20(a))。许多仪器数据是以 ASCII 形式存放的，可选择 Single ASCII 命令，在弹出的对话框中选取数据的文件名(图 3.20(b))，双击，就可以将数据直接引入到数据表格中去。

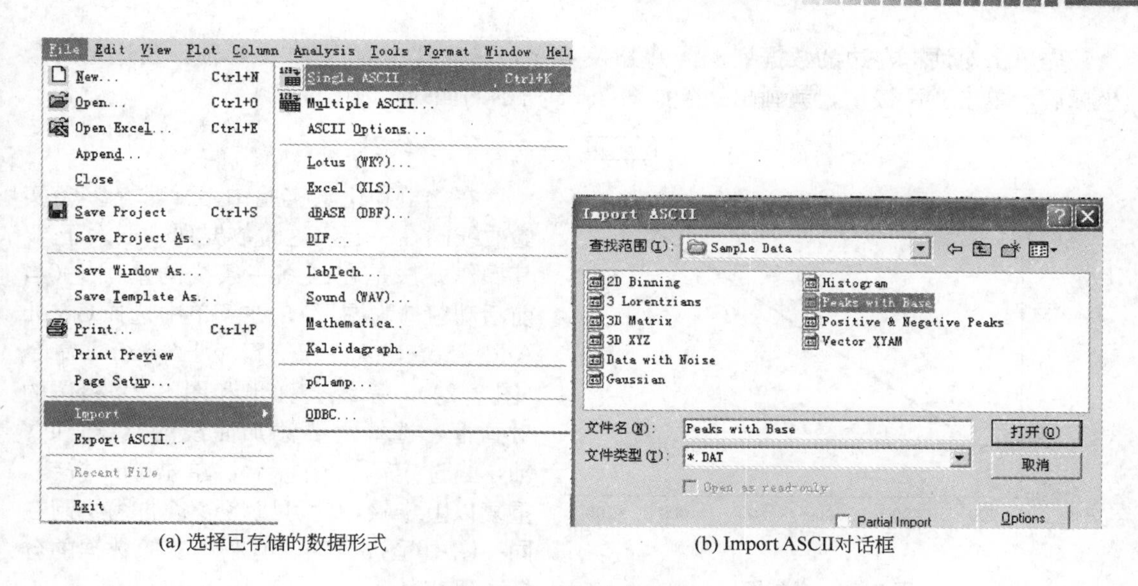

(a) 选择已存储的数据形式　　(b) Import ASCII对话框

图 3.20　引入数据文件

值得注意的是，放在数据文件中的数据，其次序应和数据表格中的次序相一致，同行的数据以“,”相间隔，不同行的数据应换行存放，否则，引入的数据将无法使用。

3.2.4　图形生成

当输入完数据后，就可以开始绘制实验数据曲线图。实验曲线常有单线图和多线图，下面将分别进行介绍。

1. 单线图

(1) 在菜单中选择 Plot 命令，在其菜单项中选择曲线形式，一般选择 Line+Symbol (图 3.21)，它是将实验数据用直线分别连接起来，在每一格数据点上有一个特殊的记号。

(2) 在弹出的对话框(图 3.22)中选择 X 轴和 Y 轴的数据列。其选样操作的方法如下所示。

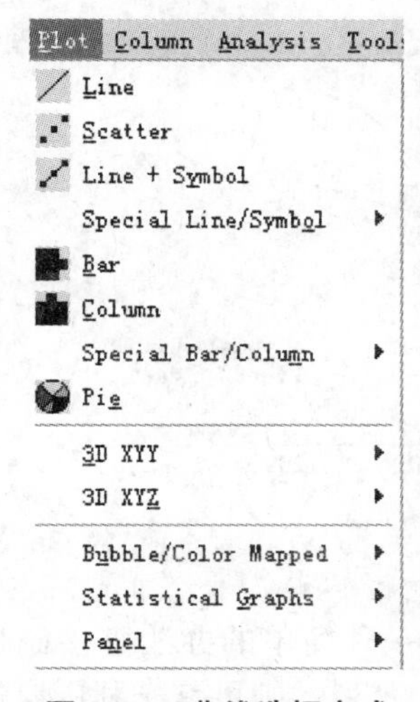

图 3.21　曲线选择方式

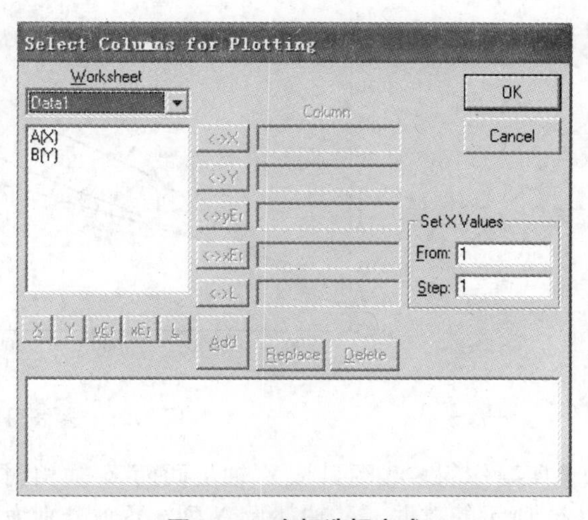

图 3.22　坐标选择方式

先单击对话框左边的数据列，再单击 X 或 Y，选择其作为 X 轴或 Y 轴，当选定两个坐标后，单击 OK 按钮，就画出一条如图 3.23 所示的曲线。

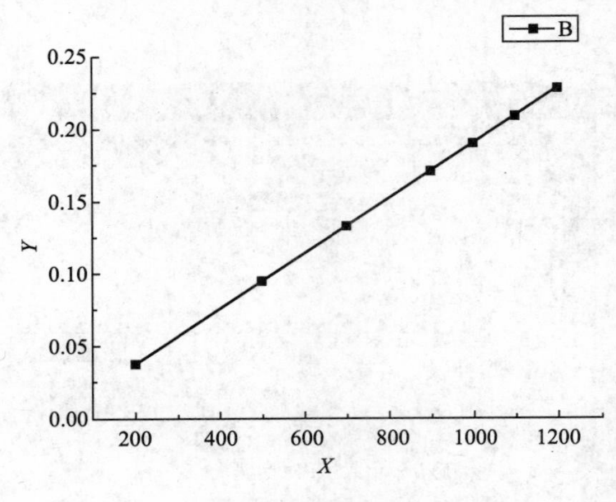

图 3.23　单线图

2. 多线图

在化学和化工实验中，常常是多条实验曲线画在一起，这时数据列一般大于 2，其操作方法是在画好一条线的基础上（当前活动窗口为图形），在菜单中选择 Graph Add Plot to Layer→Line＋Symbol 命令（图 3.24），系统会弹出和图 3.22 相仿的对画框，选择需要添加曲线的 X 轴和 Y 轴，当选定两个坐标后，单击 OK 按钮，重复以上步骤，就可以将多条曲线绘制在同一图中（图 3.25），有利于实验数据的分析和研究。

Data1

	A(X)	B(Y)	D(Y)	E(Y)
1	200	0.038	0.025	0.014
2	500	0.095	0.102	0.164
3	700	0.133	0.156	0.228
4	900	0.171	0.213	0.316
5	1000	0.19	0.25	0.365
6	1100	0.209	0.304	0.476
7	1200	0.228	0.324	0.504
8				
9				

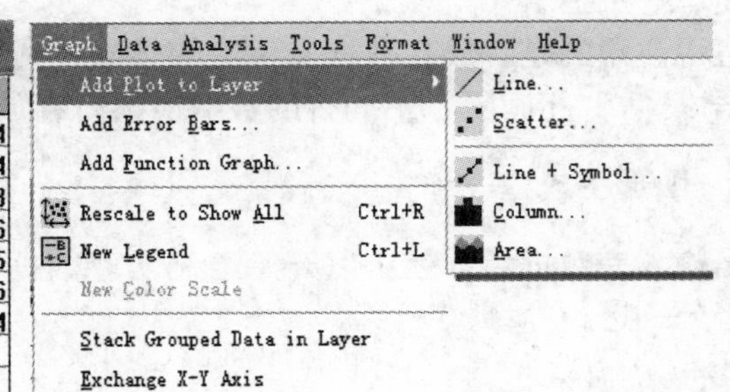

图 3.24　绘制多线图操作

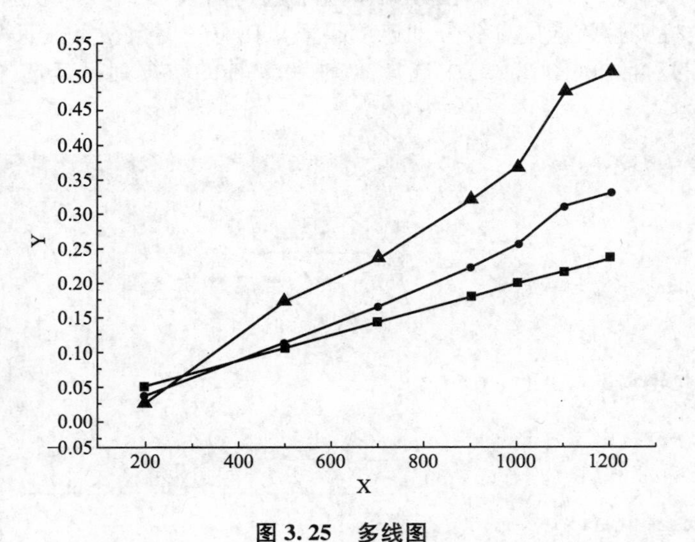

图 3.25　多线图

如果所要作的多线图只是 Y 轴不同而 X 轴相同，则有一种简单的办法直接制作。例如图 3.24 所示的数据，X 轴都为 A 列，Y 轴分别为 B、D、E 列，则可首先利用鼠标选中要制作多线图的所有数据列(这一点和使用 Word 文档一样)，然后单击多线图线条类型的图标，如果单击图标，则可直接得到如图 3.25 所示的多线图。

3.2.5 坐标轴的标注

在输入数据，画好曲线之后，这时发现坐标轴的名称尚未标注，标注坐标轴名称有以下两种方法。

(1) 将鼠标双击标有 X Axis Title 和 Y Axis Title 处，弹出如图 3.26 所示的对画框，输入坐标轴的中文名、英文字母、单位，同时可选择字体、字号以及其他一些功能。

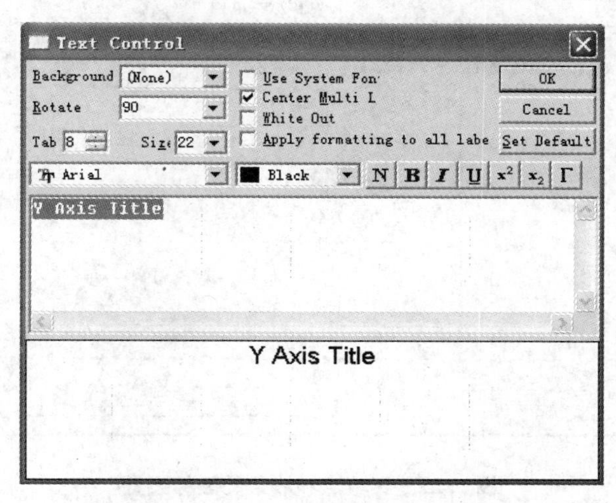

图 3.26 标注坐标轴

需要说明的是，有些字体在 Origin 里可以显示出来，但当粘贴到 Word 文档时无法显示，因此，建议将字体选为宋体，这样可以保证在 Word 文档中可以显示坐标轴的名称。

(2) 在菜单中选择 Format 命令，在其下拉菜单中选择 Axis、X Axis(图 3.27)命令，系统弹出如图 3.28 所示的对话框，选择 Tick Labels 选项卡。同时如果选择图 3.28 的其他功能，则可以对坐标的起始位置、坐标间隔、坐标轴位置等许多功能进行设置。

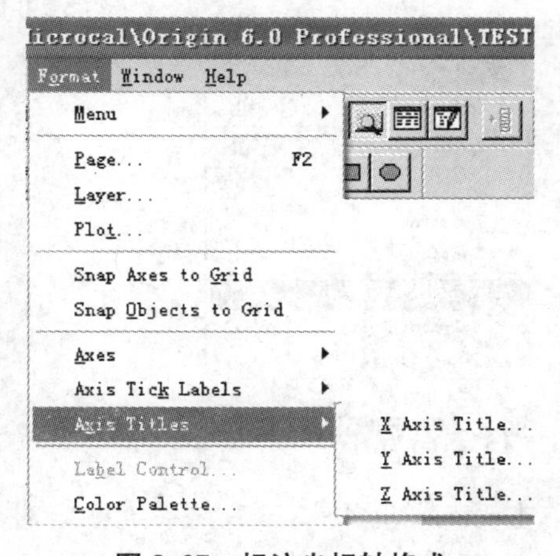

图 3.27 标注坐标轴格式

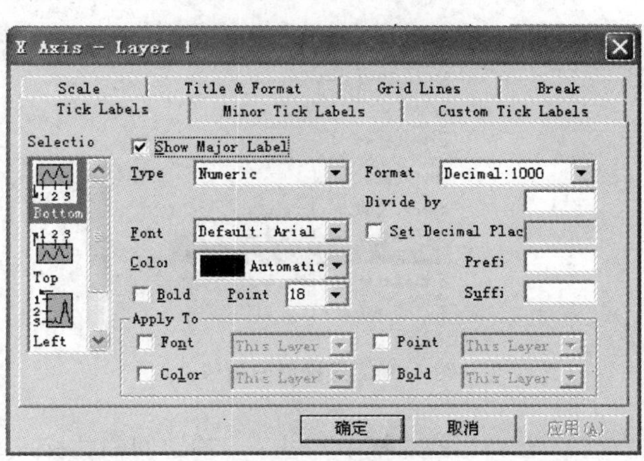

图 3.28 X 坐标轴对话框

3.2.6　线条及实验点图标的修改

在实验数据的多线图中，每一条曲线表示的含义是不同的，不同的实验点必须用不同的图标表示，可以双击需要修改的曲线，弹出如图 3.29 所示的对话框，选择 Line 选项卡可以修改线条粗细、颜色、风格及连接方式；选择 Symbol 选项卡可以修改实验点的图标形状和大小；选择 Group 选项卡可以进行线条的组态设置。

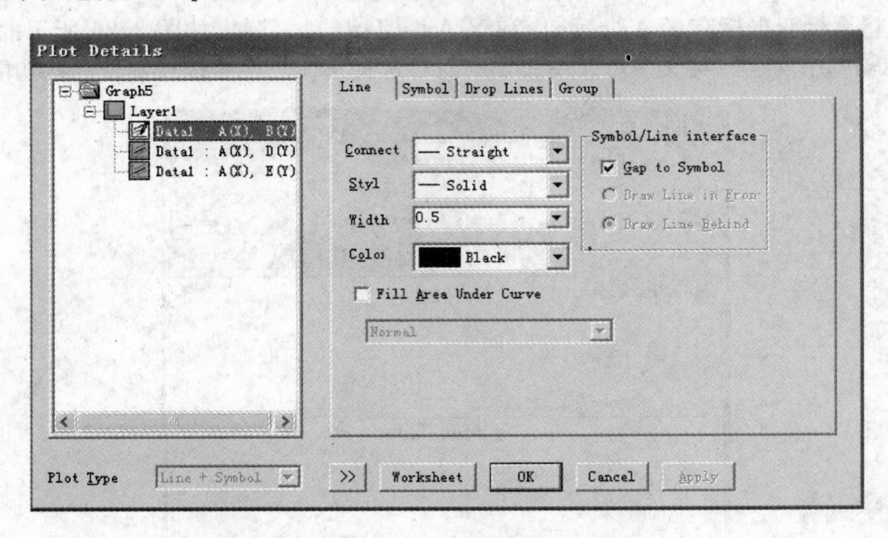

图 3.29　实验点和线条的图标设置

3.2.7　数据的拟合

完成前述任务后，一幅实验曲线图基本完成，但如果需要对实验数据进行一些回归计算，则可以通过以下方法进行。

(1) 在菜单中选择 Data 命令，选择要回归的某一条曲线(图 3.30)。

(2) 在菜单中选择 Tools 命令，选择回归的方法，图 3.31 所示为线性回归。

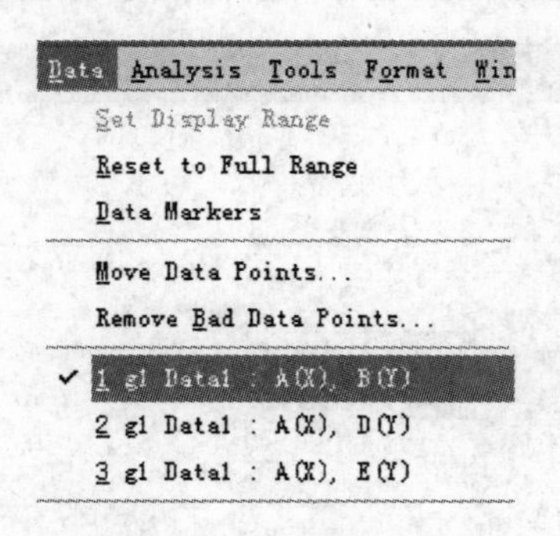

图 3.30　选择回归曲线

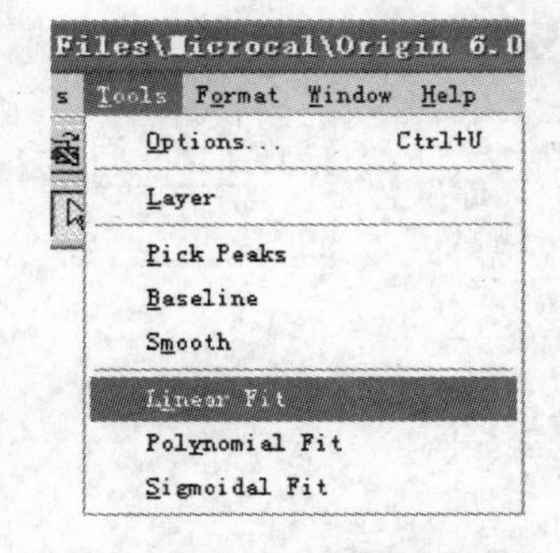

图 3.31　选择回归方法

(3) 在弹出的对框中，进一步确定回归的标准，单击 Fit 按钮(图 3.32)，系统就会对所选择的曲线按指定的方法进行回归，回归的结果如图 3.33 所示。

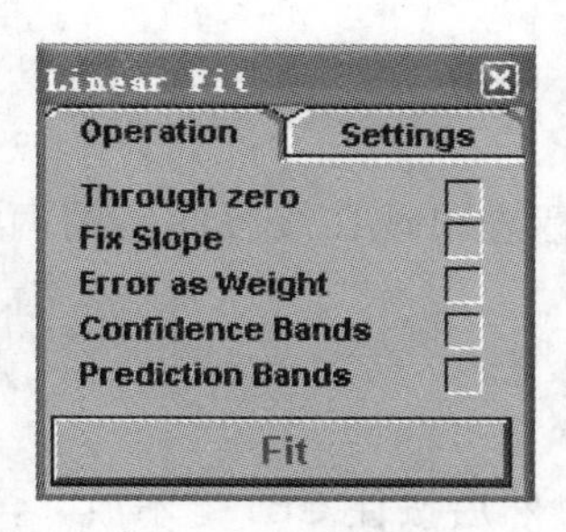

图 3.32　选择回归指标

```
[2005-12-26 21:33 "/Graph5" (2453730)]
Linear Regression for DATA1_B:
Y = A + B * X

Parameter      Value          Error
------------------------------------------------------------
A              0              1.2319E-17
B              1.9E-4         1.42383E-20
------------------------------------------------------------
```

图 3.33　回归结果

3.2.8　其他功能

1. 数据显示

Origin 的数据显示(Data Display)工具模拟显示屏的功能，动态显示所选数据点或屏幕点的 XY 坐标值。当选择“Tools”工具栏中的 Data selector、Data reader、Screen reader 或 Draw 工具时，Origin 将自动显示 Data Display 工具。另外，当移动或删除数据点时，Data Display 工具也会自动显示。

Data Display 工具是浮动的，可以将其移动到 Origin 工作空间内任何方便的位置，也可以把它拉大或缩小。Data Display 工具如图 3.34 所示：

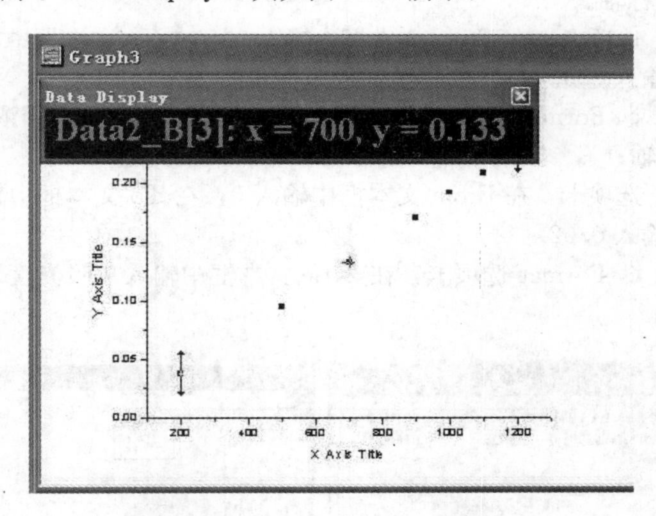

图 3.34　Data Display 工具图

Data Display 工具显示的内容含义如下所示。

Data2：Origin 项目的文件名。

B：数列名称。

[3]：数据点的序号。

X=700，Y=0.133 为该数据点的坐标值。

2. 数据选择

Origin 的数据选择“Data selector”工具的功能是选择一段数据曲线，做出标记，突

出显示效果。

数据选择的操作步骤如下所示。

(1) 单击工具栏上的 Data Selector 命令按钮，则数据标志出现在线段曲线的两端，另外，数据显示窗口也会自动打开。

(2) 为了标出感兴趣的数据段，要移动数据标志，方法有二。

方法一为用鼠标拖动标志，将其移动到合适的位置。

方法二为先用键盘的左右箭头选择相应的左右数据标志，然后按住 Ctrl 键不放，再按左右箭头便可以使选定的数据标志向左右方向移动，步长为一个数据点。如果同时按住 Ctrl 和 Shift 键不放，再按左右箭头便可以使选定的数据标志向左右方向移动，步长为 5 个数据点。

3. 数据读取

Origin 的数据选择 Data Reader 工具的功能是显示数据曲线上选定点的 X、Y 坐标值。读取数据的步骤如下所示。

(1) 单击工具栏上的 Data Reader 命令按钮，则光标出现形状。

(2) 用鼠标选择数据曲线的点，则在 Data Display 工具中出现该数据点的坐标值 X、Y。

4. 定制坐标轴

(1) 双击 X 坐标轴。

(2) 选择 Scale 选项卡，在 From 文本框中输入 50，在 To 文本框中输入 1400，在 Increment 文本框中输入 200。

(3) 选择 Title & Format 选项卡，在 Title 文本框中输入“铁离子浓度”。

(4) 双击 Y 标轴；

(5) 选择 Scale 选项卡，在 From 文本框中输入 0，在 To 文本框中输入 0.25，在 Increment 文本框中输入 0.02。

(6) 选择 Title & Format 选项卡，在 Title 文本框中输入“吸光度”，得到如图 3.35 所示的结果。

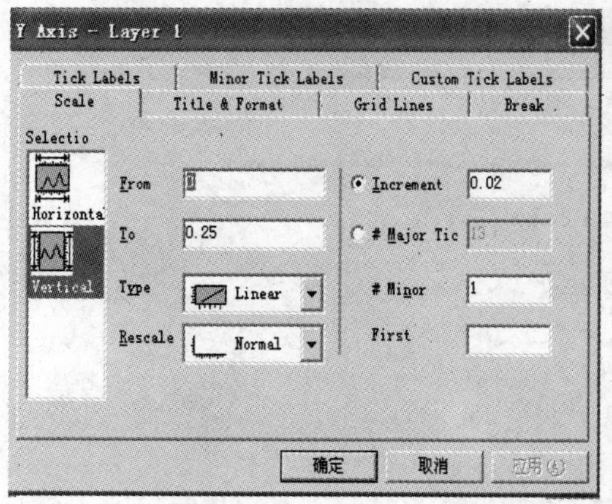

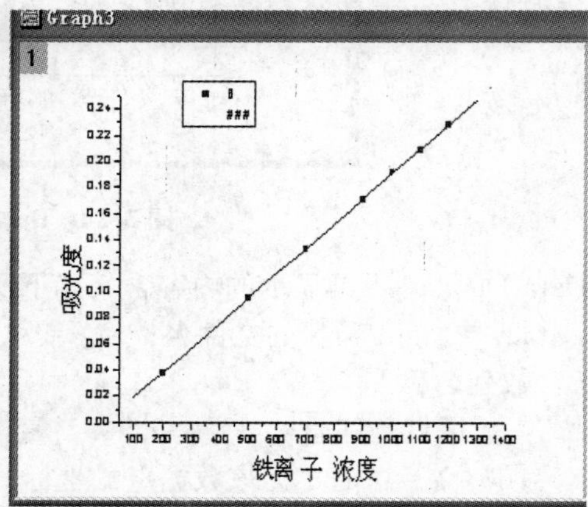

图 3.35 定制坐标轴

5. 图形的导出

在 Origin 中导出图形的方法有以下几种。

(1) 通过剪贴板导出，操作方法为：激活绘图窗口，在菜单中选择 Edit→Copy Page 命令，图片被复制进剪贴板，然后就可以将其粘贴到其他应用程序中了。

(2) 导出图形文件，操作方法为：

① 选择菜单命令 File Export Page，则打开“另存为”对话框。

② 在对话框内的“文件名”文本框内输入文件名。

③ 从“保存类型”下拉列表框内选择图形文件的类型。

④ 单击“保存”按钮。

这样，窗口图像被保存为图形文件，可以插入到任何可以识别这种格式文件的应用程序中了。

第4章 高分子基础实验

4.1 甲基丙烯酸甲酯的本体聚合

1. 实验目的

(1) 了解本体聚合的原理。

(2) 熟悉有机玻璃的制备方法。

2. 实验原理

聚甲基丙烯酸甲酯(PMMA)具有优良的光学性能、密度小、机械性能好、耐候性好。在航空、光学仪器、电器工业、日用品等方面有广泛的用途。为保证光学性能，聚甲基丙烯酸甲酯多采用本体聚合方法合成。

甲基丙烯酸甲酯(MMA)的本体聚合是按自由基聚合反应历程进行的，其活性中心为自由基。基元反应包括链引发、链增长和链终止，当体系中含有链转移剂时，还可发生链转移反应。

本体聚合是不加其他介质，只有单体在引发剂或催化剂、热、光作用下进行的聚合，又称块状聚合。本体聚合具有合成工序简单，可直接形成制品且产物纯度高等优点。

本体聚合的不足是随着聚合反应的进行，转化率提高，体系黏度增大，聚合热难以散出，同时增长链自由基末端被包裹，扩散困难，自由基双基终止速率大大降低，导致聚合速率急剧增大而出现自动加速现象，短时间内产生更多的热量，从而引起相对分子质量分布不均，影响产品性能，更为严重的则引起爆聚。因此甲基丙烯酸甲酯的本体聚合一般采用三段法聚合，而且反应速率的测定只能在低转化率下完成。

3. 主要试剂与仪器

1) 主要试剂

甲基丙烯酸甲酯，过氧化二苯甲酰(BPO)，氢氧化钠，乙醇，无水硫酸钠，三氯甲烷，甲醇或石油醚，丙酮。

2）主要仪器

恒温水浴，50mL 锥形瓶1个，试管夹，试管两个，500mL 分液漏斗。

4. 实验步骤

1）甲基丙烯酸甲酯单体的预处理

在500mL 分液漏斗中加入250mL 甲基丙烯酸甲酯单体，用5%氢氧化钠溶液洗涤数次至无色(每次用量40～50mL)，然后用去离子水洗至中性，用无水硫酸钠干燥一周。

2）引发剂的精制

过氧化二苯甲酰常采用重结晶的方法提纯，但为防止发生爆炸，重结晶操作应在室温下进行。将待提纯的BPO溶于三氯甲烷，再加等体积的甲醇或石油醚使BPO结晶析出。也可用丙酮加两体积的蒸馏水重结晶。如将5g的BPO在室温下溶于20mL的$CHCl_3$，过滤除去不溶性杂质，滤液滴入等体积的甲醇中结晶，过滤，晶体用冷甲醇洗涤，室温下真空干燥，贮存于干燥器中避光保存，必要时可进行多次重结晶。

3）有机玻璃棒的制备

(1) 预聚合。在50mL 锥形瓶中加入20mL MMA 及单体质量1%的BPO(0.15～0.2g)，瓶口用胶塞盖上，用试管夹夹住瓶颈在85～90℃的水浴中不断摇动，进行预聚合约10分钟，注意观察体系的黏度变化，当体系黏度变大，但仍能顺利流动时，结束预聚合。

注：胶塞必须用聚四氟乙烯膜或铝箔包裹，以防止在聚合反应过程中MMA蒸气将胶塞中的添加物(如防老剂等)溶出，影响聚合反应。塞子只需轻轻盖上，不要塞紧，以防止因温度升高时，塞子爆冲。

(2) 浇铸灌模。将以上制备的预聚液小心地分别灌入预先干燥的两支试管中，浇灌时注意防止锥形瓶外的水珠滴入。

注：浇灌时，可预先在试管中放入干花等装饰物，这样在聚合完成后可把产品做成小饰物，但加入的饰物一定要干燥以防止产生气泡。

(3) 后聚合。将灌好预聚液的试管口塞上棉花团，放入45～50℃的水浴中反应约20h，注意控制温度不能太高，否则易使产物内部产生气泡。然后再在烘箱中升温至100～105℃反应2～3h，使单体转化完全，完成聚合。

(4) 取出所得有机棒，观察其透明性，是否有气泡。

5. 思考题

进行本体浇铸聚合时，如果预聚阶段单体转化率偏低会产生什么后果？为什么要严格控制不同阶段的反应温度？

4.2 脲醛树脂的制备

1. 实验目的

(1) 学习脲醛树脂合成的原理和方法。

(2) 加深对缩聚反应的理解。

2. 实验原理

脲醛树脂是甲醛和尿素在一定条件下经缩合反应而成。第一步是加成反应，生成各种羟甲基脲的混合物，反应式为

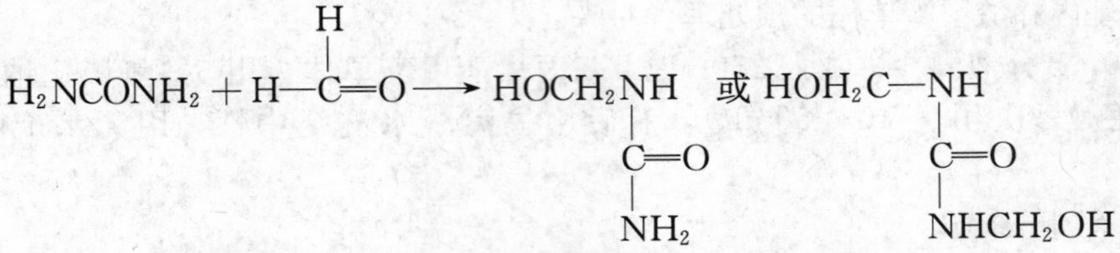

$$H_2NCONH_2 + H-\overset{\displaystyle H}{\overset{|}{C}}=O \longrightarrow \begin{array}{l} HOCH_2NH \\ \quad\;\; | \\ \quad\; C=O \\ \quad\;\; | \\ \quad\; NH_2 \end{array} \quad 或 \quad \begin{array}{l} HOH_2C-NH \\ \qquad\quad\; | \\ \qquad\quad C=O \\ \qquad\quad\; | \\ \qquad\quad NHCH_2OH \end{array}$$

第二步是缩合反应，可以在亚氨基与羟甲基间脱水缩合，反应式为

$$\begin{array}{l} HOCH_2NH \\ \quad\;\; | \\ \quad\; C=O^+ \\ \quad\;\; | \\ \quad\; NH_2 \end{array} \quad \begin{array}{l} HOCH_2NH \\ \quad\;\; | \\ \quad\; C=O \\ \quad\;\; | \\ \quad\; NHCH_2OH \end{array} \xrightarrow{-H_2O} \begin{array}{l} HOCH_2N-CH_2NH \\ \quad\;\; | \qquad\quad | \\ \quad\; C=O \quad\; C=O \\ \quad\;\; | \qquad\quad | \\ \quad\; NH_2 \quad\;\; NHCH_2OH \end{array}$$

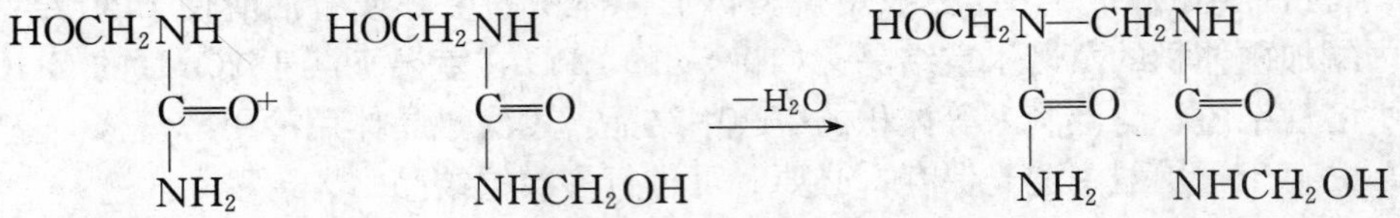

也可以在羟甲基与羟甲基间脱水缩合，反应式为

$$\begin{array}{l} HOCH_2NH \\ \quad\;\; | \\ \quad\; C=O^+ \\ \quad\;\; | \\ \quad\; NH_2 \end{array} \quad \begin{array}{l} HOCH_2NH \\ \quad\;\; | \\ \quad\; C=O \\ \quad\;\; | \\ \quad\; NHCH_2OH \end{array} \xrightarrow{-H_2O} \begin{array}{l} NHCH_2OCH_2NH \\ \;| \qquad\qquad\quad | \\ C=O \qquad\quad C=O \\ \;| \qquad\qquad\quad | \\ NH_2 \qquad\quad\;\; NHCH_2OH \end{array}$$

$$\xrightarrow{-CH_2O} \begin{array}{l} NHCH_2NH \\ \;| \qquad\quad | \\ C=O \quad C=O \\ \;| \qquad\quad | \\ NH_2 \quad\; NHCH_2OH \end{array}$$

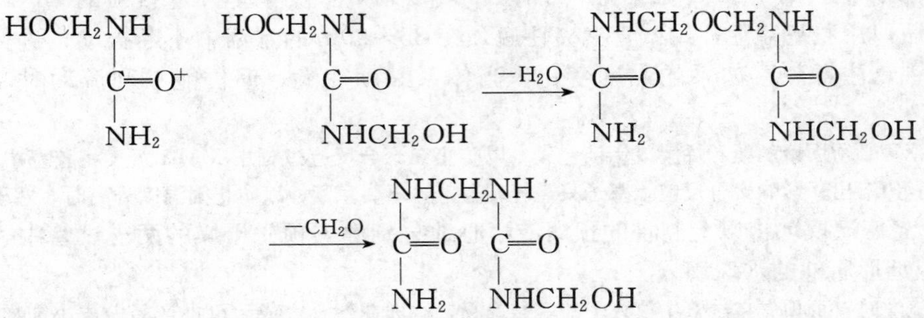

此外，甲醛与亚氨基间的缩合均可生成低相对分子质量的线型和低交联度的脲醛树脂，反应式为

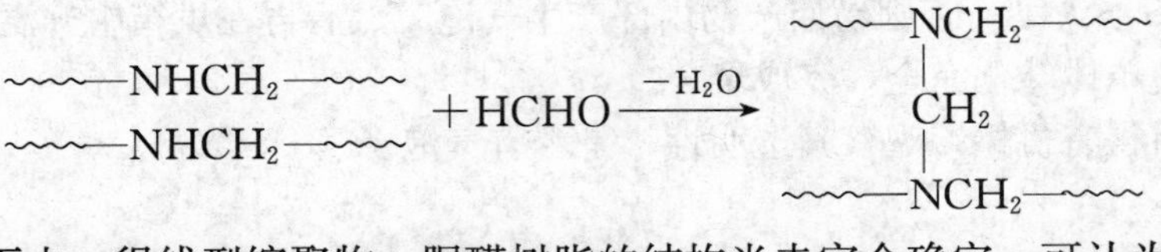

$$\begin{array}{l} \sim\sim NHCH_2 \sim\sim \\ \sim\sim NHCH_2 \sim\sim \end{array} + HCHO \xrightarrow{-H_2O} \begin{array}{l} \sim\sim NCH_2 \sim\sim \\ \qquad | \\ \qquad CH_2 \\ \qquad | \\ \sim\sim NCH_2 \sim\sim \end{array}$$

这样继续下去，得线型缩聚物。脲醛树脂的结构尚未完全确定，可认为其分子主链上有以下的结构：

$$\begin{array}{l} NH-CH_2-NH-CH_2-NH-CH_2-NH \\ \;| \qquad\qquad\;\; | \qquad\qquad\;\; | \qquad\qquad\;\; | \\ C=O \qquad\; C=O \qquad\; C=O \qquad\; C=O \\ \;| \qquad\qquad\;\; | \qquad\qquad\;\; | \qquad\qquad\;\; | \\ NH \qquad\quad\; NH_2 \qquad\quad NH_2 \qquad\quad NH \\ \;| \qquad\qquad\qquad\qquad\qquad\qquad\qquad\qquad\;\; | \\ CH_2OH \qquad\qquad\qquad\qquad\qquad\qquad CH_2OH \end{array}$$

上述中间产物中含有易溶于水的羟甲基，故可作胶粘剂使用，当进一步加热或者在固化剂作用下，羟甲基与氨基进一步缩合交联成复杂的网状体型结构，其结构为

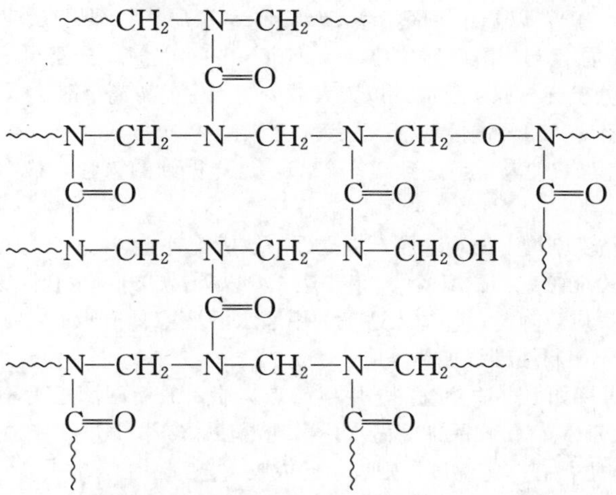

```
         ~~~CH2—N—CH2~~~
                |
               C=O
                |
~~~N—CH2—N—CH2—N—CH2—O—N~~~
   |                |            |
  C=O              C=O          C=O
   |                |            |
~~~N—CH2—N—CH2—N—CH2OH          ~
                |
               C=O
                |
~~~N—CH2—N—CH2—N—CH2~~~
   |                |
  C=O              C=O
   ~                ~
```

由于在最终产物中保留部分羟甲基，因而赋予胶层较好的粘结能力。脲醛树脂加入适量的固化剂[1]，便可粘接制件。经过醚化的脲醛树脂可制脲醛泡沫塑料[2]。

3．主要试剂与仪器

1）主要试剂

35mL 的甲醛溶液(约 37%)，环六亚甲基四胺(约 1.2g)或浓氨水(约 1.8mL)，尿素(约 12g)，1%氢氧化钠，氯化铵，两块平整的小木板条。

2）主要仪器

250mL 的三颈烧瓶，电动搅拌器，水冷凝管和温度计，恒温水浴，玻璃瓶。

4．实验步骤

在 250mL 的三颈烧瓶中，分别装上电动搅拌器、水冷凝管和温度计，并把三颈烧瓶置于水浴中。检查装置后，于三颈烧瓶内加入 35mL 的甲醛溶液(约 37%)，开动搅拌器，用环六亚甲基四胺(约 1.2g)或浓氨水(约 1.8mL)调至 pH=7.5～8[3]，慢慢加入全部尿素的 95%[4](约 11.4g)。待尿素全部溶解后[5](稍热至 20～25℃)，缓缓升温至 60℃，保温 15min，然后升温至 97～98℃，加入余下尿素的 5%(约 0.6g)，保温反应约 50min，在此期间，pH 为 5.5～6[6]。在保温 40min 时开始检查是否到终点，到终点[7]后，移开火源，适当在水浴中加少量冷水，降温至 50℃以下，取出 5mL 粘胶液留作粘结用后，其余的产物用 1%氢氧化钠溶液调至 pH=7～8，出料密封于玻璃瓶中。于 5mL 的脲醛树脂中加入适量的氯化铵固化剂，充分搅匀后均匀涂在表面干净的两块平整的小木板条上，然后让其吻合，并于上面加压，过夜，便可粘结牢固。

注：[1] 常用固化剂有氯化铵、硝酸铵等，以氯化铵和硫酸铵为好。固化速度取决于固化剂的性质、用量和固化温度。若用量过多，胶质变脆；过少，则固化时间太长。故于室温下，一般树脂与固化剂的质量比以 100：0.5～100：1.2 为宜。加入固化剂后，应充分调匀。

[2] 脲醛泡沫塑料，一般是借助于通空气用甘油(本实验的物料配比中加入 3mL 甘油即可)醚化了的树脂水溶液中，用机械方法使树脂发泡后成形而得。起泡液由水、发泡剂(常用的有机化学发泡剂有偶氮化合物、磺酰肼类化合物、亚硝基化合物等)、泡沫稳定剂(间苯二酚)与固化剂(又称变定剂)配制而成。发泡后的泡沫体模具在室温(约 25℃)放置 4～6h。使其初步固化，然后在 50～60℃下干燥，进一步固化成形。

[3] 混合物的 pH≤(8～9)，以防止甲醛发生 Cannizzaro(康尼扎罗歧化)反应。

[4] 制备脲醛树脂时，尿素与甲醛的摩尔比以 1∶1.6～1∶2 为宜。尿素可一次加入，但以两次加入为好。这样可使甲醛有充分机会与尿素反应，以大大减少树脂中的游离甲醛。

[5] 为了保持一定的温度，需要慢慢地加入尿素，否则，一次加入尿素，由于溶解吸热可使温度降至 5～10℃。因此需要迅速加热使其重新达到 20～25℃，这样得到的树脂浆状物不仅有些混浊而且黏度增高。

[6] 在此期间如发现黏度剧增、出现冻胶，应立即采取措施补救。

出现这种现象的原因可能是：①酸度太大，pH 达 4.0 以下；②升温太快，或温度超过 100℃。

补救的方法是：①使反应液降温；②加入适量的甲醛水溶液稀释树脂；③加入适量的氢氧化钠水溶液，调 pH＝7.0，酌情确定出料或继续加热反应。

[7] 树脂是否制成，可用如下办法检查：①用棒蘸点树脂，最后两滴迟迟不落，末尾略带丝状，并缩回棒上，则表示已经成胶。②1 份样品加 2 份水，出现混浊。③取少量树脂放在两手指上不断相挨相离，在室温时，约 1min 内觉得有一定黏度，则表示已成胶。

4.3 乙酸乙烯酯的乳液聚合——白乳胶的制备

1. 实验目的

(1) 了解乳液聚合的原理。

(2) 熟悉白乳胶的制备方法。

2. 实验原理

乳液聚合是指将不溶或微溶于水的单体在强烈的机械搅拌及乳化剂的作用下与水形成乳状液，在水溶性引发剂的引发下进行的聚合反应。

乳液聚合与悬浮聚合相似之处在于，都是将油性单体分散在水中进行聚合反应，因而也具有导热容易、聚合反应温度易控制的优点。但与悬浮聚合有着显著的不同，在乳液聚合中，单体虽然同样是以单体液滴和单体增溶胶束形式分散在水中的，但由于采用的是水溶性引发剂，因而聚合反应不是发生在单体液滴内，而是发生在增溶胶束内形成 M/P(单体/聚合物)乳胶粒，每一个 M/P 乳胶粒仅含一个自由基，因而聚合反应速率主要取决于 M/P 乳胶粒的数目，也就是取决于乳化剂的浓度。由于胶束颗粒比悬浮聚合的单体液滴小得多(粒径通常约 0.1μm)，因而乳液聚合得到的聚合物粒子也比悬浮聚合的小得多。乳液聚合能在高聚合速率下获得高分子量的聚合产物，且聚合反应温度通常都较低，特别是使用氧化-还原引发体系时，聚合反应可在室温下进行。乳液聚合即使在聚合反应后期体系黏度通常仍很低，可用于合成黏性大的聚合物，如橡胶等。

乳化剂是乳液聚合的关键影响因素之一，乳化剂是兼有亲水的极性基团和疏水(亲油)的非极性基团的两亲性化合物，按其亲水基团性质的差别主要可分为三大类：①阴离子型乳化剂，亲水基一般为羧酸盐、硫酸盐、磺酸盐等，亲油基一般为 $C_{11}-C_{17}$ 的直链烷基或 C_3-C_6 烷基取代的苯基或萘基，如十二烷基磺酸钠、十二烷基硫酸钠等；②非离子型乳化剂，主要为聚醚类，如辛基酚聚乙二醇醚、壬基酚聚乙二醇醚等；③阳离子型，主要是一些带长链烷基的季铵盐，如十六烷基三甲基溴化铵、十二烷基胺盐等。乳液聚合中最常用的是阴离子型，非离子型则常与阴离子型配合使用。阳离子型在一般的乳液聚合中很少使用，但在近年开发的微乳液聚合中应用较多。

乳化剂的用量一般为单体量的0.2%～5%。用阴离子型乳化剂时，为使乳液体系稳定，除选择合适的乳化剂外，还必须注意调节体系的pH值。因为阴离子型乳化剂在酸性条件下不稳定，因此要注意保持聚合体系的pH在碱性范围内，为此可在乳液聚合体系中加大缓冲剂以避免体系的pH的下降。常用的缓冲剂是一些弱酸强碱盐，如焦磷酸钠、碳酸氢钠等。使用离子型乳化剂时常加入适当的非离子型乳化剂，可使乳液体系更加稳定。

近年来又不断地开发出一些新型乳化剂：①同时含非离子型亲水基和离子型亲水基的两性乳化剂，如聚醚壬基酚琥珀磺酸盐、乙氧基醇磺基瑰靖琥珀酸二钠等，与一般的阴离子乳化剂和非离子乳化剂相比，这类乳化剂能得到更小的乳胶颗粒；②含可聚合基团的反应型乳化剂，如乙烯基磺酸钠、甲基丙烯酸聚醚等，这类乳化剂是一种可与单体发生共聚反应的特殊乳化剂，所得乳液具有非常好的机械稳定性和对金属盐的稳定性，且制备的乳液稳定性不受pH值变化的影响，由于乳化剂是高分子链的组成部分，还可改善所得树脂的耐水性。

乳液聚合所得乳胶粒子粒径大小及其分布主要受以下因素的影响：①乳化剂，对同一乳化剂而言，乳化剂浓度越大，乳胶粒子的粒径越小，粒径大小分布越窄，并且阴离子型乳化剂与非离子型乳化剂配合使用可使聚合物乳胶粒子粒径分布更窄；②油水比，油水比一般为1∶2～1∶3，油水比越大，聚合物乳胶粒子越大，油水比越小，聚合物乳胶粒子越小；③引发剂，引发剂浓度越大，产生的自由基浓度越大，形成的M/P颗粒越多，聚合物乳胶粒越小，粒径分布越窄，但分子量越小；④温度，温度升高可使乳胶粒子变小，温度降低则使乳胶粒子变大，但都可能导致乳液体系不稳定而产生凝聚或絮凝；⑤加料方式，分批加料比一次性加料易获得较小的聚合物乳胶粒，且聚合反应更易控制；分批滴加单体比滴加单体的预乳液所得的聚合物乳胶粒更小，但乳液体系相对不稳定，不易控制，因此多用分批滴加预乳液的方法。

此外，采用种子乳液聚合法可更好地控制聚合物乳胶粒子的大小及其分布，特别是在合成单分散乳胶粒子及核壳结构的聚合物粒子方面具有特殊意义。近年来，又发展出微乳液聚合技术，可获得粒径小于100nm、呈透明或半透明的热力学稳定的分散体系。

3. 主要试剂与仪器

1）主要试剂

方案一：乙酸乙烯酯，蒸馏水，BPO，10%聚乙烯醇(1788)水溶液，OP-10，过硫酸钾(KPS)。

方案二：乙酸乙烯酯70g，聚乙烯醇(1788)5g(保护胶体)，乳化剂(十二烷基磺酸钠1.0g，20%OP-10水溶液5g)，引发剂过硫酸胺0.4g，缓蚀剂，水介质90g。

2）主要仪器

三颈瓶(250mL)1个，冷凝管1支，搅拌器1套，量筒(10mL、50mL、100mL)各1支，烧杯(50mL)1个，温度计两支，恒温水浴1套。

4. 实验步骤

方案一：

先在50mL烧杯中将KPS溶于8mL水中。另在装有搅拌器、冷凝管和温度计的三

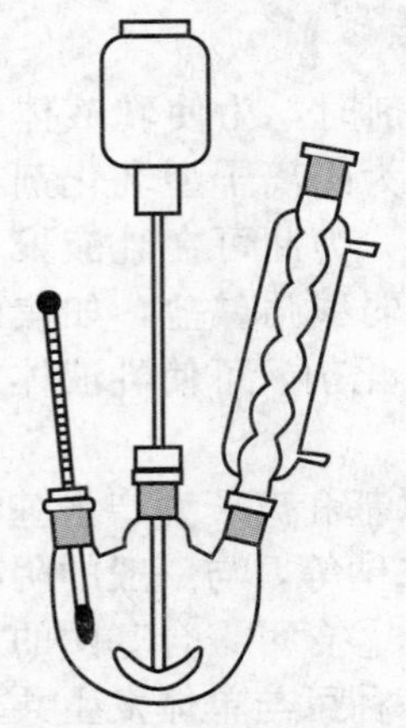
图 4.1　常见的三颈瓶反应装置

颈瓶(图 4.1)中加入 30mL 聚乙烯醇溶液，0.8ml 乳化剂 OP－10，12mL 蒸馏水，5mL 乙酸乙烯酯和 2mL KPS 水溶液，开动搅拌，加热水浴，控制反应温度为 68～70℃，在约 2 小时内由冷凝管上端用滴管分次滴加完剩余的单体和引发剂[1]，保持温度反应到无回流时，逐步将反应温度升到 90℃[2]，继续反应至无回流时撤去水浴，将反应混合物冷却至约 50℃，加入 10%的 $NaHCO_3$ 水溶液调节体系的 pH 为 2～5，经充分搅拌后，冷却至室温，出料。观察乳液外观，称取约 4g 乳液，放入烘箱在 90℃ 干燥，称取残留的固体质量，计算固含量。

固含量＝(固体质量/乳液质量)×100%

在 100mL 量筒中加入 10mL 乳液和 90mL 蒸馏水搅拌均匀后，静置一天，观察乳胶粒子的沉降量。

注：[1] 单体和引发剂的滴加视单体的回流情况和聚合反应温度而定，当反应温度上升较快，单体回流量小时，需及时补加适量单体，少加或不加引发剂；相反若温度偏低，单体回流量大时，应及时补加适量引发剂，而少加或不加单体，保持聚合反应平稳地进行。

[2] 升温时，注意观察体系中单体回流情况，若回流量较大时，应暂停升温或缓慢升温，因单体回流量大时易在气液界面发生聚合，导致结块。

方案二：

(1) 首先在四口烧瓶中加入去离子水 90g、聚乙烯醇 5g、OP－10 5g，开启搅拌，水浴加热至 80～90℃使其溶解。

(2) 降温至 70℃，停止搅拌，加入十二烷基磺酸钠 1.0g 及 $NaHCO_3$ 0.26g 后，开启搅拌，再加入 7g 乙酸乙烯酯(约 1/10)单体量，最后加入过硫酸胺 0.4g，反应开始。

(3) 至反应体系出现蓝光，表明乳液聚合反应开始启动，15min 后开始缓慢滴加剩余的乙酸乙烯酯 63g，在约 2h 内加完。

(4) 滴加完毕后，继续搅拌，保温反应 0.5h，撤去恒温水浴，继续搅拌冷却至室温。

5. 思考题

(1) 乳化剂主要有哪些类型？各自的结构特点是什么？乳化剂浓度对聚合反应速率和产物分子量有何影响?

(2) 要保持乳液体系的稳定，应采取什么措施?

4.4　双酚 A 型环氧树脂的合成及共固化

1. 实验目的

(1) 了解环氧树脂的合成原理。

(2) 熟悉万能胶的制备方法。

2. 实验原理

环氧树脂具有良好的物理与化学性能，它对金属和非金属材料的表面具有优异的黏结性能。此外它的固化过程收缩率小、并且耐腐蚀、介电性能好、机械强度高、对大部分碱和溶剂稳定。这些优点为它开拓了广泛的用途，目前已成为最重要的合成树脂品种之一。以双酚A和环氧氯丙烷为原料合成环氧树脂的反应机理属于逐步聚合，一般认为在氢氧化钠存在下不断进行开环和闭环的反应。

环氧树脂预聚体为主链上含醚键和羟基、端基为环氧基的预聚体。其中的醚键和仲羟基为极性基团，可与多种表面之间形成较强的相互作用，而环氧基则可与介质表面的活性基，特别是无机材料或金属材料表面的活性基起反应形成化学键，产生强力的粘结，因此环氧树脂具有独特的黏附力，配制的胶黏剂对多种材料具有良好的粘接性能，常称“万能胶”。

目前使用的环氧树脂预聚体90%以上是由双酚A与过量的环氧氯丙烷缩聚而成，反应式为

$$(n+1)HO-C_6H_4-C(CH_3)_2-C_6H_4-OH+(n+2)ClH_2C-\underset{O}{CH-CH_2}\xrightarrow{NaOH}$$

$$\underset{O}{H_2C-CH}-H_2C-\!\left(O-C_6H_4-C(CH_3)_2-C_6H_4-OCH_2-\underset{OH}{CH}-CH_2\right)_n\!O-C_6H_4-C(CH_3)_2-C_6H_4-O-CH_2-\underset{O}{HC-CH_2}$$

改变原料配比、聚合反应条件(如反应介质、温度及加料顺序等)，可获得不同分子量与软化点的产物。为使产物分子链两端都带环氧基，必须使用过量的环氧氯丙烷。树脂中环氧基的含量是反应控制和树脂应用的重要参考指标，根据环氧基的含量可计算产物分子量，环氧基含量也是计算固化剂用量的依据。环氧基含量可用环氧值或环氧基的百分含量来描述。环氧基的百分含量是指每100g树脂中所含环氧基的质量。而环氧值是指每100g环氧树脂所含环氧基的摩尔数。环氧值采用滴定的方法来获得。

环氧树脂未固化时为热塑性的线型结构，使用时必须加入固化剂。环氧树脂的固化剂种类很多，有多元的胺、羧酸、酸酐等。

使用多元胺固化时，固化反应为多元胺的氨基与环氧预聚体的环氧端基之间的加成反应。该反应无需加热，可在室温下进行，叫冷固化。反应式为

$$-R-NH_2+\underset{O}{H_2C-CH}-CH_2\sim\sim \longrightarrow \sim\sim R-NH-CH_2-\underset{OH}{CH}-CH_2\sim\sim$$

用多元羧酸或酸酐固化时，交联固化反应是羧基与预聚体上仲羟基及环氧基之间的反应，需在加热条件下进行，称为热固化。如用酸酐作固化剂时，反应式为

$$\sim\underset{OH}{CH}\sim + C_6H_4(CO)_2O \longrightarrow \sim CH\sim-O-CO-C_6H_4-COOH$$

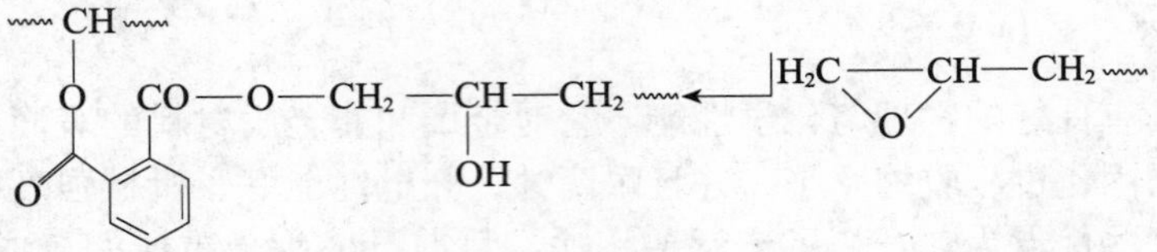

线形环氧树脂外观为黄色至青铜色的黏稠液体或脆性固体，易溶于有机溶剂，未加固化剂的环氧树脂具有热塑性。可长期储存而不变质。其主要参数是环氧值，固化剂的用量与环氧值成正比，固化剂的用量对成品的机械加工性能影响很大，必须控制适当。环氧值是环氧树脂质量的重要指标之一，也是计算固化剂用量的依据，其定义是100g树脂中含环氧基的摩尔数。相对分子质量越高，环氧值就相应降低，一般低相对分子质量环氧树脂的环氧值为0.48～0.57。

3. 主要试剂与仪器

1）主要试剂

双酚A22g，环氧氯丙烷28g，乙二胺0.3g，NaOH水溶液(8g NaOH溶于20mL水)，苯60mL，蒸馏水，盐酸-丙酮溶液[1]，NaOH乙醇溶液[2]。

注：[1] 盐酸-丙酮溶液：将2mL浓盐酸溶于80mL丙酮中，混合均匀。现配现用。

[2] NaOH乙醇溶液：将4g NaOH溶于100mL乙醇中，以酚酞作指示剂，用标准邻苯二甲酸氢钾溶液标定。现配现用。

2）主要仪器

四颈瓶(250mL)1个，搅拌器1套，温度计2支，回流冷凝管1支，滴液漏斗(60mL)1个，恒温水浴1套，分液漏斗(250mL)1个，碘量瓶(125mL)2只，移液管(25mL)2支，滴定管1支，表面皿1个。

4. 实验步骤

1）树脂制备

方案一：

在图4.2所示的反应装置中分别加入22g双酚A、28g环氧氯丙烷，开动搅拌，加热升温至75℃(30分钟内融熔)，待双酚A全部溶解后，将NaOH水溶液自滴液漏斗中慢慢滴加到反应瓶中(以每分钟14～15滴的速度)，注意保持反应温度在70℃左右，约0.5h滴完。在75～80℃继续反应1.5～2h，可观察到反应混合物呈乳黄色。停止加热，冷却至室温，向反应瓶中加入30mL蒸馏水和60mL苯，充分搅拌后，倒入250mL的分液漏斗中(图4.3)，静置，分去水层，油层用蒸馏水洗涤数次，直至水层为中性且无氯离子(用$AgNO_3$溶液检测)。油相用旋转蒸发仪除去绝大部分的苯、水、未反应环氧氯丙烷，再真空干燥得环氧树脂。

洗涤分3步：

(1) 用30ml水和60ml苯搅拌粗洗。

(2) 将60～70℃的50mL水加入分液漏斗中洗涤。

(3) 静止分去水层。

将树脂溶液倒回三颈瓶中，装置如图4.4所示，进行减压蒸馏以除去萃取液甲苯及未反应的环氧氯丙烷。加热，在80～90℃下能将杂质蒸出，开动真空泵(注意馏出速度)，直至无馏出物为止，控制最终温度不超过110℃，烧瓶中剩下为浅黄色黏稠树脂。

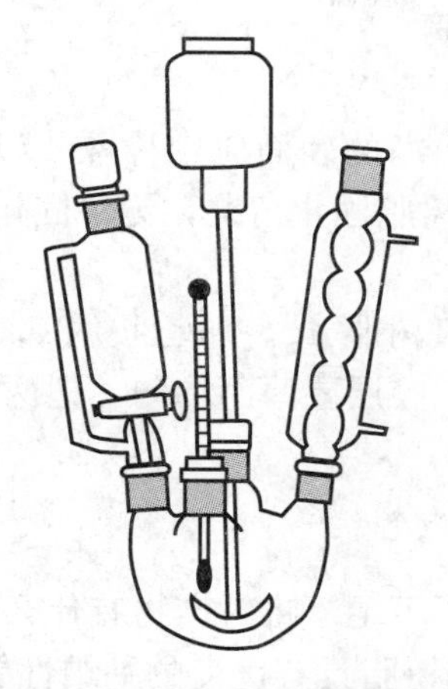

图 4.2 环氧树脂合成反应装置

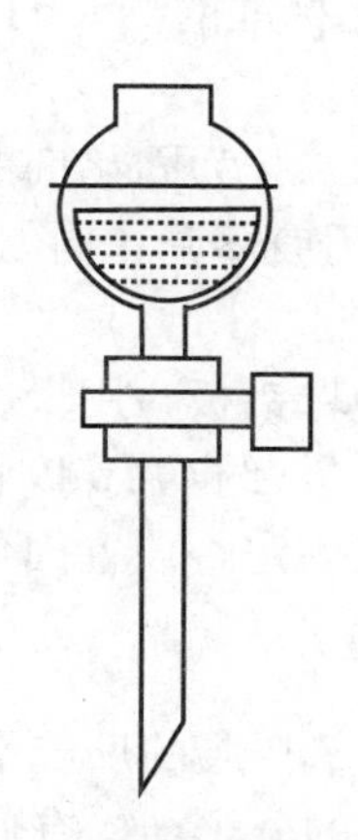

图 4.3 环氧树脂洗涤装置

方案二：

称量 11.4g 双酚 A 于三口瓶内，再量取环氧氯丙烷 14mL，倒入瓶内，装上搅拌器、滴液漏斗、回流冷凝管及温度计，开动搅拌（图 4.2）。升温到 55～65℃，待双酚 A 全部溶解成均匀溶液后，将 20mL30% NaOH 溶液置于 50mL 滴液漏斗中，自滴液漏斗慢慢滴加氢氧化钠溶液至三颈瓶中（开始滴加要慢些，环氧氯丙烷开环是放热反应，反应液温度会自动升高）。保持温度在 60～65℃，约 1.5h 内滴加完毕。然后保温 30 分钟。倾入 30mL 蒸馏水，搅拌成溶液，趁热倒入分液漏斗中(如图 4.3)，静止分层，除去水层。再将树脂溶液倒回三颈瓶中减压蒸馏(方法同方案一)。

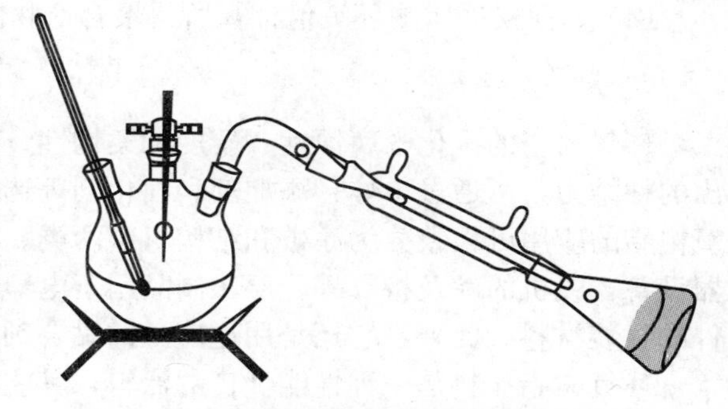

图 4.4 环氧树脂减压蒸馏装置示意图

2）环氧值的测定

取 125mL 碘量瓶两只，各准确称取环氧树脂约 1g(精确到 mg)，用移液管分别加入 25mL 盐酸-丙酮溶液，加盖摇动使树脂完全溶解。在阴凉处放置约 1 小时，加酚酞指示剂 3 滴，用 NaOH -乙醇溶液滴定，同时按上述条件作两个空白对比。

环氧值(mol/100g 树脂)E 按式(4-1)计算：

$$E=\frac{(V_1-V_2)c}{1000m}\times 100=\frac{(V_1-V_2)c}{100m} \tag{4-1}$$

式中，V_1为空白滴定所消耗 NaOH 溶液体积，mL；V_2为样品消耗的 NaOH 溶液体积，mL；c 为 NaOH 溶液的浓度，mol·L^{-1}；m 为树脂质量，g。

相对分子质量小于 1500 的环氧树脂，其环氧值的测定用盐酸-丙酮法(相对分子质量高的用盐酸-吡啶法)，反应式为

$$\sim\!\!\sim CH\underset{\backslash O/}{—}CH_2 + HCl \xrightarrow{丙酮} \sim\!\!\sim CH_2—\underset{\displaystyle OH}{CH}—Cl$$

过量的 HCl 用标准的 $NaOH-C_2H_5OH$ 溶液回滴。

3）树脂固化

试验树脂以乙二胺为固化剂的固化情况。在一干净的表面皿中称取 4g 环氧树脂，加入 0.3g 乙二胺，用玻棒调和均匀，室温放置，观察树脂固化情况，记录固化时间。

4）粘结试验

用丙酮擦拭两块铝板，用干净的表面皿称取环氧树脂 4g，加乙胺约 0.3g，用玻璃棒调和均匀后，取少量(约 0.1mL)涂于两块铝板端面，胶层要薄而均匀，把两块铝板对准端面合拢，用螺旋夹固定，放置固化，观察粘结效果。

5. 结果与讨论

(1) 在合成环氧树脂的反应中，若 NaOH 的用量不足，将对产物有什么影响?

(2) 环氧树脂的分子结构有何特点？为什么环氧树脂具有优良的粘结性能?

(3) 为什么环氧树脂使用时必须加入固化剂？固化剂的种类有哪些?

(4) 如何根据所测环氧值计算所得聚合产物的分子量。

6. 背景知识

环氧树脂的抗化学腐蚀性、硬度和柔韧性、绝缘性能都很好，对许多不同的材料有突出的粘结力，可通过单体、添加剂和固化剂等选择组合，生产出适合各种要求的产品。环氧树脂的应用可大致分为涂敷和结构材料两类。涂敷材料包括各种涂料，如家用电器、仪器设备，飞机的舵及折翼等。层压制品用于电器和电子工业，如线路板基材和半导体元器件的封装材料。此外，它还是用途广泛的黏合剂，有“万能胶”之称。

环氧树脂涂料是一种性能优良的涂料，其主要特点是耐化学药品性、保色性、附着力和绝缘性很好，但耐候性不佳，由于羟基的存在，如处理不当易造成耐水性差。另外，该涂料是双组分，用前调整，在储存与使用上不方便。环氧树脂涂料作为一种优良的耐腐蚀涂料，广泛用于化学工业、造船工业，也用作金属结构的底漆，但不宜作为高质量的户外及高装饰性涂料。环氧树脂也用作粉末涂料的基料树脂，可作热固性环氧粉末涂料和环氧聚酯粉末涂料的基料树脂。环氧树脂除了单独使用外，还常常用来改善其他聚合物的性能。如对酚醛树脂、脲醛树脂、蜜胺树脂、聚酰胺树脂、聚氯乙烯树脂、聚醋酸树脂等均有改性作用。

4.5 膨胀计法测定甲基丙烯酸甲酯本体聚合反应速率

1. 实验目的

(1) 掌握膨胀计法测定聚合反应速率的原理和方法。

(2) 验证聚合速率与单体浓度间的动力学关系，求得 MMA 本体聚合反应平均聚合速率。

2. 实验原理

根据自由基聚合反应机理可以推导出聚合初期的动力学微分方程

$$R_{\mathrm{p}}=-\frac{\mathrm{d}[M]}{\mathrm{d}t}=k[I]^{1/2}[M] \tag{4-2}$$

聚合反应速率 R_{p} 与引发剂浓度 $[I]^{1/2}$、单体浓度 $[M]$ 成正比。在转化率低的情况下，可假定引发剂浓度保持恒定，将微分式积分可得

$$\ln\frac{[M]_0}{[M]}=Kt \tag{4-3}$$

式中，$[M]_0$ 为起始单体浓度；$[M]$ 为 t 时刻单体浓度；K 为常数。

如果从实验中测定不同时刻的单体浓度 $[M]$，可求出不同时刻的 $\ln\frac{[M]_0}{[M]}$ 数值，并对时间 t 作图得到一条直线，由此可验证聚合反应速率与单体浓度的动力学关系式。

聚合反应速率的测定对工业生产和理论研究具有重要的意义。实验室多采用膨胀计法测定聚合反应速率。由于单体密度小于聚合物密度，因此在聚合过程中聚合体系的体积不断缩小，体积降低的程度依赖于单体和聚合物的相对量的变化程度，即体积的变化是和单体的转化率成正比。如果使用一根直径很小的毛细管来观察体积的变化(图 4.5)，测试灵敏度将大大提高，这种方法称为膨胀计法。

若以 ΔV_t 表示聚合反应 t 时刻的体积收缩值，ΔV_∞ 为单体完全转化为聚合物时的体积收缩值，则单体转化率 C_t 可以表示为

$$C_t=\frac{\Delta V}{\Delta V_\infty}=\frac{\pi r^2 h}{\Delta V_\infty} \tag{4-4}$$

$$\Delta V_\infty=\frac{\mathrm{d}_p-\mathrm{d}_m}{\mathrm{d}_p}\times V_0\times 100\% \tag{4-5}$$

式中，V_0 为聚合体系的起始体积；r 为毛细管半径；h 为某时刻聚合体系液面下降高度；d_p 为聚合物密度；d_m 为单体密度。

因此，聚合反应速率为

$$R_{\mathrm{P}}=\frac{\mathrm{d}[M]}{\mathrm{d}t}=\frac{[M]_2-[M]_1}{t_2-t_1}=\frac{C_2[M]_0-C_1[M]_0}{t_2-t_1}=\frac{C_2-C_1}{t_2-t_1}[M]_0 \tag{4-6}$$

因此，通过测定某一时刻聚合体系液面下降高度，即可计算出此时刻的体积收缩值和转化率，进而作出转化率与时间关系图，直线部分的斜率，即可求出平均聚合反应速率。

应用膨胀计法测定聚合反应速率既简单又准确，但是此法只适用于测量转化率在10%反应范围内的聚合反应速率。因为只有在引发剂浓度视为不变的阶段(10%以内的转化率)体积收缩与单体浓度呈线性关系，才能用上式求取平均速率；而在较高转化率下，体系黏度增大，会引起聚合反应加速，用式(4-6)计算的速率已不是体系的真实速率。

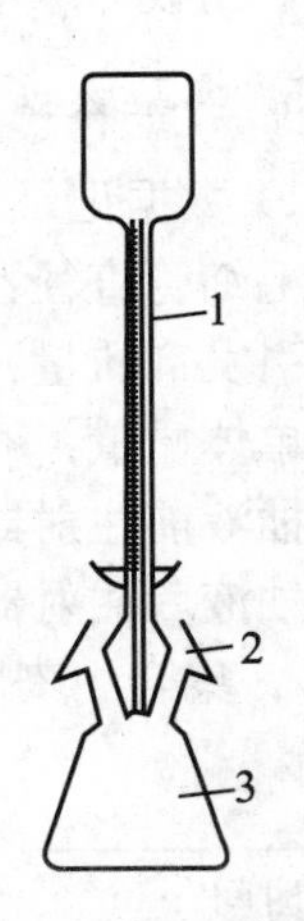

图 4.5 毛细管膨胀计

1—毛细管；2—磨口；3—聚合瓶

3. 仪器与试剂

膨胀计(内径已标定，r=0.2～0.4mm，如图 4.5 所示)一个，恒温水浴装置一套，25mL 磨口锥形瓶一个，1mL 和 2mL 注射器各一支，称量瓶一个，20mL 移液管一支，分析天平(最小精度0.1mg)一台。

甲基丙烯酸甲酯单体(除去阻聚剂)25mL，过氧化二苯甲酰(精制)0.20g，丙酮。

4. 实验步骤

(1) 用移液管将25mL甲基丙烯酸甲酯移入洗净烘干的25mL磨口锥形瓶中，在天平上称0.20g已精制的过氧化二苯甲酰放入锥形瓶中，摇匀溶解。

注：加入甲基丙烯酸甲酯的量应依具体情况而定，以能够产生毛细现象为准。

(2) 在膨胀计毛细管的磨口处均匀涂抹真空油脂(磨口上沿往下1/3范围内)，将毛细管口与聚合瓶旋转配合，检查是否严密，防止泄漏，再用橡皮筋把上下两部分固定好，用分析天平精称 m_1，另外备一个小称量瓶和1mL注射器一起称量备用。

(3) 取下膨胀计的毛细管，用注射器吸取已加入引发剂的单体溶液缓慢加入聚合瓶至磨口下沿往上1/3处(注意不要将磨口处的真空油脂冲入单体溶液中)，再将毛细管垂直对准聚合瓶，平稳而迅速地插入聚合瓶中，使毛细管中充满液体。然后仔细观察聚合瓶和毛细管中的溶液中是否残留有气泡。如有气泡，必须取下毛细管并将磨口重新涂抹真空油脂再配合好。若没有气泡则用橡皮筋固定好，用滤纸把膨胀计上溢出的单体吸干，再用分析天平称量，记为 m_2。

(4) 将膨胀计垂直固定在夹具上，让下部容器浸于已恒温的(50±0.1)℃水浴中，水面在磨口上沿以下。此时膨胀计毛细管中的液面由于受热而迅速上升，这时用刚才备好的1mL的注射器将毛细管刻度以上的溶液吸出，放入同时备好的称量瓶中。仔细观察毛细管中液面高度的变化，当反应物与水浴温度达到平衡时，毛细管液面不再上升。准确调至零点，记录此刻液面高度，即为反应的起始点。将抽出的液体称量［即(注射器＋称量瓶质量)$_{抽液后}$－(注射器＋称量瓶质量)$_{抽液前}$］，记为 m_3。

(5) 当液面开始下降时，聚合反应开始，记下起始时刻和此时的刻度，以后每隔5分钟记录一次，随着反应进行，液面高度与时间呈线性关系，1小时后结束读数(反应初期，可能会有一段诱导期)。

(6) 从水浴中取出膨胀计，将聚合瓶中的聚合物倒入回收瓶，在小烧杯中用少量丙酮浸泡，用吸耳球不断地将丙酮吸入毛细管中反复冲洗后，干燥即可。

5. 实验数据记录

1) 数据记录

毛细管直径：________________ mm。

引发剂质量：________________ g。

单体质量：m_1 ________________ g；m_2 ________________ g；m_3 ________________ g。

抽液前注射器＋称量瓶：________________ g。

抽液后注射器＋称量瓶：________________ g。

2) 聚合中刻度读数(表4-1)

表4-1 聚合反应数据记录和动力学处理

时间/min	刻度 h/cm	ΔV_t/mL	C(%)	$\ln[1/(1-\Delta V/\Delta V_\infty)]$
0				
5				

（续）

时间/min	刻度 h/cm	ΔV_t/mL	C(%)	$\ln[1/(1-\Delta V/\Delta V_\infty)]$
10				
15				
20				
25				
30				
35				
40				
45				
50				
55				
60				

6. 数据处理

(1) 聚合起始体积 V_0 的计算：$V_0=m/d_m=$____________。

其中：d_m(50℃)=0.94g/mL；m 为膨胀计中单体质量：$m=m_2-m_1-m_3$。

(2) 聚合完全时体积变化 ΔV_∞：$\Delta V_\infty=(\mathrm{d}_m-\mathrm{d}_p)/\mathrm{d}_p\times100\%$

其中：d_p(50℃)=1.179g/mL。

(3) 起始单体浓度 $[M]_0$(mol/L)，其计算公式为

$$[M]_0=\frac{m/V}{V}=\frac{V\times\mathrm{d}_m}{V}\times\frac{1}{V}\times10^3=\frac{d}{M}\times100\%=\underline{\qquad\qquad}$$

其中，M 为甲基丙烯酸甲酯的相对分子质量。

(4) 测定聚合反应速率。按表4-1记录数据，并计算相应参数，绘制转化率 C 与聚合时间 t 关系图，线性回归求得斜率，乘以单体浓度即得聚合初期反应速率。

(5) 验证动力学关系式。作 $\ln\dfrac{1}{(1-\Delta V/V_0K)}$ 与 t 关系图，求出直线斜率进行验证。

4.6 引发剂分解速率常数的测定

1. 实验目的

(1) 了解引发剂分解速率常数的意义，掌握碘量法测定过氧化物类引发剂的分解速率常数的方法。

(2) 学习实验数据的处理及计算。

2. 实验原理

引发剂分解反应一般是一级反应，分解速率 R_d 与引发剂浓度 $[I]$ 的一次方成正比，

表达式为

$$R_d = -\frac{d[I]}{dt} = k_d[I] \tag{4-7}$$

式中，k_d 是分解速率常数，s^{-1}，min^{-1}，或 h^{-1}。

将式(4-7)积分，得

$$\ln\frac{[I]}{[I]_0} = -k_d t \quad 或 \quad \frac{[I]}{[I]_0} = e^{-k_d t} \tag{4-8}$$

式中，$[I]$ 和 $[I]_0$ 分别代表引发剂的起始($t=0$)浓度的时间为 t 时的浓度，mol/L；$[I]/[I]_0$ 代表时间 t 时还未分解的引发剂分率为残留分率。

当引发剂分解至原来浓度的一半时所需的时间称为半衰期，以 $t_{1/2}$ 表示。根据式(4-8)，$[I]=1/2[I]_0$。半衰期与分解速率常数 k_d 之间有下列关系

$$t_{1/2} = \frac{\ln 2}{k_d} = \frac{0.693}{k_d} \tag{4-9}$$

引发剂的活性可用分解速率常数 k_d 或半衰期 $t_{1/2}$ 表示。在某一温度下，分解速率常数越大，或半衰期越短，则引发剂活性越高。在科学上，常用分解速率常数，单位取 s^{-1}；在工程技术上，则用半衰期，单位取 h。

测定引发剂的起始浓度 $[I]_0$ 和经时间 t 以后的浓度 $[I]$，就可以求出某一温度下的分解速率常数 k_d 或 $t_{1/2}$。偶氮类引发剂可以测定分解后析出的氮气体积来计算引发剂的分解量。对于过氧类引发剂，一般采用碘量法来测定引发剂的浓度。

本实验是以碘量法测定过氧化二碳酸二环已酯(DCPD)在 60℃下的分解速率常数。碘量法依据的原理为

$$R—O—O—R' + 2I^- + 2H^+ \longrightarrow R'OH + ROH + I_2$$

$$I_2 + 2Na_2S_2O_3 \longrightarrow Na_2S_4O_6 + 2NaI$$

3. 仪器和药品

烧杯(100mL)一只，250mL 碘量瓶六只，10mL 移液管一只，玻璃棒一根，铁夹一只，吸球一只，牛角匙一把，滴定管及滴定架一付，恒温水浴一套，电动搅拌器一台，搅拌桨一根，精密温度计(0～100℃)一只。

2.5g 过氧化二碳酸二环已酯 (DCPD)，80mL 甲苯，14mL 酸化异丙醇，50%碘化钾 1.6mL，0.1mol·L^{-1} $Na_2S_2O_3$ 100mL，淀粉指示剂。

4. 操作步骤

调节恒温水浴至 60℃±0.5℃。

称取 DCPD 2.5g 于 100mL 小烧杯中，加入 40mL 甲苯溶液，静置片刻，将溶液倒入 250mL 碘量瓶中，再加 40mL 甲苯冲稀配得约 0.1mol·L^{-1} 的 DCPD-甲苯溶液。

用移液管准确吸取 10mL DCPD 甲苯溶液 5 份分别置于 5 只已编号的 250mL 碘量瓶中，将其中 4 只置于 60℃恒温水浴中使其热分解，并记录时间。

经过 20、40、60、80min 后，先后取出试样，迅速冷却。依次加入酸化异丙醇 14mL，50%KI 1.6mL，激烈摇匀，溶液呈暗红色，置暗处 10 分钟后，以 0.1mol·L^{-1} $Na_2S_2O_3$ 滴定，颜色从暗红到淡黄，继续小心滴至无色即为终点。如终点不明显也可在滴至淡黄时加入淀粉指示剂，再继续滴至蓝紫色消失即为终点。

以同样的方法标定未经热分解的另一试样，以求得 $[I]_0$。

5. 数据处理

引发剂的浓度可由式(4-10)计算

$$[I]=\frac{N\cdot V}{2\times1000}\Big/\frac{10}{1000}=\frac{N\cdot V}{20} \tag{4-10}$$

式中，N 和 V 分别为 $Na_2S_2O_3$ 的摩尔浓度和体积，ml。

将不同的时间 t 时求得的 $[I]$ 填入表 4-2。

表 4-2 实验记录表

编号	放入时间	取出时间	热分解时间/min	$Na_2S_2O_3$ /mL	$[I]$/ $(mol\cdot L^{-1})$	$[I]/[I]_0$	$\ln([I]/[I]_0)$
1			0				
2			20				
3			40				
4			60				
5			80				

以 $\ln([I]/[I]_0)$ 对 t 作图应得一直线，其斜率为 k_d。根据式(4-9)可求 $t_{1/2}$。

6. 注意事项

将有试样的碘量瓶置恒温浴中后，要不时将瓶塞微微开启片刻，以免热膨胀时将瓶塞冲出打碎。

滴定前依次序及用量分别加入酸化异丙醇，50%KI 溶液，以免多加和漏加，造成误差。

在实验中以 0.1mol·L^{-1} $Na_2S_2O_3$ 滴定反应生成 I_2，是在非均相溶液中进行的，故滴定时必须激烈摇动，以免影响终点的观察。

7. 思考题

已知 DCPD 的半衰期有下列数据，见表 4-3。

表 4-3 DCPD 的半衰期数据表

温度/℃	30	40	50	70
半衰期/h	75	18	4.1	0.27

试求 60℃下的 $k_d(s^{-1})$ 和 $t_{1/2}(h)$。并将实验结果与之比较，研究产生误差的原因。

4.7 软质聚氨酯泡沫塑料的制备

聚氨酯是由异氰酸酯和羟基化合物通过逐步加聚反应得到的聚合物。它具有各方面的优良性能，因此得到广泛的应用。目前的聚氨酯产品有：聚氨酯橡胶、聚氨酯泡沫塑料、聚氨酯人造革、聚氨酯涂料及粘结剂。其中以聚氨酯泡沫塑料的产量最大，由于它具有消音、隔热、防震的特点，主要用于各种车辆的坐垫、消音防震材料以及各种包装用途。

1. 实验目的

(1) 熟悉多种不同密度软质和硬质聚氨酯泡沫塑料的制备方法。

(2) 了解聚氨酯泡沫塑料发泡的原理。

(3) 对比软硬泡沫使用原料的不同，合理设计配方，掌握分析影响泡沫材料性能的工艺因素。

2. 实验原理

聚氨酯泡沫的形成是一种比任何其他聚氨酯的形成都远为复杂的过程，除在聚合物系统中的化学和物理状态变化之外，泡沫的形成又增加了胶体系统的特点。要了解聚氨酯泡沫的形成，还须涉及气体发生和分子增长的高分子化学、核晶过程和稳定泡沫的胶体化学以及聚合体系熟化时的流变学。

聚氨酯泡沫的制造分为 3 种：预聚体法、半预聚体法和一步法。本实验主要采用一步法。一步法发泡即是将聚醚或聚酯多元醇、多异氰酸酯、水以及其他助剂如催化剂、泡沫稳定剂等一次加入，使链增长、气体发生及交联等反应在短时间内几乎同时进行，在物料混合均匀后，1～10 秒即行发泡，0.5～3 分钟发泡完毕并得到具有较高分子量一定交联密度的泡沫制品。要制得泡沫孔径均匀和性能优异的泡沫，必须采用复合催化剂、外加发泡剂和控制合适的条件，使 3 种反应得到较好的协调。聚氨酯泡沫塑料的合成可分为 3 个阶段：

1) 预聚体的合成

由二异氰酸酯单体与端羟基聚醚或聚酯反应生成含异氰酸酯端基的聚氨酯预聚体，化学式为

$$n\mathrm{OCN{-}R{-}NCO} + n\mathrm{HO{-}R'{-}OH} \longrightarrow \left[\overset{\displaystyle \mathrm{O} \atop \|}{\mathrm{C}} \mathrm{{-}NH{-}R{-}NH{-}} \overset{\displaystyle \mathrm{O} \atop \|}{\mathrm{C}} \mathrm{{-}O{-}R'{-}O} \right]_n$$

2) 气泡的形成与扩链

异氰酸根与水反应生成的氨基甲酸不稳定，分解生成胺与二氧化碳，放出的二氧化碳气体在聚合物中形成气泡，并且生成的端氨基聚合物可与异氰酸根进一步发生扩链反应得到含脲基的聚合物，化学式为

$$\mathrm{R{-}NCO} + \mathrm{H_2O} \longrightarrow \mathrm{R{-}NH{-}} \overset{\displaystyle \mathrm{O} \atop \|}{\mathrm{C}} \mathrm{{-}OH} \longrightarrow \mathrm{R{-}NH_2} + \mathrm{CO_2}$$

$$\mathrm{R{-}NH_2} + \mathrm{R'{-}NCO} \longrightarrow \mathrm{R{-}NH{-}} \overset{\displaystyle \mathrm{O} \atop \|}{\mathrm{C}} \mathrm{{-}NH{-}R'}$$

3) 交联固化

异氰酸根与脲基上的活泼氢反应，使分子链发生交联，形成网状结构，化学式为

$$R-NCO+R'-NH-\overset{O}{\overset{\|}{C}}-NH-R'' \longrightarrow R-NH-\overset{O}{\overset{\|}{C}}-\underset{R'}{\underset{|}{N}}-\overset{O}{\overset{\|}{C}}-NH-R''$$

聚氨酯泡沫塑料按其柔韧性可分为软泡沫和硬泡沫，主要取决于所用的聚醚或聚酯多元醇，使用较高分子量及相应较低羟值的线形聚醚或聚酯多元醇时，得到的产物交联度较低，为软质泡沫。若用短链或支链较多的聚醚或聚酯多元醇时，为硬质泡沫。根据气孔的形状聚氨酯泡沫可分为开孔型和闭孔型，可通过添加助剂来调节。乳化剂可使水在反应混合物中分散均匀，从而可保证发泡的均匀性。稳定剂可防止在反应初期泡孔结构的破坏。主要影响因素见表4-4。

表4-4 制备泡沫塑料时产生的弊病原因及解决办法

弊病	可能原因	解决办法
开裂	发泡后期凝胶速度大于气体发生速度 物料温度过高 异氰酸酯用量不足	减少有机锡催化剂用量或提高胺类催化剂用量 调整物料温度 调整异氰酸酯用量
泡沫崩塌	气体发生速度过快 凝胶速度过慢 硅油稳定剂不足或失败 物料配比不准 搅拌速度不当	减少胺类催化剂用量 增加有机锡类催化剂 增加硅油用量 调节至一定范围 调节至一定范围
泡沫收缩	凝胶速度大于发泡速度 搅拌速度太慢 异氰酸酯用量过多	使发泡速度平衡 增加搅拌速度 减少用量
结构模糊 气泡严重	搅拌速度过快 物料计量不准	适当减慢速度 检查各组分，计量准确

3. 实验方案

方案一：

1）仪器与药品

烧杯，玻棒，纸盒(100mm×100mm×50mm)。

35g三羟基聚醚(分子量2000～4000)，10g甲苯二异氰酸酯，0.1g二氮杂双环[2，2，2]辛烷(DABCO)或0.1g三乙醇胺，二月桂酸二丁基锡，0.1～0.2g硅油，0.2g水。

2）实验步骤

(1) 在一25mL烧杯(1＃)中将0.1g(约3滴)三乙醇胺溶解在0.2g(约5滴)水和10g三羟基聚醚中。

(2) 在另一50mL烧杯(2＃)中依次加入25g三羟基聚醚，10g甲苯二异氰酸酯和0.1g(约3滴)二月桂酸二丁基锡，搅拌均匀，可观察到有反应热放出。

(3) 在1＃烧杯中加入0.1～0.2g(约10滴)硅油，搅拌均匀后倒入2＃烧杯，搅拌均匀，当反应混合物变稠后，将其倒入纸盒中。

(4) 在室温下放置0.5h后，放入约70℃的烘箱中加热0.5h，即可得到一块白色的软质聚氨酯泡沫塑料。

方案二：

1) 仪器

烧杯、玻璃棒、台秤、纸杯、烘箱。

2) 原料

不同密度泡沫的原料表见表4-5。

表4-5 不同密度泡沫原料表

原料	高密度泡沫	中密度泡沫	低密度泡沫
聚醚330	100	100	100
甲苯二异氰酸酯	30～35	35～40	37～42
水	1.5～2.5	2.5～3	3～3.5
辛酸亚锡	0.1～0.2	0.2～0.3	0.2～0.3
三乙基二胺	0.2～0.3	0.1～0.2	0.1～0.2
硅油	1.0～2.0	1.0～2.0	1.5～2.5
二氯甲烷	0.5～1.5	0.5～1.5	1.5～2.5
防老剂	0.1～0.4	0.1～0.4	0.1～0.4

3) 实验步骤

(1) 将除甲苯二异氰酸酯外的组分按质量称取于一个纸杯中，然后加入一定质量的甲苯二异氰酸酯，迅速搅拌约30s，观察发泡过程。

(2) 室温静置20min后，将泡沫在90～120℃烘箱中熟化1h左右，移出烘箱冷至室温。

(3) 按照高、中、低密度的3种配方各制备一次，若有失败，找出原因重做。

(4) 将3种密度泡沫取样测试密度、抗张强度、撕裂强度、压缩强度和回弹性，测试所得各项性能列表对比。

4. 思考题

(1) 对比3种配方制备的软质聚氨酯泡沫的性能，分析影响密度的因素有哪些？

(2) 聚氨酯泡沫塑料的软硬由哪些因素决定？

(3) 聚氨酯泡沫塑料的软硬由哪些因素决定？如何保证均匀的泡孔结构？

4.8 丙烯酸酯乳胶漆制备

1. 实验目的

(1) 掌握自由基乳液聚合反应机理与技术。

(2) 掌握聚合配方和聚合反应条件，在确定体系组成原理、作用、配方设计及用量等方面得到初步锻炼。

(3) 了解聚合工艺条件，进一步掌握聚合单体配比、聚合温度和反应时间等因素的确定方法。

2. 实验原理

乳胶漆是一种水性涂料，以水作为分散介质，高聚物分子均匀地分散在水中形成稳定的乳液作为成膜物质，加入颜填料和各种功能性助剂，经分散研磨形成一种混合分散体系。其组成中有机溶剂含量低，只有2%～8%，是一种绿色环保型涂料。目前，乳胶漆的品种主要有聚醋酸乙烯乳胶漆、乙苯乳胶漆、苯丙乳胶漆、纯丙烯酸酯乳胶漆、叔碳酸酯乳胶漆等，近年来还出现高弹性和高耐候性的有机硅单体、有机氟单体改性丙烯酸乳胶漆。乳胶漆由乳液，颜填料，助剂和水4个部分组成。

1) 乳液

乳胶漆的乳液决定了乳胶漆的附着力，耐水性，耐沾污性，耐老化性，成膜温度，储存稳定性等根本性能。随着涂料技术的发展进步，现在已经有多种性能不同，用途相异乳液可供选择，如苯丙，酯丙，叔醋，纯丙，硅丙，弹性乳液等。乳液可以自行合成，也可以向有关厂家购买。选择合适的乳液生产乳胶漆是至关重要的。

制造乳胶漆的乳液是由多种单体经乳液聚合合成的，共聚单体的选择将直接决定乳液乃至乳胶漆的性能。合成纯丙乳液时选择甲基丙烯酸甲酯、甲基丙烯酸丁酯、丙烯酸甲酯、丙烯酸丁酯、丙烯酸等单体作原料。在这些单体中，甲基丙烯酸甲酯主要为乳液提供必要的硬度，耐大气性和耐洗刷性，甲基丙烯酸丁酯和丙烯酸丁酯，提供树脂的弹性、柔韧性、耐冲击性和涂膜的附着力，丙烯酸为分子结构提高亲水基团可增加涂膜与基材的附着力。

2) 颜填料

生产乳胶漆的颜填料有钛白粉(金红石型和锐钛型)，立德粉，重质碳酸钙，轻质碳酸钙，滑石粉，瓷土，云母粉，白炭黑，重晶石粉，沉淀硫酸钡，硅酸铝粉等。用于外墙乳胶漆的颜填料有金红石型钛白粉，重质碳酸钙，滑石粉，云母粉等，适用于内墙乳胶漆的颜填料有锐钛型钛白粉，立德粉，重质碳酸钙，轻质碳酸钙，滑石粉，瓷土，硅酸铝粉等。各种颜填料的密度是不同的(表4-6)，其性能差别也很大。

表4-6 各种颜填料的密度

颜填料名称	相对密度/($g \cdot cm^{-3}$)	颜填料名称	相对密度/($g \cdot cm^{-3}$)
金红石型钛白粉	4.2	滑石粉	2.8
锐钛型钛白粉	3.9	瓷土	2.6
轻重钙	2.7	—	—

颜填料的吸油量是乳胶漆的一个重要指标，在同样的稠度下，吸油量大的颜填料比吸油量小的颜填料要耗费较多的漆料。不同颜填料的颜色，遮盖力，着色力，粒度，晶型结构，表面电荷，极性等物理性能均不相同，也决定了其化学性能(耐化学品性，耐候性，耐光性，耐热性)的不同，因此合理选择颜填料的数量品种在乳胶漆的生产中也很重要，它决定了乳胶漆分散性能的好坏、遮盖能力、耐老化性、外观状态、储存稳定性等各种性能。

3) 助剂

乳胶漆中使用的助剂有润湿剂，分散剂，增稠剂，消泡剂，成膜助剂，PH调节剂，

防腐剂，防霉剂等。其中分散剂和增稠剂的使用尤为重要，早期的乳胶漆或者低成本涂料中用的分散剂多采用多聚磷酸盐类，如六偏磷酸钠，三聚磷酸钠，在高 PVC 低成本的乳胶漆中，选用聚丙烯酸盐和阴离子，非离子多官能团嵌段共聚物为分散剂。

增稠剂主要品种为纤维素衍生物类(HEC)，聚丙烯酸酪乳液增稠剂(碱膨胀增稠剂)和缔合型增稠剂三大类，可分别使用，也可以相互合理搭配使用。颜填料体积浓度高时乳胶漆使用 HEC 和聚丙烯酸盐类为主，中低颜填料体积浓度的外墙乳胶漆中使用缔合型增稠剂为主。

触变指数(TI)又称触变系数、摇变指数，反映流体在剪切力的作用下结构被破坏后恢复原有结构的能力的好坏。对乳胶漆来说，TI 的高低是所用增稠剂效果的最好检测。流平性好的乳胶漆，其 TI<4，流平性要求不高的乳胶漆，其 TI 可略高。实践证明，HEC 增稠的乳胶漆增稠效率高，用量少，但流平性差，刷痕不容易除去。聚丙烯酸酪乳液使用便利，但是容易受到 pH 影响。缔合型增稠剂性能优良，但价格比较贵。

特殊品种助剂具有显著作用：硅助剂可以明显改变乳胶漆的附着力，蜡助剂可以使乳胶漆呈现荷叶效果，氟碳助剂则极大地改变了乳胶漆的附着力，防水性能和耐沾污性。

4）水

乳胶漆所用水为去离子水，可由专用的去离子水器生产，乳胶漆用水标准可以参照蒸汽锅炉用软水指标：总硬度<0.3mg/L；而将自来水用于乳胶漆生产是不合适的，短时期内尚无明显变化，长期储存则极容易沉淀，并容易造成破乳。

单体预处理：为防止丙烯酸类单体在储存及运输过程中自行聚合，一般都要在单体中加入一定量的阻聚剂，如对苯二酚。当用碱液洗涤时，阻聚剂对苯二酚转变成对苯二酚的钠盐形式，使其在水中溶解度明显增加，有利于从单体中转移到水相。碱液洗涤法除阻聚剂具有操作方便、成本低的特点。

去除阻聚剂的方法：丙烯酸酯中的阻聚剂可用 1%NaOH 水溶液洗涤，丙烯酸、丙烯腈则需采用蒸馏法提纯，而丙烯酰胺一般采用重结晶法提纯。当用碱水溶液洗涤阻聚剂时，会导致丙烯酸酯单体少量水解。为尽量减少丙烯酸酯因水解而造成损失，可采用 5%NaOH 和 20%NaCl 混合溶液洗涤除去阻聚剂，并且碱洗操作应在很短时间内(3～5min)完成，碱洗结束后还要用清水或盐水洗涤单体至中性。

加料方法：在乳液聚合工艺中，一般有 4 种加料方法。一步法是单体和引发剂同时滴加法，单体滴加法，单体乳液滴加法。常用的是单体和引发剂同时滴加法，这一方法得到产品分子量分布窄。

聚合反应温度和时间：选用过硫酸盐作引发剂进行乳液聚合时，单体一般在 78～92℃进行聚合反应，反应时间可根据引发剂的半衰期估算，也可通过单体转化率或未反应单体含量的分析来确定。

机械搅拌的影响：在乳液聚合中，搅拌器形状和搅拌速度对聚合反应有一定的影响。在转动时有气泡产生的搅拌器不适合丙烯酸酯乳液聚合。搅拌速度要适中，搅拌速度太快，单体和引发剂一起飞溅到反应器壁上，容易出现较大聚合物颗粒，从而影响到产品质量和收率。

3. 实验仪器及试剂

1）实验仪器

电动搅拌机、加热油浴、四口烧瓶、球型冷凝管、温度计。

2）试剂

除表4-7中试剂外，还需要乳化剂、十二烷基苯磺酸钠，过硫酸钾。

表4-7 聚丙烯酸酯黏合剂配方

单体组成	质量分数(%)					
	1#	2#	3#	4#	5#	6#
丙烯酸甲酯	—	—	—	—	30	—
丙烯酸乙酯	98	98.7	95.5	—	—	82
丙烯酸丁酯	—	—	—	87	60	—
醋酸乙烯酯	—	—	—	—	—	12
甲基丙烯酸	—	—	—	—	—	3
丙烯酰胺	0.8	—	2	—	—	—
N-羟甲基丙烯酰胺	1.2	1.3	2.5	3	5	3
丙烯酸羟乙酯	—	—	—	10	—	—
氨基乙基乙烯醚	—	—	—	—	5	—

4. 实验步骤

1）纯丙乳液的合成

目标产物：乳白色的纯丙乳液

在装有电动搅拌机、球型冷凝管、温度计、恒压滴液漏斗的250mL四口烧瓶中，分别加入甲基丙烯酸甲酯2份，丙烯酸20份，水160份，过硫酸钾0.5份，叔一十二硫醇0.1份和十二烷基苯磺酸钠0.06份，搅拌升温至70℃，反应0.5小时。

再加入1份过硫酸钾，甲基丙烯酸甲酯8份继续在80℃下反应1小时，90℃下反应4小时。

冷却至室温，过滤出料，产率99%，平均粒径0.12μm，带蓝色荧光，固含量40%～42%，pH=4～5，黏度0.05Pa/s～0.08Pa/s。

2）纯丙乳胶漆的制备

目标产物：乳白色的纯丙乳胶漆的制备。

按涂料配方表4-8，将水、助剂、颜填料高速分散，砂磨机混合，加入纯丙乳液再进一步混合搅拌。

表4-8 涂料配方

原　料	质量分数(%)	原　料	质量分数(%)
纯丙烯酸乳液	40～60	颜、填料	20～35
成膜助剂	适量	增稠剂	适量
消泡剂	适量	水	适量
分散剂	适量		

3）涂膜性能测试

涂料外观：体系是否均匀。

固含量测定：称取纯丙乳液试样，置于已称量过的容器中，放入试验温度105±2℃的鼓风恒温烘箱内加热，加热时间180min±5min，取出试样，放入干燥器中冷却至室温，称其质量。

不挥发物含量计算式为

$$X=\frac{m_1}{m}\times 100 \tag{4-11}$$

式中，X为不挥发物含量，%；m_1为加热后试样的质量，g；m_2为加热前试样的质量，g。

硬度：手动法，一组中华牌高级绘图铅笔，包括9H，8H，7H，6H，5H，4H，3H，2H，H，F，HB，B，2B，3B，4B，5B，6B，其中9H最硬，6B最软。长城牌高级绘图橡皮，400#水砂纸，削笔刀。

将样板放置在水平的台面上，涂膜向上固定。手持铅笔约成45°角以铅笔芯不折断为度，在涂膜面上推压，向试验者前方以均匀的约1cm/s的速度推压约1cm，在涂膜面上刮划。每刮划一道，要对铅笔芯的尖端进行重新研磨，对同一硬度标号的铅笔重复刮划5道。

涂膜刮破的情况：在5道刮划试验中，如有两道或两道以上认为未刮划到样板的底板或底层涂膜时，则换用前一位硬度标号的铅笔进行同样试验，直至找出涂膜被刮破两道或两道以上的铅笔，记下在这个铅笔硬度标号的后一位的硬度标号。

涂膜擦伤的情况：在5道刮划试验中，如有两道或两道以上认为涂膜未被擦伤时，则换用前一位硬度标号的铅笔进行同样试验，直至找出涂膜被擦伤两道或两道以上的铅笔，记下这个铅笔硬度标号的后一位的硬度标号。

4.9 苯乙烯的悬浮聚合

1. 实验目的

(1) 了解苯乙烯自由基聚合的基本原理。

(2) 掌握悬浮聚合的实施方法，了解配方中各组分的作用。

(3) 了解分散剂、升温速度、搅拌速度对悬浮聚合的影响。

2. 基本原理

悬浮聚合是指在较强烈的搅拌下，借悬浮剂的作用，将溶有引发剂的单体分散在另一与单体不溶的介质中(一般为水)所进行的聚合。悬浮聚合是由烯类单体制备高聚物的重要方法，由于水为分散介质，聚合热可以迅速排除，因而反应温度容易控制，生产工艺简单，制成的成品呈均匀的颗粒状，故又称珠状聚合，产品不经造粒可直接加工成形。

悬浮聚合主要组分有4种：单体，分散介质(水)，悬浮剂，引发剂。

1）单体

单体不溶于水，如：苯乙烯(Styrene)，氯乙烯(Vinyl Chloride)，醋酸乙烯酯(Vinyl

Acetate)，甲基丙烯酸酯(Methyl Methacrylate)等。

2) 分散介质

分散介质大多为水，作为热传导介质。

3) 悬浮剂

调节聚合体系的表面张力、黏度、避免单体液滴在水相中粘结。

(1) 水溶性高分子，如天然物有明胶(Gelatin)，淀粉(Starch)；合成物有聚乙烯醇(PVA)等。

(2) 难溶性无机物，如 $BaSO_4$、$BaCO_3$、$CaCO_3$、滑石粉、黏土等。

(3) 可溶性电介质：NaCl、KCl、Na_2SO_4 等。

4) 引发剂

主要为油溶性引发剂，如过氧化二苯甲酰(Benzoyl Peroxide，BPO)，偶氮二异丁腈(Azobisisobutyronitrile，AIBN)等。

悬浮聚合实质上是借助于较强烈的搅拌和悬浮剂的作用，将单体分散在单体不溶的介质(通常为水)中，单体以小液滴的形式进行本体聚合，在每一个小液滴内，单体的聚合过程与本体聚合相似，遵循自由基聚合一般机理，具有与本体聚合相同的动力学过程。由于单体在体系中被搅拌和悬浮剂作用，被分散成细小液滴，因此悬浮聚合又有其独到之处，即散热面积大，防止了在本体聚合中出现的不易散热的问题。另外，悬浮聚合产品的分子量比溶液聚合高、杂质含量比乳液聚合少，后处理工序比溶液聚合、乳液聚合简单，由于分散剂的采用，最后的产物经分离纯化后可得到纯度较高的颗粒状聚合物，可直接用于加工。

为了得到珠状聚合物，严格控制搅拌速度是一个相当关键的问题。如果搅拌速度太慢，则珠状不规则，而且颗粒易发生粘结现象，但搅拌太快时，又易使颗粒太细。

苯乙烯在水和分散剂作用下分散成液滴状，在油溶性引发剂过氧化二苯甲酰引发下进行自由基聚合，苯乙烯是个较活泼的单体，但其游离基并不活泼。因此，苯乙烯悬浮聚合过程中副反应不少，链终止方式是双基结合为主。其反应历程为

链引发：

$$C_6H_5-\overset{O}{\overset{\|}{C}}-O-O-\overset{O}{\overset{\|}{C}}-C_6H_5 \xrightarrow{\triangle} 2\,C_6H_5-\overset{O}{\overset{\|}{C}}-O$$

$$C_6H_5-\overset{O}{\overset{\|}{C}}-O + CH_2{=}\underset{C_6H_5}{\underset{|}{CH}} \longrightarrow C_6H_5-\overset{O}{\overset{\|}{C}}-O-CH_2-\underset{C_6H_5}{\underset{|}{CH}}$$

链增长：

$$C_6H_5-\overset{O}{\overset{\|}{C}}-O-CH_2-\underset{C_6H_5}{\underset{|}{CH}} + CH_2{=}\underset{C_6H_5}{\underset{|}{CH}} \longrightarrow C_6H_5-\overset{O}{\overset{\|}{C}}-O-CH_2-\underset{C_6H_5}{\underset{|}{CH}}-CH_2-\underset{C_6H_5}{\underset{|}{CH}}$$

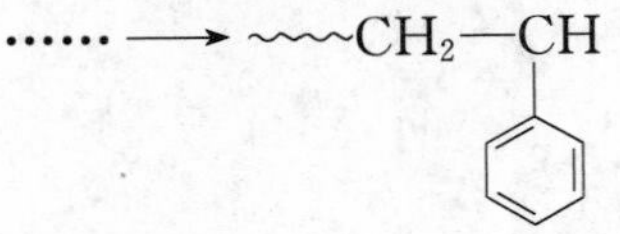

$$\cdots\cdots \longrightarrow \sim\sim CH_2-\underset{\displaystyle C_6H_5}{CH}$$

链终止：

$$2\sim\sim CH_2-\underset{\displaystyle C_6H_5}{CH} \longrightarrow \sim\sim CH_2-\underset{\displaystyle C_6H_5}{CH}-\underset{\displaystyle C_6H_5}{CH}-CH_2\sim\sim$$

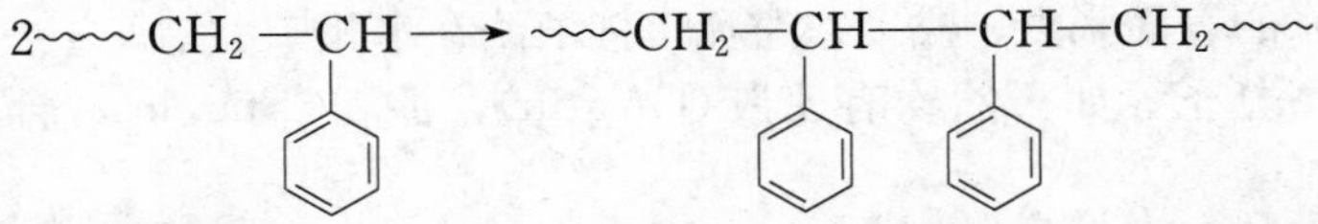

本实验采用苯乙烯为单体，过氧化二苯甲酰(BPO)为引发剂，聚乙烯醇为分散剂，水为介质，按自由基历程进行反应。

苯乙烯是一种比较活泼的单体，容易进行聚合反应。苯乙烯在水中的溶解度很小，将其倒入水中，体系分成两层，进行搅拌时，在剪切力作用下单体层分散成液滴，界面张力使液滴保持球形，而且界面张力越大形成的液滴越大，因此在作用方向相反的搅拌剪切力和界面张力作用下液滴达到一定的大小和分布。这种液滴在热力学上是不稳定的，当搅拌停止后，液滴将凝聚变大，最后与水分层，同时聚合到一定程度以后的液滴中溶有的粘性聚合物也可使液滴相粘结。因此，悬浮聚合体系还需加入分散剂。

3. 实验仪器及试剂

聚合装置一套(包括 250mL 三口烧瓶一个，电动搅拌器一套，冷凝管一支，0～100℃温度计一支，恒温水浴一套(图 4.6)，表面皿，吸管，20mL 移液管，布氏漏斗，锥形瓶，烧杯 50mL，量筒 25mL。

实验方案一的试剂见表 4－9。

实验方案二的试剂为苯乙烯 18mL、0.18%聚乙烯醇 9mL、BPO 0.3g、蒸馏水 80mL。

表 4－9 实验主要试剂

名称	试剂	规格	用量
单体	苯乙烯	除去阻聚剂	15g
油溶性引发剂	过氧化二苯甲酰	C.P. 重结晶精制	0.3g
分散剂	聚乙烯醇	1799 水溶液 1.5%	20mL
分散介质	水	去离子水	130mL

4. 实验步骤

方案一：

1) 安装装置

聚合安装装置如图 4.6 所示。

2) 加料

用分析天平准确称取 0.3g 过氧化二苯甲酰放入 100mL 锥形瓶中，再用移液管按配方量取苯乙烯，也加入锥形瓶中，轻轻振荡，待过氧化二苯甲酰完全溶解后加入三口烧瓶。再加 20ml 1.5%的聚乙烯醇溶液，最后用 130mL 去离子水分别冲洗锥形瓶和量筒后加入三口烧瓶中。

3) 聚合

通冷凝水，启动搅拌并控制在一恒定转速下，在20～30min内将温度升至85～90℃，开始聚合反应。在反应一个多小时以后，体系中分散的颗粒变得发黏，此时，一定要注意控制好搅拌速度。在反应后期可将温度升至反应温度上限，以加快反应，提高转化率。当反应1.5～2h后，可用吸管取少量颗粒于表面皿中进行观察，如颗粒变硬发脆，可结束反应。

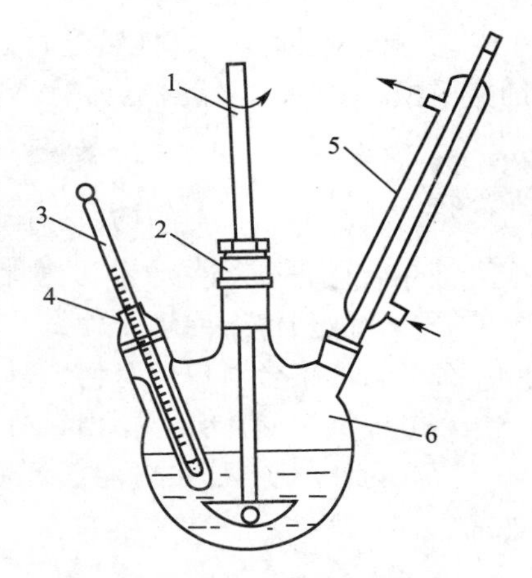

图4.6 聚合装置图

1—搅拌器；2—聚四氟乙烯密封塞；3—温度计；4—温度计套管；5—冷凝管；6—三口烧瓶

4) 出料及后处理

停止加热，撤去恒温水浴，一边搅拌一边用冷水将三口烧瓶冷却至室温，然后停止搅拌，取下三口烧瓶。产品用布氏漏斗过滤，并用热水洗数次。最后产品在50℃鼓风干燥箱中烘干，称量，计算产率。

方案二：

(1) 组装好各种实验仪器。

(2) 量取0.18%聚乙烯醇9mL倒入三口瓶中，然后再加入80mL蒸馏水，并开始搅拌，加热水浴。

(3) 称取0.3g BPO，倒入到烧杯中，并加入18mL苯乙烯单体，不断搅拌，使之完全溶解。

(4) 水浴温度升至80℃时，将上述溶液加入到三口瓶中，并仔细调节搅拌速度，使液滴分散成合适粒度。

(5) 水浴温度为86～89℃范围内反应2～3h，此时为反应危险期，需要控制好搅拌速度(太慢，或快慢不均匀容易使珠粒粘结变相，或大小不均匀)。

(6) 在反应3h后，可以吸出反应物，检查珠子是否变硬。

(7) 珠子变硬后，将水浴温度调节至90～95℃，继续反应1h后，可停止反应。

(8) 注意事项如下。

① 开始时，搅拌速度不宜太快，避免颗粒分散太细。也就是说，搅拌太激烈时，易生成砂粒状聚合体；搅拌太慢时，易生成结块，附着在反应器内壁或搅拌棒上。

② 保温反应1个多小时后，由于此时颗粒表面黏度较大，极易发生粘结。故此时必须十分仔细的调节搅拌速度，千万不能使搅拌停止，否则颗粒将粘结成块。

③ 悬浮聚合的产物颗粒的大小与分散剂的用量及搅拌速度有关，严格控制搅拌速度和温度是实验成功的关键。为了防止产物结团，可加入极少量的乳化剂以稳定颗粒。若反应中苯乙烯的转化率不够高，则在干燥过程中会出现小气泡，可利用在反应后期提高反应温度并适当延长反应时间来解决。

④ 每隔15min记录一次加热电压、搅拌速度、聚合温度，其中升温、取样、颗粒变硬的时间和温度也要记录下来。根据所得产物质量计算反应产率。

⑤ PVA难溶于水，必须待PVA完全溶解后，才可以开始加热。

⑥ 称量BPO采用塑料匙或竹匙，避免使用金属匙。

⑦ 是否能获得均匀的珍珠状聚合物与搅拌速度的确定有密切的关系。聚合过程中，不宜随意改变搅拌速度。

⑧ 除苯乙烯外，其他可进行悬浮聚合的单体，还有氯乙烯(Vinyl Chloride)，甲基丙烯酸甲酯(MMA)，醋酸乙烯酯(VAC)等。

5. 思考题

(1) 结合悬浮聚合的理论，说明配方中各组分的作用。如将此配方改为苯乙烯的本体或乳液聚合则需作哪些改动，为什么?

(2) 分散剂作用原理是什么? 其用量大小对产物粒子有何影响?

(3) 悬浮聚合对单体有何要求? 聚合前单体应如何处理?

(4) 根据实验体会，指出在悬浮聚合中应特别注意哪些问题，采取什么措施?

(5) 为什么聚乙烯醇能够起稳定剂作用，聚乙烯醇的性质和用量对颗粒度的影响如何?

6. 背景知识

苯乙烯自 1930 年工业化以来已有 70 多年的历史，由于它有很高的介电性能，在电器工业中有着广泛的应用，尤其是它的高频绝缘性能优异，因此，它是很好的高频材料。由于其具有良好的透明性和力学强度及耐热性，因此在许多工业部门和日用品中也是用途极为广泛的一种高分子材料，它已成为世界上仅次于聚乙烯和聚氯乙烯的第三大塑料品种。采用自由基悬浮法合成的聚苯乙烯称为发泡级聚苯乙烯(EPS)，最典型的配方是：100 份单体、200～300 份水、0.3～0.4 份过氧化二苯甲酚、0.02～0.045 份聚乙烯醇和 1 份滑石粉，在 85℃ 下反应 8 小时，而后在 105～110℃ 下熟化 4 小时，即可得相对分子质量 40000～50000 的聚苯乙烯。产物用低沸点烃类发泡剂(如石油醚、戊烷、卤代烃等)浸渍制成可发性珠粒，当其受热至 90～110℃，体积可增大 5～50 倍，成为泡沫塑料。泡沫聚苯乙烯导热系数低，吸水性小，防震性好，抗老化，并且具有较高的抗压强度和良好的力学强度，加工方便，成本较低。聚苯乙烯泡沫塑料制品可用于建筑工业作顶层和隔层，冷藏工业作隔热材料及包装业作防震隔离材料。

苯乙烯类树脂按结构可划分成 20 多种，主要有通用级聚苯乙烯(GPPS)、发泡级聚苯乙烯(EPS)、高抗冲聚苯乙烯(HIPS)等。用于挤塑或注射成形的通用级聚苯乙烯主要采用自由基连续本体聚合或加有少量溶剂的溶液聚合法生产，相对分子质量 100000～400000，具有刚性大、透明性好、电绝缘性优良、吸湿性低、表面光洁度高、易成形等特点。高抗冲聚苯乙烯是由苯乙烯与顺丁橡胶或丁苯橡胶通过本体-悬浮法自由基接枝共聚而制成，它拓宽了通用级聚苯乙烯的应用范围，广泛用作包装材料，在仪表、汽车零件以及医疗设备方面占有很大的市场，尤其在家用电器方面有取代 ABS 树脂的趋势。此外，还可用苯乙烯制备离子交换树脂(苯乙烯-二乙烯基苯共聚物)、AAS 树脂(丙烯酸丁醋-丙烯脂-苯乙烯共聚物)、MS 树脂(苯乙烯-甲基丙烯酸甲醋共聚物)。

4.10 聚醋酸乙烯酯的溶液聚合

1. 实验目的

(1) 掌握溶液聚合的特点，增强对溶液聚合的感性认识。

(2) 通过实验了解聚醋酸乙烯酯的聚合特点。

2. 实验原理

溶液聚合是将单体和引发剂溶于适当的溶剂中，在溶液状态下进行的聚合反应。根据聚合产物是否溶于溶剂可分为均相溶液聚合和沉淀溶液聚合。

溶液聚合一般具有反应均匀、聚合热易散发、反应速度及温度易控制、分子量分布均匀等优点。溶液聚合单体被稀释，聚合反应速率慢，在聚合过程中存在向溶剂链转移的反应，使产物分子量降低，而且如果产物不能直接以溶液形式应用的话，还需增加溶剂分离与回收后处理工序，加之溶液聚合的设备庞大，利用率低，成本较高。因此，在选择溶剂时必须注意溶剂的活性大小。各种溶剂的链转移常数变动很大，水为零，苯较小，卤代烃较大。一般根据聚合物分子量的要求选择合适的溶剂。另外，还要注意溶剂对聚合物的溶解性能，选用良溶剂时，反应为均相聚合，可以消除凝胶效应，遵循正常的自由基动力学规律。选用沉淀剂时，则成为沉淀聚合，凝胶效应显著。产生凝胶效应时，反应自动加速，分子量增大，劣溶剂的影响介于其间，影响程度随溶剂的优劣程度和浓度而定。

溶液聚合在工业上常用于合成可直接以溶液形式应用的聚合物产品，如胶粘剂、涂料、油墨等，而较少用于合成颗粒状或粉状产物。

根据反应条件的不同，如温度、引发剂量、溶剂等的不同可得到分子量从2000到几万的聚醋酸乙烯酯。聚合时溶剂回流带走反应热，温度平稳。由于引入溶剂，大分子自由基和溶剂易发生链转移反应而使分子量降低。

聚醋酸乙烯酯适于制造维尼纶纤维，分子量的控制是关键。由于醋酸乙烯酯自由基活性较高，容易发生链转移，反应大部分在醋酸基的甲基处反应，形成链或交链产物。除此之外，还向单体、溶剂等发生链转移反应。所以在选择溶剂时，必须考虑对单体、聚合物、分子量的影响，合理选取适当的溶剂。

温度对聚合反应也是一个重要的因素。随温度的升高，反应速度加快，分子量降低，同时引起链转移反应速度增加，所以必须选择适当的反应温度。

3. 实验试剂及仪器

方案一：

1) 实验试剂

醋酸乙烯酯(VAC)，60mL；甲醇，60mL；过氧化二碳酸二环己酯(DCPD)，0.2g。

2) 仪器

夹套釜(500mL)，1只；搅拌器1套；变压器1只；超级恒温槽1只；导电表1只；温度计(0～100℃)1支；量筒10mL，50mL各1只；磨口冷凝管1只；瓷盘1只；液封(聚四氟乙烯)；搅拌桨(不锈钢)。

方案二：

1) 实验试剂

乙酸乙烯酯50mL，甲醇30mL，偶氮二异丁腈(AIBN)0.21g。

2) 仪器

装有搅拌器、冷凝管、温度计的三颈瓶1套，恒温水浴1套，量筒10mL、20mL、100mL各1支，抽滤装置1套。

4. 实验步骤

方案一：

在装有搅拌器的干燥而洁净的500mL夹套釜上，装一球形冷凝管。

将新蒸馏的醋酸乙烯酯60mL，0.2g DCPD以及10mL甲醇依次加入夹套釜中。在搅拌下加热，使其回流，恒温槽温度控制在64～65℃(注意不要超过65℃)，反应2h。观察反应情况，当体系很黏稠，聚合物完全粘在搅拌轴上时停止加热，加入50mL甲醇，再搅拌10min，待黏稠物稀释后，停止搅拌。然后，将溶液慢慢倒入盛水的瓷盘中，聚醋酸乙烯酯呈薄膜析出。放置过夜，待膜面不粘手，将其用水反复冲洗，晾干后剪成碎片，留作醇解所用。

图4.7 实验装置图

方案二：

(1) 在装有搅拌器、冷凝管、温度计的250mL三颈瓶(图4.7)中分别加入50mL乙酸乙烯酯、10mL溶有0.21g AIBN的甲醇。

(2) 开动搅拌，加热升温，将反应物逐步升温至62℃±2℃，反应约3h后，升温至65℃±1℃，继续反应0.5h后，冷却结束聚合反应。

(3) 称取2～3g产物在烘箱中烘干，计算固含量与单体转化率。用甲醇将剩余的产物稀释至25%(PVAC含量)，待用。

5. 思考题

(1) 溶液聚合的特点及影响因素？

(2) 溶液聚合反应的溶剂应如何选择？采用甲醇作溶剂是基于何种考虑？

4.11 淀粉接枝丙烯腈高吸水树脂的制备

1. 实验目的

(1) 了解高吸水性树脂的基本功能及其用途。

(2) 了解合成聚合物类高吸水性树脂制备的基本方法。

(3) 了解接枝聚合的原理。

2. 实验原理

所谓接枝共聚是指大分子链上通过化学键结合适当的支链或功能性侧基的反应，所形成的产物称作接枝共聚物。接枝共聚物的性能取决于主链和支链的组成，结构，长度以及支链数。长支链的接枝物类似共混物，而大多支链短的接枝物则类似无规共聚物。通过共聚，可将两种性质不同的聚合物接枝在一起，形成性能特殊的接枝物。因此，聚合物的接枝改性，已成为扩大聚合物应用领域，改善高分子材料性能的一种简单又行之有效的方法。

接枝共聚反应首先要形成活性接枝点，各种聚合的引发剂或催化剂都能为接枝共聚提供活性种，而后产生接枝点。活性点处于链的末端，聚合后将形成嵌段共聚物；活性点处于链段中间，聚合后才形成接枝共聚物。接枝共聚反应是高聚物改性技术中最易实现的一种化学方法。

接枝聚合的主要目的，在于高分子材料的改性，研究最多的有纤维、塑料及橡胶等固体材料，进行自由基聚合接枝，并均已实用化。此类的接枝聚合为不均匀体系，往往有未被接枝的聚合物存在，算是一种副产物残留在固体材料的内部。另外，已工业化的ABS树脂即是利用苯乙烯，丙烯腈等单体接枝在聚丁二烯的主链上，为实用的工业塑料之一。

高吸水性树脂是一种含有羟基，羧基等亲水基团并具有一定交联度的水溶胀型的高分子聚合物，具有高吸水性，高保水性及无毒无臭等特性，广泛应用于农林园艺、生理卫生用品、建筑、医药、化妆品等行业。高吸水性树脂按原料分三大类：第一类以石油化工产品为原料经聚合制得；第二类以淀粉为原料接枝乙烯类单体制得；第三类以纤维素为原料接枝乙烯类单体制得。其中淀粉接枝类高吸水性树脂以原料易得，吸水率高而受到极大重视，成为热点课题。

高吸水性树脂吸水极强，其吸水后溶胀为凝胶，当受到外力挤压时，水也不易流失，具有优良的保水性能。高吸水性树脂是一种新型的高分子材料。高吸水性树脂作为一种功能高分子材料，诞生于20世纪60年代，在日本被誉为20世纪90年代新技术之一。淀粉是较好的合成高吸水性树脂的原料之一。目前，用淀粉合成的高吸水性树脂发展非常迅速。由于用改性淀粉制备的超强吸水性具有吸收倍率高、速度快等优点，所以改性淀粉在吸水剂中具有更广阔的应用前景。

本实验采用玉米淀粉接枝丙烯腈，是聚合物改性的方法之一。聚合起始点的制作方法，可以辐射线照射或用化学方法。本实验以化学方法中最常用的铈盐作为接枝聚合的试剂。

3. 实验试剂及仪器

1）主要实验试剂

方案一：

玉米淀粉，丙烯腈，硝酸铈铵，氢氧化钠。

方案二：

玉米淀粉(市售)、过硫酸钾、丙烯酸、氢氧化钠、氮气、无水氯化钙、氯化钠、氯化钾、硫酸镁和硝酸铝。

2）主要仪器

电动搅拌器、三口瓶、恒温水浴锅、氮气保护装置和烘箱。

4. 实验步骤

方案一：

(1) 氮气保护，把加有20倍左右蒸馏水的淀粉浆在80～85℃糊化30～40min，然后冷却到20～40℃。

(2) 将硝酸铈铵用1mol/L的硝酸配成质量浓度为0.1g/mL的溶液，并与丙烯腈混合，配制成丙烯腈的硝酸铈铵溶液。

(3) 将丙烯腈的硝酸铈铵溶液加入到淀粉糊中，在20～40℃下反应1～2h。

(4) 用稀氢氧化钠溶液调节pH至7，加入适量蒸馏水，加热至80℃，保温30min，除去未反应的丙烯腈，然后加入丙烯腈10倍左右的2mol/L氢氧化钠溶液，在100℃皂化2h。

(5) 冷却至室温，用乙酸调节pH至7～7.5，用乙醇沉析，真空抽滤，60～80℃下真空干燥，粉碎即制得高吸水树脂。

方案二：

将淀粉及水加入装有搅拌器、温度计的三口瓶中，搅拌，加热至50～95℃使淀粉糊化，糊化时间为0.5～2.0h。待糊化完全后，继续在搅拌下冷却至50℃，以便进行接枝共聚反应。另外，在装有搅拌器，漏斗，温度计的三口瓶中放入适量的丙烯酸，水浴冷却。搅拌下滴入质量分数25%氢氧化钠溶液中和(中和度为92%)至中性或弱酸性。在通氮气的情况下，将中和后的丙烯酸钠溶液和少量的过硫酸钾加入到糊化淀粉的反应瓶中，并不断搅拌，进行接枝共聚反应。经过约3.0h，共聚反应完全，停止通氮气。在110～130℃温度下干燥，然后粉碎即可合成高吸水性树脂。根据按GB 3512—83制样，用电热鼓风干燥箱进空气老化试验，老化温度为100℃，老化时间2天、26天和44天，分别取样按国家标准测试其性能，以评价胶料在自由状态下的热氧老化性能。

5. 数据处理

准确称取树脂约0.1g置于烧杯中，加去离子约150g，静置1h后，滤去水分，称重，计算吸水率。

吸水率=(吸水后树脂质量－干树脂质量)/干树脂质量

6. 影响吸水率的因素

影响吸水率的因素如下。

(1) 原料配比对产物吸水率的影响。

(2) 引发剂含量对产品吸水率的影响。

(3) 中和度对产品吸水率的影响。

(4) 产品粒径对产品吸水率的影响。

7. 结果与讨论

(1) 高吸水性树脂制备过程中要避免与水接触。

(2) 比较高吸水性树脂对自来水与去离子水的吸水率，讨论引起二者差别的原因。

(3) 讨论高吸水性树脂的吸水机理。

(4) 讨论老化的影响因素。

4.12 用“分子模拟”软件构建全同PP、PE并计算其末端距

1. 实验目的

(1) 了解用计算机软件模拟大分子的“分子模拟”新趋势。

(2) 学会用“分子模拟”软件构造聚乙烯、聚丙烯大分子。

(3) 计算主链含100个碳原子的聚乙烯、聚丙烯分子末端的直线距离。

2. 实验原理

C－C单键是σ键，其电子云分布具有轴对称性。σ键相连的两个碳原子可以相对旋转而影响电子云分布。原子(或原子团)围绕单键内旋转的结果将使原子在空间的排布方式不断地变换。长链分子主链单键的内旋转赋予高分子柔顺性(也称柔性)，致使高分子链可任取不同的卷曲程度。高分子链的卷曲程度可以用高分子链两端点间直线距离——末端距 h 来度量。高分子长链能以不同程度卷曲的特性称为柔性。高分子链的柔性是高聚物高弹性的根本原因，也是决定高聚物玻璃化转变温度高低的主要因素。高分子链的末端距是一个统计平均值，通常采用它的平方的平均，叫做均方末端距$\overline{h^2}$，通常是用高分子溶液性能的实验来测定的。

C－C单键(σ键)具有轴对称的电子云。因此，C－C单键可以以键向为轴相对地内旋转，即在保持键角 φ(φ=109°28′)不变的情况下，C_3 可处于 C_1－C_2 旋转而成的圆锥的底圆边上的任何位置(自由内旋转)，同样 C_4 可处在 C_2－C_3 旋转而成的圆锥的底圆边上的任何位置，以此类推(图4.8)。这种由于围绕单键内旋转而产生的空间排布叫作构象。高分子链是由成千上万个C－C单键所组成，每个单键又都可不同程度地内旋转。这样，由于热运动的分子中原子在空间的排布可随之不断变化而取不同的构象，表现出高分子链的柔性。高分子链的柔性是高聚物分子长链结构的产物，是高聚物独特性能——高弹性的依据。

尽管实际高分子链中键角是固定的，内旋转也不是完全自由的，高分子链仍然能够由于内旋转而很大程度地卷曲(图4.9)。分子越卷曲，构象数目越多，构象熵就越大。分子链的卷曲使得的高分子链两个端点之间的直线距离大大缩短。卷曲越厉害，末端间直线距离越短。因此可以用高分子链末端的距离——末端距 h 来表征高分子链的形态。因为分子内旋转经常在改变它们的构象，因此用统计平均的方法即所谓的“均方末端距”$\overline{h^2}$，它是指高分子链两端间的直线距离 h 平方的平均值。下面从无规行走问题来推导均方末端距$\overline{h^2}$。

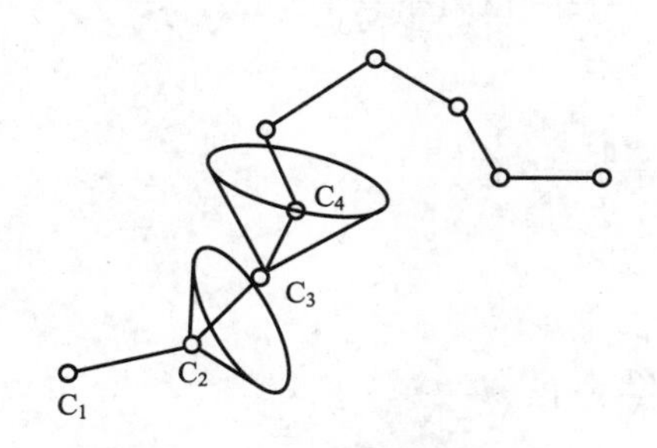

图4.8 C－C单键的内旋转

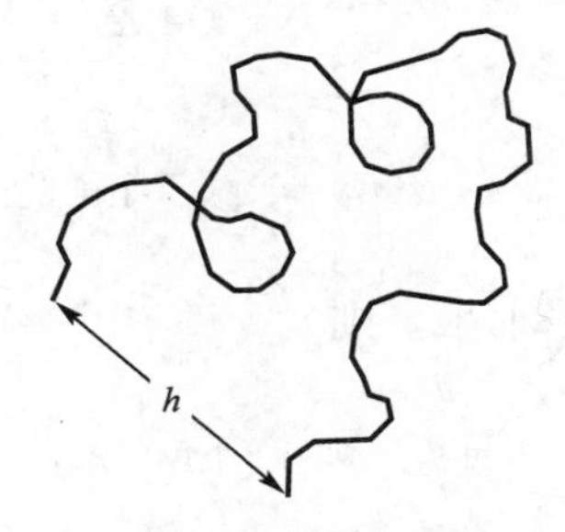

图4.9 高分子链的末端距

一维空间的无规行走是数学上早已解决的问题。它假定有一盲人在一直线上无目的地乱走，每走一步的距离为 b。因为是无规行走，因此向前走和向后走的几率相同，均为1/2，问走了 N 步以后，他走了多少距离(图4.10)？显然这距离是不确定的，在多次实验后可得到一个分布。

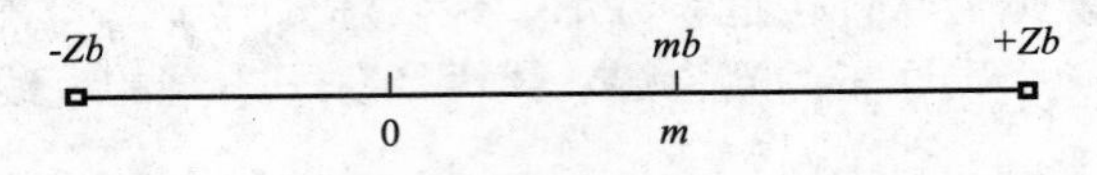

图 4.10　一维空间的无规行走

设他在走了 N 步以后到达 m 点，$m>0$，所以向前走的步数比向后走的步数多，即有 $(N+m)/2$ 步是向前的，$(N+m)/2$ 步是向后的，则到达 m 的几率 $W(m,N)$ 应为它们之间多种可能的组合数，即

$$W(m,N)=\frac{N!}{\left(\frac{N+m}{2}\right)!\left(\frac{N-m}{2}\right)!}\left(\frac{1}{2}\right)^{\frac{N+m}{2}}\left(\frac{1}{2}\right)^{\frac{N-m}{2}}=\frac{N!}{\left(\frac{N+m}{2}\right)!\left(\frac{N-m}{2}\right)!}\left(\frac{1}{2}\right)^{N} \tag{4-12}$$

实际情况总是 $N\geqslant1$ 和 $m\leqslant N$，则可利用阶乘的 Stirling 近似得

$$\ln n!=n\ln n-n+\ln\sqrt{2\pi n} \tag{4-13}$$

则

$$\begin{aligned}\ln W(m,N)&=\ln N!-\ln\left(\frac{N+m}{2}\right)!-\ln\left(\frac{N-m}{2}\right)!+N\ln\frac{1}{2}\\&=N\ln N-N+\ln\sqrt{2\pi N}-\frac{N+m}{2}\ln\frac{N+m}{2}\\&\quad+\frac{N+m}{2}-\ln\sqrt{2\pi\cdot\frac{N+m}{2}}-\frac{N-m}{2}\ln\frac{N-m}{2}\\&\quad+\frac{N-m}{2}-\ln\sqrt{2\pi\cdot\frac{N-m}{2}}+N\ln\frac{1}{2}\end{aligned} \tag{4-14}$$

化简，并为利用 $m\leqslant N$ 的条件，把变数写成 $\frac{m}{N}$，当 N 足够大时，凡 $\left(\frac{m}{N}\right)^2$ 项均忽略不计，则式(4-14)简化为

$$\ln W(m,N)=-\frac{N+m}{2}\ln\left(1+\frac{m}{N}\right)-\frac{N-m}{2}\ln\left(1+\frac{m}{N}\right)+\ln\sqrt{\frac{2}{\pi N}} \tag{4-15}$$

再利用

$$\ln(1\pm x)=\pm x-\frac{x^2}{2}+\cdots \tag{4-16}$$

并忽略 $\left(\frac{m}{N}\right)^2$ 项，则

$$\ln W(m,N)=-\frac{1}{2}\frac{m^2}{N}+\ln\sqrt{\frac{2}{\pi N}} \tag{4-17}$$

所以在走了 N 步后，到达 m 点的几率 $W(m,N)$ 为

$$W(m,N)=\sqrt{\frac{2}{\pi N}}e^{-\frac{m^2}{2N}}\quad(N\gg1,\ m\ll N) \tag{4-18}$$

这是一个高斯分布函数。

若 m 点离原点的距离 $x=mb$，而 $\Delta x=2b$，则在走了 N 步后，行走距离在 $x+\Delta x$ 之间的几率为

$$W(x, N)\Delta m=\sqrt{\frac{2}{\pi N}}\cdot e^{-\frac{m^2}{2N}}\cdot\frac{\Delta x}{2b} \tag{4-19}$$

$$\begin{aligned}W(x, N)\mathrm{d}x&=\frac{1}{\sqrt{2\pi Nb^2}}\cdot e^{-\frac{x^2}{2Nb^2}}\mathrm{d}x\\&=\frac{\beta'}{\sqrt{\pi}}\cdot e^{-\beta'^2x^2}\mathrm{d}x\end{aligned} \tag{4-20}$$

这里

$$\beta'^2=\frac{1}{2Nb^2}$$

可以把这结果推广到三维空间无规行走(图 4.11)。假定每走一步 b 的方向与 x 轴的夹角为 θ，则 b 在 x 轴上的投影 $b_x=b\cos\theta$，它平方的平均值为

$$\overline{b_x^2}=\overline{b^2\cos^2\theta} \tag{4-21}$$

但

$$\overline{\cos^2\theta}=\int_0^{\pi}\cos^2\theta\frac{2\pi b^2\sin^2\theta}{4\pi b^2}\mathrm{d}\theta=\frac{1}{3} \tag{4-22}$$

所以

$$\overline{b_x^2}=\frac{b^2}{3}\quad 或\quad \sqrt{\overline{b_x^2}}=\frac{b}{\sqrt{3}} \tag{4-23}$$

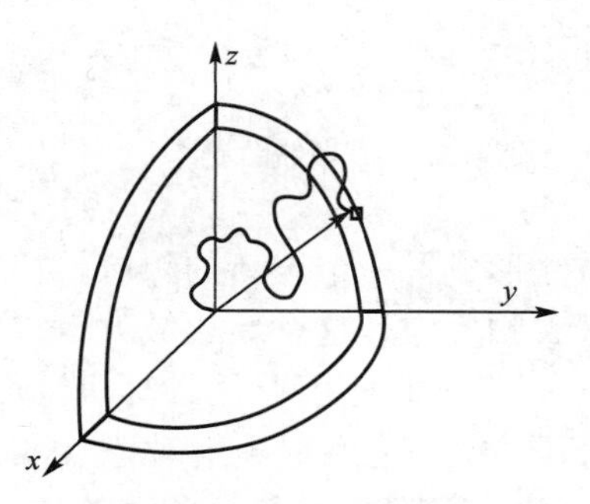

图 4.11　三维空间无规行走

即在空间每走一步 b，相当于在 x 轴上走了 $\frac{b}{\sqrt{3}}$ 步。对 y 轴、z 轴也一样。独立事件的几率相乘，因此在走了 N 步后到达距离原点为 $h\to h+\mathrm{d}h$ 的球壳 $4\pi h^2$ 中的几率为

$$\begin{aligned}W(h, N)\mathrm{d}h&=W(h, N)\mathrm{d}h_x\cdot W(h_y, N)\mathrm{d}h_y\cdot W(h_z, N)\mathrm{d}h_z\\&=\frac{\beta}{\sqrt{\pi}}e^{-\beta^2h_x^2}\mathrm{d}h_y\cdot\frac{\beta}{\sqrt{\pi}}e^{-\beta^2h_y^2}\mathrm{d}h_y\cdot\frac{\beta}{\sqrt{\pi}}e^{-\beta^2h_z^2}\mathrm{d}h_z\\&=\left(\frac{\beta}{\sqrt{\pi}}\right)^3e^{-\beta^2h^2}\cdot 4\pi h^2\mathrm{d}h\end{aligned} \tag{4-24}$$

这里 $h_x=x$，$h_y=y$，$h_z=z$，且

$$h^2=x^2+y^2+z^2 和$$

$$\beta=\frac{1}{2Nb_x^2}=\frac{1}{2Nb_{xy}^2}=\frac{1}{2Nb_z^2}=\frac{3}{2Nb^2}$$

为了把三维空间无规行走问题引用到高分子链末端距计算上，假定：

(1) 高分子链可以分为 N 个统计单元。

(2) 每个统计单元可看作长度为 b 的刚性棍子。

(3) 统计单元之间为自由联结，即每一统计单元在空间可不依赖于前一单元而自由取向。

(4) 高分子链不占有体积。

这样求解高分子链末端距间问题的数学模式就与三维空间无规行走问题完全一样了。

若把高分子链的一端固定在坐标原点，则出现高分子链末端长为 h 的几率即为三维行走的模式一样。这样的高分子链通常叫作高斯链(图 4.12)。高斯链是真实高分子链的一个很

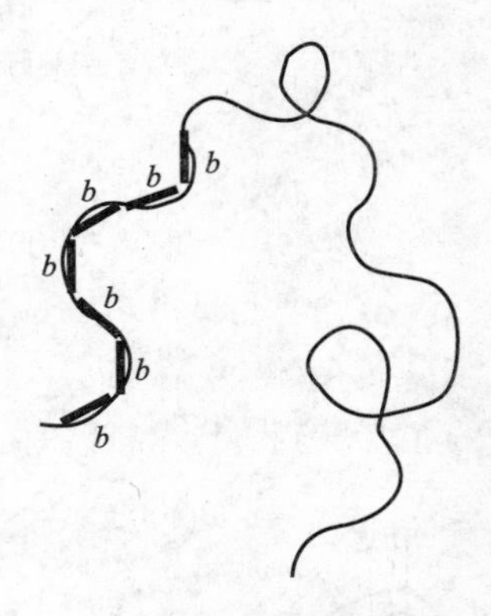

图 4.12　高斯统计链

好的近似。根据均方末端距$\overline{h^2}$的定义可求得

$$\overline{h_0^2}=\int_0^\infty h^2W(h)\,\mathrm{d}h=\frac{3}{2\beta^2}=Nb^2 \qquad (4-25)$$

注：下标“0”——专指高斯链。

高斯链模型表明，由于高分子链的内旋转，使得末端距离大大缩短，$\overline{h_0^2}$正比于链段数 N，即$\overline{h_0^2}\propto N$；而如果高分子链完全伸直，则其均方末端距 h^2正比于链段数 N 的平方，即$\overline{h_{伸直}^2}\propto N^2$。因此，$\overline{h_{伸直}^2}/\overline{h_0^2}\propto N$，而 N 是一个很大的数，所以$\overline{h_{伸直}^2}$比起$\overline{h_0^2}$来是很大的。这就是橡胶的拉伸可产生极大形变的原因。

高聚物材料的飞速发展使传统的研制方法——单纯的实验方法难以应付。近来，由计算机模拟真实体系的结构与行为的方法形成了一个全新的领域，特别有助于高聚物材料的研制。在学术界和工业界都引起了很大的反应，这个新领域就是“分子模拟”。

“分子模拟”是用计算机以原子水平的分子模型来模拟分子的结构与行为，进而模拟分子体系的各种物理和化学性质。分子模拟法不但可以模拟分子的静态结构，也可以模拟分子的动态行为(如分子链的弯曲运动，分子间氢键的缔合作用与解缔行为，分子在表面的吸附行为以及分子的扩散等)。该法能使一般的实验化学家，实验物理学家方便地使用分子模拟方法在屏幕上看到分子的运动像电影一样逼真。

3. 实验装备

实验装备如下。

(1) 计算机。

(2) MP(Molecular Properties)分子模拟软件。

4. 实验步骤

软件的界面由主窗口、图形窗口、按钮窗口和菜单窗口组成(图 4.13)。主窗口位于屏幕的右上角，关闭主窗口也就退出了 MP 软件。屏幕上最大的是图形窗口，用来显示三维的分子图形。其中化学键用线段表示，而用不同颜色表示不同元素：白色为氢，绿色为碳，红色为氧。按钮窗口有 3 个按钮：“主菜单窗口”按钮是将菜单窗口返回主菜单窗口；“居中”按钮是计算机根据所画分子的大小和形状，自动选择合适的放大比例，把分子图形显示在图形窗口的中间。而“全不选中”按钮将使所有的原子推出被选中状态。所有操作均由鼠标的左右键以及它们与 Shift、Ctrl 键的组合来实现。因此首先必须学习这些操作。

1）学习鼠标器功能

鼠标左键：按左键可以选中光标对准的一个原子，屏幕上用红色的“十”字表示选中的原子，如果该原子已被选中，按鼠标左键将使该原子取消选中。

鼠标右键：按右键并保持，光标将变为⊕。这时如果上下移动鼠标，分子图形将沿着通过分子中心的水平轴旋转；如果左右移动鼠标，图形将沿通过分子中心的垂直轴旋转。

Shift＋鼠标左键：按 Shift＋左键可以选中该原子所在的分子。如果该分子已被选中，按此组合键将使该分子取消选中。

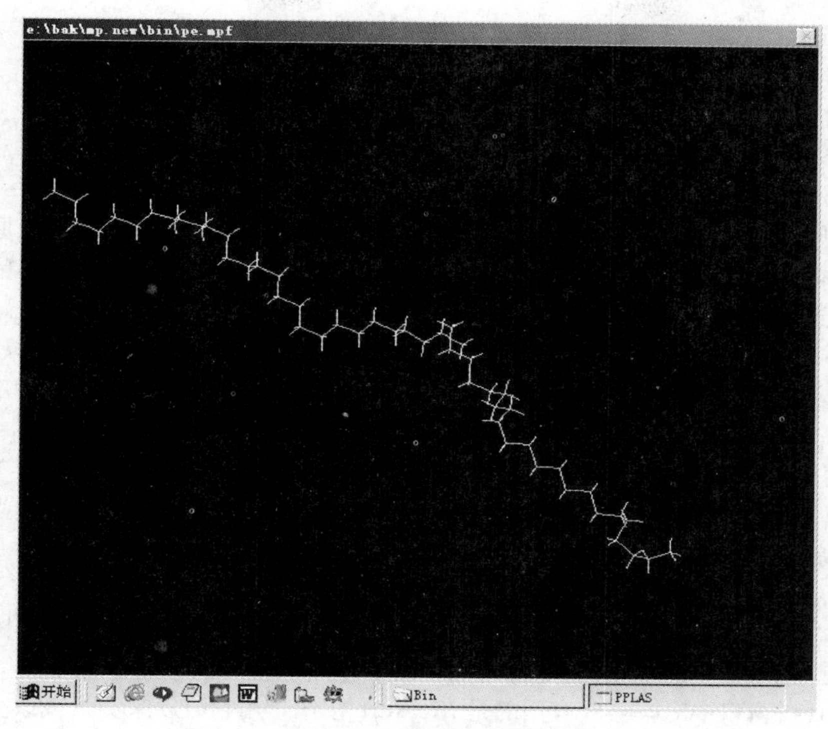

图 4.13 MP 软件的界面

Shift＋鼠标右键：按下 Shift＋右键并保持，光标将变为⟲。这时如果绕分子中心移动鼠标，分子图形将沿着通过分子中心且垂直屏幕的轴旋转。

Ctrl＋鼠标左键：按下 Ctrl＋左键并保持，光标将变为✥。这时如果移动鼠标，分子图形将沿屏幕平面移动。

Ctrl＋鼠标右键：按下 Ctrl＋右键并保持，光标将变⊙。这时如果向上移动鼠标，分子图形将放大，如果向下移动鼠标，分子图形将缩小。

2）几个菜单窗口

软件中几个常用窗口如图 4.14 所示。

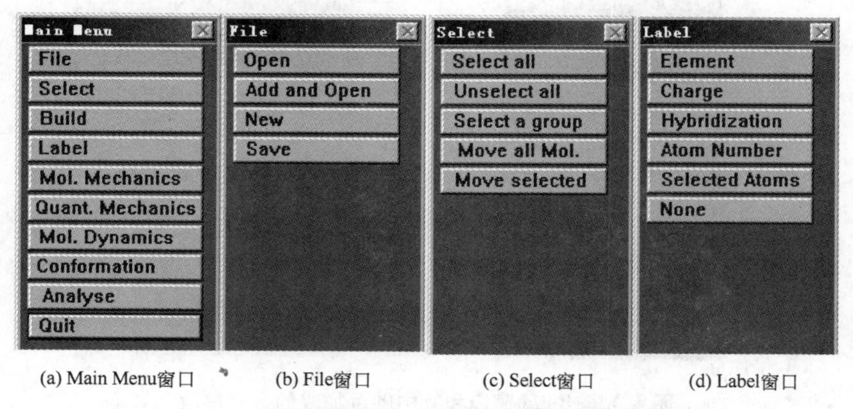

(a) Main Menu窗口 (b) File窗口 (c) Select窗口 (d) Label窗口

图 4.14 “分子模拟”(MP)软件中的几个常用窗口

Main Menu 是主窗口，其中含有 10 个级别菜单。与本实验有关的单个菜单项是 File、Select、Build、Label、Analyse、Quit。

File 包括文件的“打开”、“存盘”等操作。

Select 窗口可进行原子或分子的选择操作，包括如下几个按钮：Select all 和 Unselect all 分别为选中所有的原子和退出所有被选中的原子；Select a group 则是选中一组原子(分别选中起点原子和终点原子，单击 Select a group 按钮就能把起点原子到终点原子间的原子全部选中，包括支链上的原子)；Move all Mol. 和 Move selected 分别是用鼠标移动所有分子和被选中的分子。

Label 窗口包括如下按钮：Element、Charge、Hybrization 和 Atom Number 分别用来标出每个原子的元素符号、电荷、杂化状态和原子的编号；Selected Atoms 标出选中原子的原子编号；None 则是去掉所有的标签。

Build 窗口包括如下按钮：Add 可在被选中的氢原子(如果不是氢原子，要先单击 Change 按钮变为氢原子)上连接新的基团(新基团菜单在单击 Add 按钮时会自动弹出在屏幕的右侧)；Delete 可删除所有选中的原子以及与选中的原子相连的氢原子；Bond 可改变选中的两个原子间的化学键，如变单键为双键或连接两个原子；Change 可改变原子的属性(当有一个原子被选中时)、改变键长(当有两个原子被选中时)、改变平面角(当有 3 个原子被选中时)和改变二面角(当有 4 个原子被选中时)；Unselect all 则是将所有原子退出选中状态。

在 Analyse 窗口中对本实验有用的是 Measure 按钮，用它可以来测量或改变键长、平面角、二面角。只要单击 Measure 按钮，将会根据选中的原子数目弹出相应的对话框，测量键长、平面角或二面角。

3) 构建全同立构聚丙烯分子

在计算机屏幕上构建聚合物分子就好像是在合成实验室的玻璃瓶中做聚合反应。单体就在单击 Build 窗口中 Add 按钮弹出的 Add 窗口中。选择单体不同的活性位置相当于是选用不同的聚合引发剂，结果将是不同空间立构的聚合物分子。为构建全同立构聚丙烯分子，从 Main Menu 主窗口中单击 Build 按钮，出现构造 Build 窗口，再单击 Add 按钮出现有各分子基团的窗口(图 4.15)，从中选取乙基片段，用鼠标标亮其中的一个氢原子，从 Add 窗口中选取甲基片段，至此完成了丙烷分子的构建。重复以下的操作：用鼠标标亮其中的一个氢原子，从 Add 窗口中选择甲基和乙基片段，即可完成聚丙烯分子的构建。这

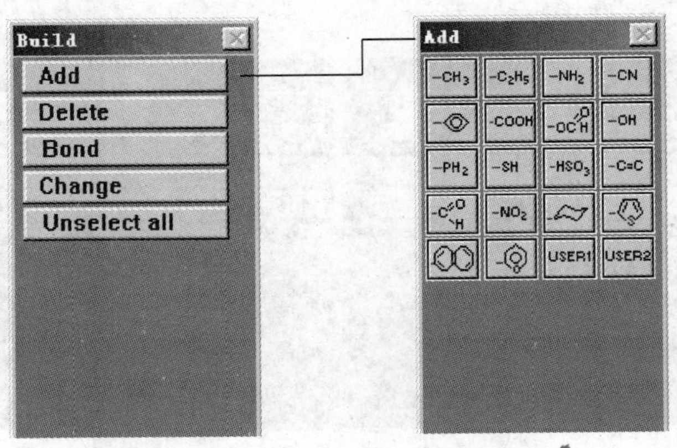

图 4.15　Build 窗口和其中的可加成的分子片段

里重要的是要选对合适的氢原子，不然就不能得到全同立构聚丙烯分子，而是无规立构的聚丙烯分子。

构建完聚丙烯分子结构模型之后，从主窗口中单击 Build 按钮，再单击 Change 按钮，用鼠标标亮扭转角的4个原子，将 Torsion 角调整为180，60，180，60，…即 TGTG…的构型即可得全同立构聚丙烯的分子。

构建100个碳原子的全同立构和无规立构聚丙烯分子，标亮第一和最后一个碳原子，单击 Analyse 按钮，再单击 Measure 按钮，这时得到的数据即是该聚丙烯分子片段的末端距离(图4.16)。比较全同立构分子和无规立构分子末端距离的大小。通过不同的旋转，再测量它的末端距离，从中来理解内旋转对高分子链末端距的极大影响。既有屏幕上的直观形象，又有真实测量值。

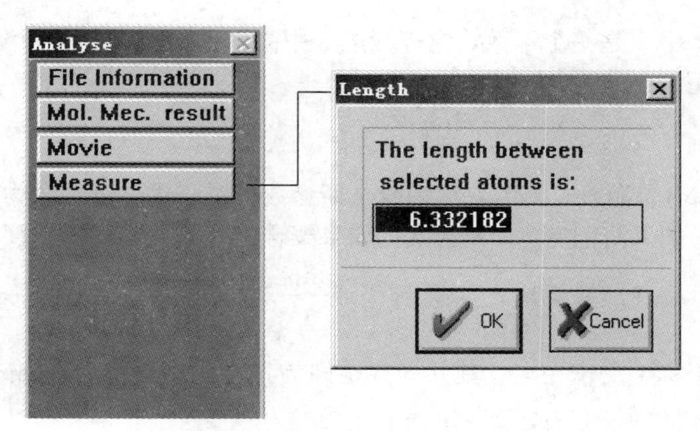

图4.16 测定所选末端之间的距离

4）构建聚乙烯分子

用与3)中相同的步骤构建若干个含100个碳原子的无规线团聚乙烯分子，测定它们的末端距离。从中来理解-C-C-键内旋转引起的分子卷曲程度。

5. 思考题

(1) 为什么在本实验中一再把第一个碳原子到最后一个碳原子的距离叫做末端距离，而不称为通常所说的(均方)末端距?

(2) 你对计算机在高分子科学中的应用有多少了解?

4.13 黏度法测定聚合物的黏均分子量

线型聚合物溶液的基本特性之一，是黏度比较大，并且其黏度值与分子量有关，因此可利用这一特性测定聚合物的分子量。黏度法尽管是一种相对的方法，但因其仪器设备简单，操作方便，分子量适用范围大，又有相当好的实验精确度，所以成为最常用的实验技术之一，在生产和科研中得到广泛的应用。

1. 实验目的

(1) 掌握黏度法测定聚合物粘均分子量的实验技术，包括恒温槽的安装、黏度计仪器

常数的测定。

(2) 掌握黏度法测定聚合物黏均分子量的原理，乌氏黏度计的使用方法以及测定结果的数据处理。

2. 实验原理

1) 特性黏度［η］与分子量的关系

聚合物溶液与小分子溶液不同，甚至在极稀的情况下，仍具有较大的黏度。黏度是分子运动时内摩擦力的量度，因溶液浓度增加，分子间相互作用力增加，运动时阻力就增大。表示聚合物溶液黏度和浓度关系的经验公式很多，最常用的是哈金斯(Huggins)公式：

$$\frac{\eta_{sp}}{c}=[\eta]+k[\eta]^2c \tag{4-26}$$

在给定的体系中 k 是一个常数，它表征溶液中高分子间和高分子与溶剂分子间的相互作用。另一个常用的公式为

$$\frac{\ln\eta_r}{c}=[\eta]-\beta[\eta]^2c \tag{4-27}$$

式中，k 与 β 均为常数，其中 k 称为哈金斯参数。对于柔性链聚合物良溶剂体系，$k=1/3$，$k+\beta=1/2$。如果溶剂变劣，k 变大；如果聚合物有支化，随支化度增高而显著增加。由式(4-26)和式(4-27)式看出，如果用$\frac{\eta_{sp}}{c}$或$\frac{\ln\eta_r}{c}$对 c 作图并外推到 $c\to0$(即无限稀释)，两条直线会在纵坐标上交于一点，其共同截距即为特性黏度［η］。$\frac{\eta_{sp}}{c}$或$\frac{\ln\eta_r}{c}$与 c 的关系如图 4.17 所示。

实验上常测定 5～6 个不同浓度溶液黏度，然后由式(4-26)和式(4-27)外推至 $c=0$，这是常说的外推法。若不同浓度是在同一支黏度计内进行稀释而得，则称为稀释法。

$$\lim_{c\to0}\frac{\eta_{sp}}{c}=\lim_{c\to0}\frac{\ln\eta_r}{c}=[\eta] \tag{4-28}$$

通常式(4-26)和式(4-27)只是在 $\eta_r=1.2\sim2.0$ 范围内为直线关系。当溶液浓度太高或分子量太大均得不到直线，如图 4.18 所示。此时只能降低浓度再做一次。

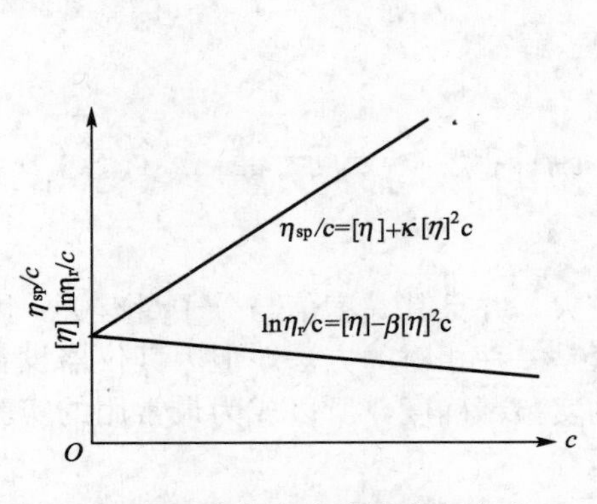

图 4.17　外推法求特性黏度［η］

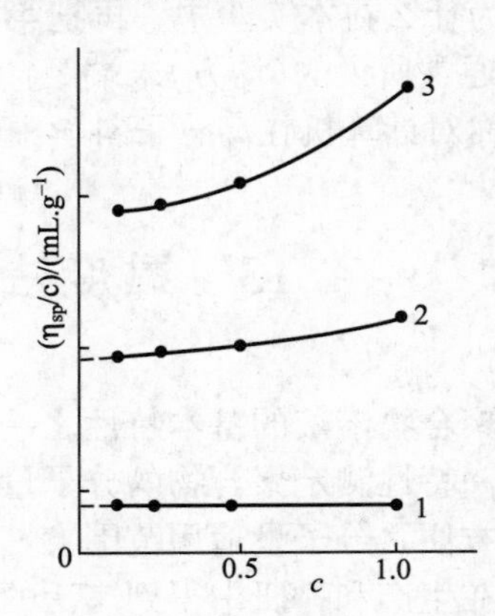

图 4.18　同一聚合物-溶剂体系，
不同分子量的试样 η_{sp}/c—c 关系(1<2<3)

特性黏度 $[\eta]$ 的大小受下列因素影响。

(1) 分子量：线型或轻度交联的聚合物分子量增大，$[\eta]$ 增大。

(2) 分子形状：分子量相同时，支化分子的形状趋于球形，$[\eta]$ 较线型分子的小。

(3) 溶剂特性：聚合物在良溶剂中，大分子较伸展，$[\eta]$ 较大，而在不良溶剂中，大分子较卷曲，$[\eta]$ 较小。

(4) 温度：在良溶剂中，温度升高，对 $[\eta]$ 影响不大，而在不良溶剂中，若温度升高使溶剂变为良好，则 $[\eta]$ 增大。

当聚合物的化学组成、溶剂、温度确定以后，$[\eta]$ 值只与聚合物的分子量有关。表示聚合物的特性黏度 $[\eta]$ 与分子量的关系常用马克-豪温(Mark - Houwink)经验公式表示为

$$[\eta]=KM^{\alpha} \tag{4-29}$$

式中，K、α 需经绝对分子量测定方法测定后才可使用。对于大多数聚合物来说，α 值一般在 0.5～1.0 之间，在良溶剂中 α 值较大，接近 0.8。溶剂能力减弱时，α 值降低。在 θ 溶液中，$\alpha=0.5$。聚合物的 K、α 值可以查阅聚合物手册，一些常见聚合物的 K、α 值见附录4。

这是一个经验方程，只有在相同溶剂、相同温度、相同分子形状的情况下才可以用来比较聚合物分子量的大小。这个经验公式已有大量的实验结果验证，许多人想从理论上来解释黏度与分子量大小的关系。他们假定了两种极端的情况，第一种情况是认为溶液内的聚合物分子线团卷得很紧，在流动时线团内的溶剂分子随着高分子一起流动，包含在线团内的溶剂就像是聚合物分子的组成部分，可以近似地看作实心圆球，由于是在稀溶液内线团与线团之间相距较远，可以认为这些球之间近似无相互作用。根据悬浮体理论，实心圆球粒子在溶液中的特性黏度公式为

$$[\eta]=2.5\times\frac{V}{m} \tag{4-30}$$

设含有溶剂的线团的半径为 R，质量 m 为 $\frac{M}{N}$，其中 M 是分子量，N 是阿伏加德罗常数。因为视为刚性圆球，故 $V=\frac{4}{3}\pi R^3$ 可近似用均方根末端距的三次方 $(\overline{h}_0^2)^{\frac{3}{2}}$ 来表示，把 V 与 m 值代入式(4-30)中得

$$[\eta]=\Phi\,\frac{(\overline{h}_0^2)^{\frac{3}{2}}}{M}=\Phi\left(\frac{\overline{h}_0^2}{M}\right)^{\frac{3}{2}}\cdot M^{\frac{1}{2}} \tag{4-31}$$

式中，Φ 是普适常数；$\overline{h}_0^2$ 是均方末端距。由于 $\overline{h}_0^2$ 是在线团卷得很紧的情况下的均方末端距，在一定温度下，$\frac{\overline{h}_0^2}{M}$ 是一个常数，式(4-31)可写成

$$[\eta]=KM^{\frac{1}{2}} \tag{4-32}$$

这说明在线团卷得很紧的情况下，聚合物溶液的特性黏度与分子量的平方根成正比。第二种情况是假定线团是松懈的，在流动时线团内溶剂是自由的。实际上第二种假设较接近反映大多数聚合物溶液的情况。因为聚合物分子链在流动时，分子链段与溶剂间不断互换位置，而且由于溶剂化作用分子链扩张，使得聚合物分子在溶液中不像实心圆球，而更像一

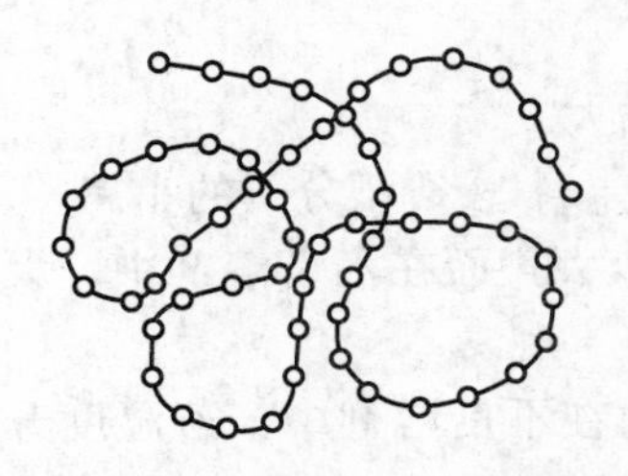

图 4.19　高分子链的珠链模型

个卷曲珠链(图 4.19)。

这种假定称为珠链模型。当珠链很疏松，溶剂可以自由从珠链的空隙中流过。这种情况下可以推导出

$$[\eta]=KM \tag{4-33}$$

上述两种是极端的情况，即当线团很紧时，$[\eta]\propto M^{\frac{1}{2}}$，当线团很松时，$[\eta]\propto M$。这说明聚合物溶液的特性黏度与分子量的关系要视聚合物分子在溶液里的形态而定。聚合物分子在溶液里的形态是分子链段间和分子与溶剂间相互作用的反映。一般来说，聚合物溶液体系是处于两极端情况之间的，即分子链不很紧，也不很松，这种情况下就得到较常用的式(4－29)。测定条件如使用的温度、溶剂、分子量范围都相同时，K和α是两个常数。

2）黏度计的动能校正和仪器常数测定

测定液体黏度的方法有多种，本实验所采用的是测定溶液从一垂直毛细管中流经上下刻度所需的时间。重力的作用，除驱使液体流动外，还有部分转变为动能，这部分能量损耗，必须予以校正。

经动能校正的泊塞尔定律为

$$\frac{\eta}{\rho}=At-\frac{B}{t} \tag{4-34}$$

式中，η/ρ称为比密黏度；A、B为黏度计的仪器常数，其数值与黏度计的毛细管半径R、长度L、两端液体压力差h_g、流出的液体体积V等有关；B/t称为动能校正项，当选择适当的R、L、V及h的数值，可使B/t数值小到可以忽略，此时实验步骤及计算大为简化。

A、B的测定有下列两种不同方法：

(1) 一种标准液体，在不同标准温度下(其中η和ρ已知)，测定流出时间。

(2) 两种标准液体，在同一标准温度下(其中η和ρ已知)，测定流出时间。

实验采用标准液体均应经纯化、温度计则要求准确。本实验中以纯甲苯为一种标准液体，环已烷为另一种标准液体。

3. 仪器与样品

1）主要试剂

方案一：

聚苯乙烯样品，甲苯，环已烷。

方案二：

聚乙烯醇，乙醇，蒸馏水。

2）主要仪器

乌氏黏度计一支，秒表一块，25mL 容量瓶两个，分析天平一台，超级恒温水浴一套，2# 砂芯漏斗一个，10mL 针筒，10mL 移液管，50mL 碘量瓶，广口瓶，吸耳球，胶管及黏度计夹。

4. 实验步骤

方案一：

(1) 调节温度。温度的控制对实验的准确性有很大影响，要求准确到±0.5℃。水槽温度调节到35℃±0.5℃，为有效地控制温度，应尽量将搅拌器、加热器放在一起，而黏度计要放在较远的地方。

(2) 聚合物溶液的配制。用黏度法测定聚合物粘均分子量，选择高分子-溶剂体系时，常数 K、α 值必须是已知的，而且所用溶剂应该具有稳定、易得、易于纯化、挥发性小、毒性小等特点。为控制测定过程中 η_r 在1.2～2.0，浓度一般为0.001g/mL～0.01g/mL，于测定前数天，用25mL容量瓶把试样溶解好。

(3) 在测定黏度前，把容量瓶在恒温槽中恒温10min后，取出摇匀，用2#砂芯漏斗过滤到25mL碘量瓶中，放在恒温槽中待测。容量瓶及砂芯漏斗用后立即洗涤。

(4) 溶剂环己烷及动能校正用甲苯流出时间的测定。

把预先经严格洗净，检查过的洁净黏度计(图4.20)的B、C管，分别套上清洁的医用胶管，垂直夹持于恒温槽中，然后用移液管吸取10mL已过滤的纯化环己烷溶液自A管注入，恒温10min后，用一只手捏住C上的胶管，用针筒从B管把液体缓慢地抽至G球，停止抽气，把连接B、C管的胶管同时放开，让空气进入D球，B管溶液就会慢慢下降，至弯月面降到刻度 a 时，按停表开始计时，弯月面到刻度为 b 时，再按停表，记下环己烷流经 a、b 间的时间 t_1，如此重复3次，取流出时间相差不超过0.2s的连续3次平均值，记作 t_0。但有时相邻两次之差虽不超过0.2s，而连续所得的数据是递增或递减(表明溶液体系未达到平衡状态)，这时应认为所得的数据是不可靠的，可能是温度不恒定，或浓度不均匀，应继续测。

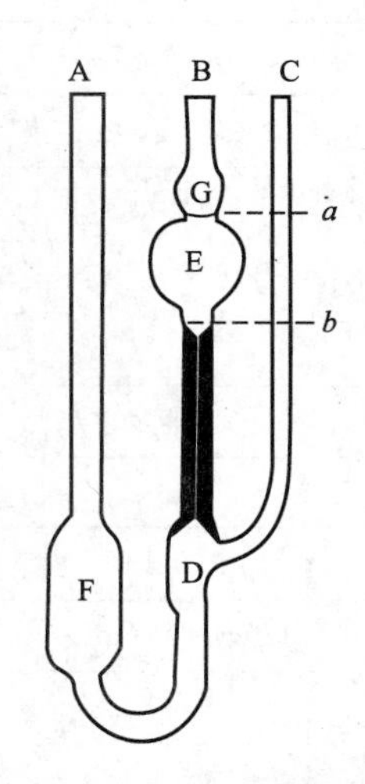

图4.20 乌氏黏度计

测定环己烷流出时间后，倾出环己烷，黏度计放入烘箱内烘干。再测定纯溶剂甲苯的流出时间 t_k，测完后倾出，烘干黏度计，测待测溶液的流出时间。

(5) 稀释法测一系列溶液的流出时间。

与测定溶剂的方法同。因液柱高度与A管内液面的高低无关，因而流出时间与A管内试液的体积没有关系，可以直接在黏度计内对溶液进行一系列的稀释。用移液管准确吸10mL已过滤及恒温的溶液，放入黏度计，等10min待温度平衡后，测定其流出时间。然后依次加入溶剂5mL、5mL、10mL、10mL，此时黏度计中溶液的浓度为起始浓度的2/3、1/2、1/3、1/4。各测其流出时间，分别记为 t_2～t_5(3次平均值)。注意各次加溶剂后，必须将溶液摇动均匀，并抽上G球3次，使其浓度均匀，再进行测定。抽的时候一定要慢，不能有气泡抽上去，否则会使溶剂挥发，浓度改变，使测定时间不准确。

测完后，马上倒出全部溶液，并用溶剂立即洗涤黏度计数遍，到甲苯流出时间与原来相同为止。

方案二：

(1) 调节恒温槽温度至30.0℃±0.1℃，在黏度计的B管和C管上都套上橡皮管，然后将其垂直放入恒温槽，使水面完全浸没G球。

(2) 溶液的配制。称取聚乙烯醇0.2至0.3g小心倒入25mL容量瓶中，加入约20mL蒸馏水放在90℃的水浴中，使其溶解，溶解后稍稍摇动，置恒温水槽中恒温，用水稀释至刻度，再经砂芯漏斗滤入另一只25mL干净的容量瓶中，将其和另一支装有蒸馏水的100mL容量瓶同时放入恒温水槽，待用。

(3) 测定流出时间的方法同方案一。

5. 数据处理

1) 记录数据(表 4-10)

实验恒温温度________；纯溶剂________；纯溶剂密度 ρ_1 ________；t_0 ________；溶剂甲苯流出时间 t_k ________；试样名称________________；试样浓度 c_0 ________________；查阅聚合物手册，聚合物在该溶剂中的 K、α 值________、________。

表 4-10　溶剂的加入量、测定的流出时间

序号		1	2	3	4	5
溶剂体积/mL						
$C_i/(\text{g}\cdot\text{mL}^{-1})$						
t/s	1					
	2					
	3					
平均 $\bar{t}$/s						
$\eta_r=\bar{t}/\bar{t}_0$						
$\ln\eta_r$						
$(\ln\eta_r/c)/(\text{mL}\cdot\text{g}^{-1})$						
η_{sp}						
$(\eta_{sp}/c)/(\text{mL}\cdot\text{g}^{-1})$						

注：可根据需要，自行调整。

2) 仪器常数的计算

先算出环已烷及纯溶剂甲苯的留出时间的连续 3 次的平均值，然后列出联立方程式

$$\frac{\eta_1}{\rho_1}=At_0-\frac{B}{t_0}$$

$$\frac{\eta_2}{\rho_2}=At_k-\frac{B}{t_k}$$

式中，η_1，ρ_1 和 η_2，ρ_2 分别为环已烷及溶剂甲苯在测定温度下的黏度和密度，可由物理化学手册中查出。算出仪器常数 A、B，并求出 $K=B/A$。

3) 特性黏度 [η] 的计算

(1) 计算出各个浓度的 η_r，算出各个浓度的 $\ln\eta_r/c$。

(2) 计算出各个浓度的 η_{sp}，算出各个浓度的 η_{sp}/c，mL/g。

(3) 用 $\eta_{sp}/c\sim c$ 及 $\ln\eta_r/c\sim c$ 作图外推至 $c\rightarrow 0$ 求 [η]。

用浓度 c 为横坐标，η_{sp}/c 和 $\ln\eta_r/c$ 分别为纵坐标，根据表 4-10 数据作图，截距即为特性黏度 [η]。

4) 分子量 $\overline{M}_\eta$ 的计算

求出特性黏度 [η] 之后，代入方程式 $[\eta]=KM^\alpha$，就可以算出聚合物的分子量 $\overline{M}_\eta$，

此分子量称为黏均分子量。

6. 思考题

(1) 用黏度法测定聚合物分子量的依据是什么？
(2) 从手册上查 K、α 值时要注意什么？为什么？
(3) 外推求 $[\eta]$ 时两条直线的张角与什么有关？
(4) 乌氏黏度计的支管C有什么作用？若除去支管C，是否仍然可以测黏度？

附录4-1 溶液黏度名称对照

习惯名称	ISO推荐名称	符号
相对黏度	黏度比	η_r
增比黏度	黏度相对增量	η_{sp}
比浓黏度	黏度	η_{sp}/c
比浓对数黏度	对数黏度	$\ln\eta_r/c$
特性黏度	极限黏度	$[\eta]$

附录4-2 一点法测定特性黏度介绍

所谓一点法，即只需在一个浓度下，测定一个黏度数值便可算出聚合物分子量的方法。使用一点法，通常有两种途径：一是求出一个与分子量无关的参数 γ，然后利用 Maron 公式推算出特性黏度；二是直接用程镕时公式求算。

(1) 求 γ 参数必须在用稀释法测定的基础上，利用以下直线方程：

$$\frac{\eta_{sp}}{c}=[\eta]+k'[\eta]^2c \quad ①$$

$$\frac{\ln\eta_r}{c}=[\eta]+\beta[\eta]^2c \quad ②$$

式中，k' 与 β 是两条直线的斜率，令其比值为 γ 即 $\gamma=k'/\beta$，用 γ 乘以式②得

$$\frac{\gamma\ln\eta_r}{c}=\gamma[\eta]-k'[\eta]^2c \quad ③$$

式①加式③得

$$\frac{\eta_{sp}}{c}+\frac{\gamma\ln\eta_r}{c}=(1+\gamma)[\eta]$$

$$[\eta]=\frac{\eta_{sp}/c+\gamma\ln\eta_r/c}{1+\gamma}=\frac{\eta_{sp}+\gamma\ln\eta_r}{(1+\gamma)c} \quad ④$$

式④即为 Maron 式的表达式。因 k'、β 都是与分子量无关的常数，对于给定的任一聚合物-溶剂体系，γ 也总是一个与分子量无关的常数，用稀释法求出两条直线斜率即 k' 与 β 值，进而求出 γ 值。从 Maron 公式看出，若 γ 值已预先求出，则只需测定一个浓度下的溶液流出时间就可算出 $[\eta]$，从而算出该聚合物的分子量。

(2) 一点法中直接应用的计算公式很多，比较常用的是程镕时公式。

$$[\eta]=\frac{\sqrt{2(\eta_{sp}-\ln\eta_r)}}{c} \quad ⑤$$

此式由式①减去式②得

$$\frac{\eta_{sp}}{c}-\frac{\ln\eta_r}{c}=(k'+\beta)[\eta]^2c$$

当 $k'+\beta=\frac{1}{2}$ 时即得程氏公式⑤。

从推导过程可知，程氏公式是在假定 $k'+\beta=\frac{1}{2}$ 或者 $k'\approx0.3\sim0.4$ 的条件下才成立。因此在使用时体系必须符合这个条件，而一般在线形高聚物的良溶剂体系中都可满足这个条件，所以应用较广。

许多情况下，尤其是在生产单位工艺控制过程中，常需要对同种类聚合物的特性黏度进行大量重复测定。如果都按正规操作，每个样品至少要测定 3 个以上不同浓度溶液的黏度，这是非常麻烦和费事的，在这种情况下，如能采用一点法进行测定将是十分方便和快速的。

附录 4-3　实验仪器的洗涤

所有接触过聚合物溶液的仪器，包括细菌漏斗、容量瓶、移液管、黏度计、碘量瓶等，用完后必须立即洗涤，否则当溶剂挥发，析出聚合物后就很难洗涤，特别是砂芯漏斗的熔结玻璃片及黏度计的毛细管粘上聚合物后，都很难洗干净。

当砂芯漏斗的熔结玻璃片黏附聚合物时，先用良溶剂回流清洗，再用能溶于水溶剂（如丙酮、乙醇等）浸泡，然后用亚硝酸钠的浓硫酸溶液浸泡，不宜用一般的洗涤液。黏度计洗涤方法先用热洗液注满浸泡一段时间，然后用过滤过的自来水、蒸馏水洗涤，烘干备用。洗涤或测定等所用的一切液体，都应经过砂芯漏斗过滤。

附录 4-4　一些常见聚合物的 *K*、*α* 值

<table>
<tr><th>聚合物</th><th colspan="2">聚合方法</th><th>分子量范围（×10³）</th><th>溶剂</th><th>温度/℃</th><th>K 值（×10⁻² mL/g）</th><th>α 值</th></tr>
<tr><td rowspan="4">聚苯乙烯（PS）</td><td colspan="2" rowspan="4">溶液聚合</td><td>3～1700</td><td>甲苯</td><td>25</td><td>1.7</td><td>0.69</td></tr>
<tr><td>1～11</td><td>苯</td><td>25</td><td>4.17</td><td>0.60</td></tr>
<tr><td>5.9～5.2</td><td>苯</td><td>20</td><td>1.23</td><td>0.72</td></tr>
<tr><td>330～</td><td>甲苯</td><td>30</td><td>1.1</td><td>0.73</td></tr>
<tr><td rowspan="5">聚甲基丙烯酸甲酯（PMMA）</td><td colspan="2" rowspan="2">本体聚合</td><td>70～6300</td><td>苯</td><td>25</td><td>0.468</td><td>0.77</td></tr>
<tr><td>240～4500</td><td>苯</td><td>25</td><td>0.38</td><td>0.70</td></tr>
<tr><td colspan="2" rowspan="3">乳液聚合</td><td>410～3400</td><td>丙酮</td><td>25</td><td>0.96</td><td>0.69</td></tr>
<tr><td>410～3400</td><td>甲苯</td><td>25</td><td>0.71</td><td>0.73</td></tr>
<tr><td>410～3400</td><td>氯仿</td><td>25</td><td>0.34</td><td>0.83</td></tr>
<tr><td rowspan="4">丁苯橡胶（SBR）</td><td rowspan="4">乳液聚合</td><td rowspan="2">50℃</td><td>25～500</td><td>甲苯</td><td>25</td><td>5.25</td><td>0.66</td></tr>
<tr><td>26～1740</td><td>甲苯</td><td>30</td><td>1.65</td><td>0.73</td></tr>
<tr><td rowspan="2">5℃</td><td>55～1000</td><td>甲苯</td><td>30</td><td>2.95</td><td>0.75</td></tr>
<tr><td>25～1000</td><td>苯</td><td>25</td><td>1.3</td><td>0.55</td></tr>
<tr><td>天然橡胶（NR）</td><td colspan="2"></td><td>0.4～1500</td><td>苯</td><td>25</td><td>5.02</td><td>0.17</td></tr>
</table>

（续）

聚合物	聚合方法	分子量范围（$\times10^3$）	溶剂	温度/℃	K值（$\times10^{-2}$mL/g）	α值
顺丁橡胶（BR）		20～1300	甲苯	25	2.15	0.65
		26～660	丁酮	30	4.8	0.55
聚丙烯腈（PAN）		48～270	二甲基甲酰胺	25	1.66	0.81
		3～370	二甲基甲酰胺	25	2.33	0.75
涤纶(PET)		12～28	磷氯代苯	25	3.0	0.77
		5～25	酚/四氯乙烷	25	2.1	0.82
聚乙烯醇（PVA）		11.6～195	水	25	5.95	0.63
		44～1100	水	50	5.9	0.67
		30～120	水	30	6.6	0.64

4.14 红外光谱法定性鉴定苯甲酸

1. 实验目的

(1) 掌握红外分光光度计的使用方法。

(2) 掌握用红外光谱鉴定有机物的方法和基本原理。

2. 实验原理

每个有机物都有特定的红外吸收光谱，因此红外光谱是定性鉴定有机物的有力工具。从红外光谱吸收峰的位置，可得到可能有的基团的信息，再从特征频率区、指纹区及相关峰的信息，进一步确定。另外也可与标准物红外图谱相对照，二者是否吸收峰位置、强度和形状完全相同，如果相同，可认为是同一种物质。

苯甲酸具有芳烃和羧酸的红外光谱特征。苯环有 ν＝CH3080cm^{-1} 和 1600cm^{-1}、1580cm^{-1}、1500cm^{-1}、及1450cm^{-1}四指峰，另外还有苯环一取代的指纹区吸收峰770～730cm^{-1}和710～690cm^{-1}。羧酸的相关峰包括 ν_c＝o1700cm^{-1}、ν－OH3500cm^{-1}（宽峰）、νc－o1050cm^{-1}、δ－OH920cm^{-1}。将吸收峰的位置与所测化合物的红外光谱相对照，可确认该化合物是否为苯甲酸。也可以用 Sadtler 红外光谱集，查找苯甲酸的红外标准图谱，然后与所测图谱对照，是否完全一致来鉴定苯甲酸。

3. 仪器与试剂

1) 主要药品

苯甲酸(AR)，KBr(光谱纯)。

2) 主要仪器

TJ270－30 红外光谱仪，压片机，玛瑙研钵。

4. 实验步骤

(1) 将 200mg 干燥 KBr 粉末放在玛瑙研钵中磨细，再加入 1～2mg 苯甲酸继续研磨混合均匀。

(2) 用不锈钢刮刀移取少许混合粉末于压模中用压片机进行压片。

(3) 将样品薄片固定在红外分光光度计的测试光路中，打开计算机，进行样品红外测试。

5. 数据处理

(1) 根据吸收峰的位置和强度，鉴定苯甲酸。

(2) 查阅 Sadtler 红外光谱集，将苯甲酸的实测谱与标准谱相对照，进一步确证。

6. 思考题

(1) 预测水杨酸（邻羟基苯甲酸，结构式：苯环上连 —COOH 和 —OH）的红外特征吸收峰的位置。

(2) 红外光谱图中的吸收峰强度是否与样品浓度有关？为什么同一张红外光谱图中，有的吸收峰强，有的吸收峰弱？

4.15 塑料焊接实验

1. 实验概论

焊接是热塑性塑料二次加工的方法之一。利用热塑性塑料受热熔化的特点，在热的作用下，两个塑料部件的表面同时熔融，在外力作用下使两个部件结为一体的过程，称为焊接。由于加热的方式不同，塑料焊接可分为加热工具焊接、感应焊接、摩擦焊接、超升波焊接、高频焊接、热风焊接。

利用加热工具如加热板、热带或烙铁对被焊接的两个塑料表面加热，直到其表面具有足够的熔融层，而后抽开加热工具，并立即将表面压紧，直至熔化部分冷却硬化，使两个塑件彼此连接，这种加工方法称为加热工具焊接。此法适用于焊接有机玻璃、硬聚氯乙烯、软聚氯乙烯、高密度聚乙烯、聚四氟乙烯以及聚碳酸酯、聚丙烯、低密度聚乙烯等塑料制品，目前大量用于塑料管材的连接。

将金属嵌件放在塑料焊接的表面，并以适当的压力使其暂时结合在一起，随后使其置于交变磁场内，使金属嵌件产生感应电动势，在感应电动势的作用下，金属内部产生电流，感应生热，致使塑料件熔融而接合，冷却即得到焊接制品，此种焊接方法称为感应焊接。这种焊接方法几乎适用于所有热塑性塑料的焊接。

超声波焊接也是热焊接，其热量是用超声波激发塑料作高频机械振动取得的。当超声波被引向焊接的塑料表面处，塑料质点就会被超声波激发而做快速振动，产生机械功随即转化为热，被焊塑料表面温度上升并被熔化从而实现接合的方法。非焊接表面处的温度不会上升，超声波是通过焊头引入被焊接塑料的，当焊头停止工作时，塑料便立即冷却凝固。根据超声波焊接的特点，其可用来焊接各种热塑性塑料。

将叠合的两片塑料置于电极之间，并让电极通过高频电流，在交流电磁场的作用下，塑料中的自由电荷，自然会以相同的频率(但稍滞后)产生反复位移(极化)，使极化了的分子频繁振动，发生摩擦，电能就转变为热能，塑料受热直至熔融，再加以外力，相互结合的方法称为高频焊接。它适用于极性分子组成塑料，例如聚氯乙烯等制成的薄膜或薄板。

利用热塑性塑料间摩擦所产生摩擦热，使其在摩擦面上发生熔融，然后加压冷却，就可使其接合，这种方法称摩擦焊接。此法适用于圆柱形的制件。

与上述各种焊接方法相比，热风焊接具有使用方便，操作简单等特点，特别适用于塑料板材的焊接。这种加工方法是将压缩空气(或惰性气体)经过焊枪中的加热器，被加热到焊接所需要的温度，然后用这种经过预热的气体加热焊件和焊条，使之达到黏流状态，从而在不大的压力下使焊件得以接合的方法。本次实验采用热风焊接的方法，对聚氯乙烯板材进行焊接，要求掌握热风焊接的方法，操作技能，焊接质量的检验。

2. 实验原理

热风焊接的主要设备是由供气系统，加热系统及焊枪组成，如图 4.21 所示。

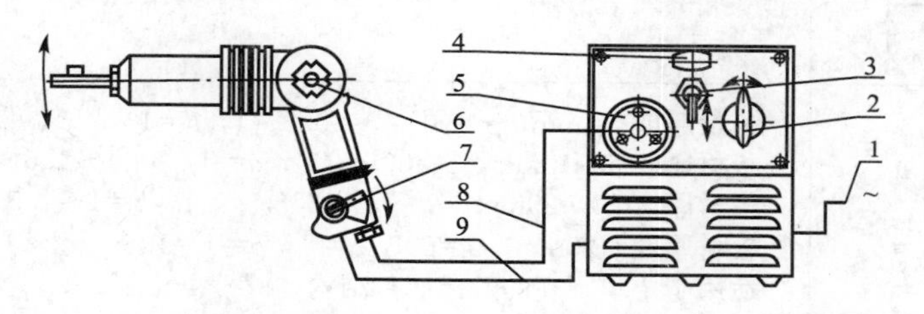

图 4.21 热风焊接设备

1—电源线；2—电压调节按钮；3—电源开关；4—指示灯；5—焊枪电源插头；6—夹紧按钮；7—风门开关；8—焊枪电源线；9—压缩空气线

供气系统提供干燥纯净的具有一定压力和流量的压缩空气，压缩空气的压力一般控制在 0.05～0.1MPa，本机的压缩空气最高压力为 0.1MPa。压力过大会使焊缝表面过毛，影响外观，压力过小则影响焊接速度，对于易变热氧化分解的塑料，如 PP、PA，供气源最好改用氮气和二氧化碳。

加热系统由调压装置及加热元件(通常为 400～600W 电热丝)构成，以保证压缩空气加热后，压缩空气的温度可在 100～400℃变化，以适应各种不同的塑料品种。

焊枪的作用是将压缩空气通过加热元件加热到塑料焊件所需温度，经喷嘴对焊件与焊条进行加热，使焊件表面熔化呈黏流状，加压冷却定型得到制品。

热风焊接的焊缝强度，主要取决于焊件和焊条的塑料品种，焊缝结构和焊接技术。

焊缝结构应根据材料的厚度，结构特点，制件的使用场合，焊接的方便等加以选择。焊缝的结构形式分为对接、搭接、角接和 T 形连接，各类焊缝的形状，断面尺寸见表 4-11。

表 4-11 焊缝形状及断面尺寸

<table>
<tr><td>V 形对接焊缝
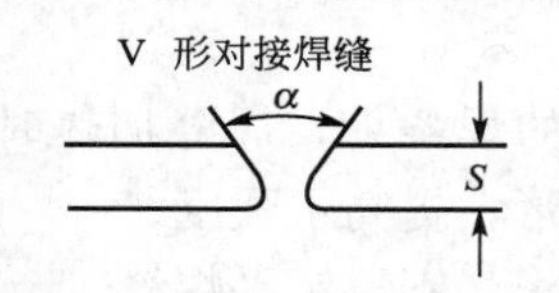</td><td>板材厚度 10～20mm，$\alpha=75°\sim65°$
板材厚度 2～8mm，$\alpha=85°\sim75°$
板材越厚，角度越小，角度过大或过小都会影响强度
最适应于厚度小于 5mm 的对接焊接，或只能单面焊接的场合</td></tr>
</table>

（续）

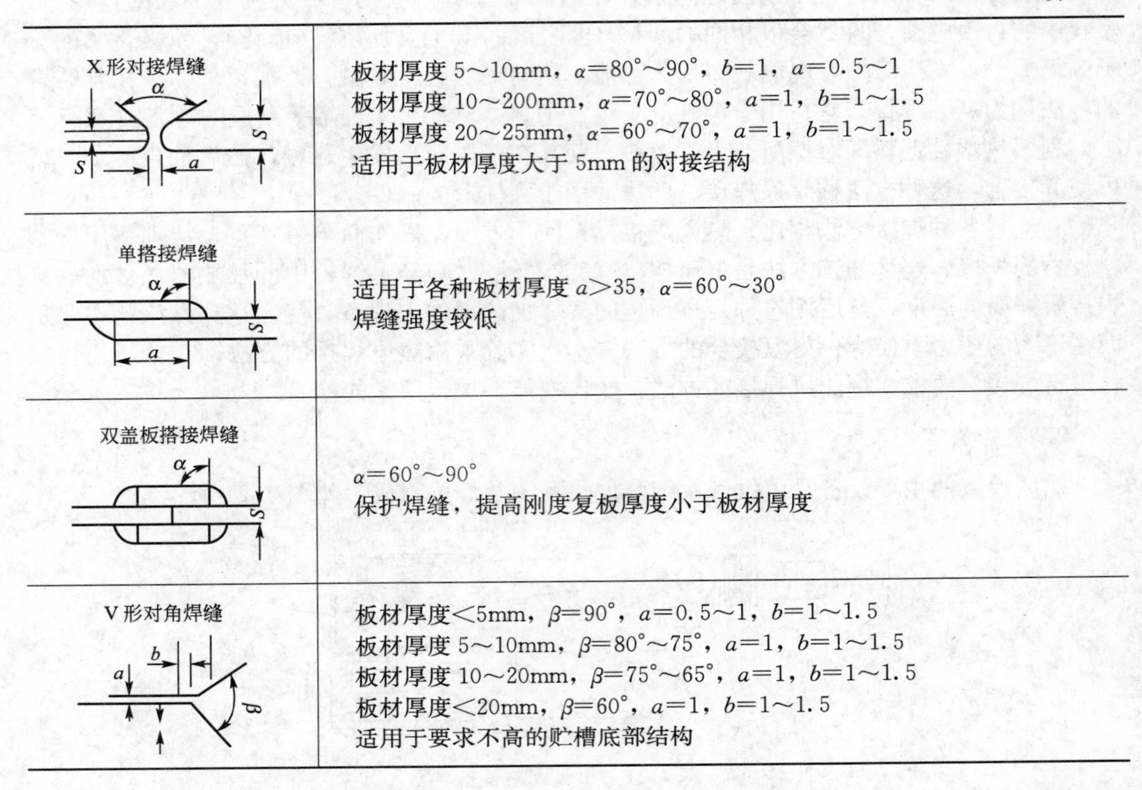

X形对接焊缝	板材厚度 5～10mm，α=80°～90°，b=1，a=0.5～1 板材厚度 10～200mm，α=70°～80°，a=1，b=1～1.5 板材厚度 20～25mm，α=60°～70°，a=1，b=1～1.5 适用于板材厚度大于 5mm 的对接结构
单搭接焊缝	适用于各种板材厚度 a＞35，α=60°～30° 焊缝强度较低
双盖板搭接焊缝	α=60°～90° 保护焊缝，提高刚度复板厚度小于板材厚度
V形对角焊缝	板材厚度＜5mm，β=90°，a=0.5～1，b=1～1.5 板材厚度 5～10mm，β=80°～75°，a=1，b=1～1.5 板材厚度 10～20mm，β=75°～65°，a=1，b=1～1.5 板材厚度＜20mm，β=60°，a=1，b=1～1.5 适用于要求不高的贮槽底部结构

在设计焊缝结构时，接头应尽可能少，两条焊缝必须错开 100mm 以上，以免影响强度。

不同的焊缝结构其焊接接缝系数（焊缝强度与母材强度之比）是不同的，其测试结果见表 4-12。

表 4-12　不同焊缝结构的焊接接缝系数

	X形对接焊缝		V形对接焊缝	
	示图	焊接接缝系数(%)	示图	焊接接缝系数(%)
不铲平		95.2		81.8
铲平		89.7		75.5
单盖板搭接		85.3		76.0
双盖板搭接		95.4	—	—

根据测试结果可以看出：

X形焊缝结构高于V形焊缝结构，主要是由于X形焊缝所用的焊条少，焊缝加热时间短，焊缝对称，应力减少且分布均匀，改善了因焊接而产生的变形，提高了强度。

不铲平的焊接接缝系数均比铲平的焊接接缝系数高，无特殊要求，不要铲平焊缝。

在焊缝由PVC薄片层压而制成的片板时，不宜采用搭接焊缝，因这类焊缝的焊条仅仅焊于板材的表面，而层压法制成的板材，当再次被局部加热到压制温度以上时，由于压制时的内应力作用会使板材有分层或膨胀的趋向，因而薄片间的连接强度就会下降，该处的焊缝强度就会下降。

管材一般采用套接，而不用对接，且只可单面焊接。

焊条的化学组成，通常与板材相同。由于PVC板材在受热塑化时黏度提高，焊条的生产也比较困难，因此焊条的主要成分与板材相同，主要差别在焊条的成分中有一定数量的增塑剂。焊条中增塑剂的含量越少，生产时就比较困难，焊接时塑化也差，影响焊接速度；增塑剂含量增加，不仅会使焊接接缝系数减小，耐腐蚀性能也随之减弱，一般焊条用7份增塑剂，最多也不宜超过10份。

焊条一般为圆形，有单焊条和双焊条之分。在焊接时，不宜采用直径较大的焊条。在焊接时，热风不能使焊缝内外均匀受热，使焊缝内部产生应力，这种应力在继续焊接时就会由于加热而引起制品收缩及开裂，但在采用双焊条时，既可加快焊接速度，又可避免上述情况，同时焊缝内部紧密，外观整齐。

焊缝中焊条的排列对焊接质量也有影响。在焊接过程中，单焊条和双焊条同时采用，一般在焊缝根部都是采用细的焊条。X形焊缝的双焊接，焊条必须两面逐条交替着焊，这样可使焊接时产生的热应力分布得比较均匀，而且变形小，其焊条排列如图4.22所示。

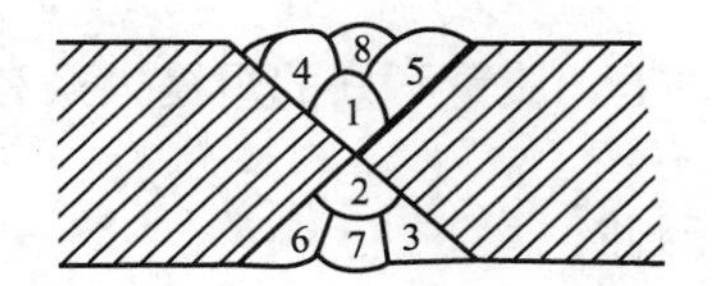

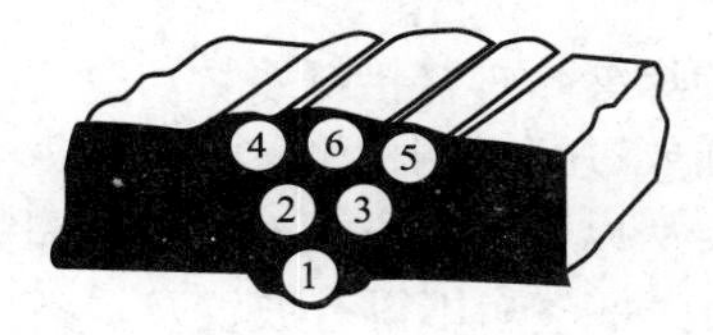

图4.22　焊接顺序

3. 实验仪器及样品

本次实验使用的设备是SH-1型热塑性塑料焊接机，其结构如图4.21所示。使用的材料为PVC板材，PVC焊条，或PVC管材。

使用上述材料，制成对接及搭接不同焊接结构的制品，尺寸为长170mm，宽20mm的拉伸样条，以便于检验焊缝的拉伸强度。

4. 实验步骤

(1) 接通焊接机电源。

(2) 开启电源开关，然后再插上焊枪插头。

(3) 调节电热丝控制电压旋钮与风门开关，待电热丝压缩空气的温度达到熔融焊条的温度(210～230℃)，即可进行焊接实验。

(4) 在热风温度稳定后，一手握焊枪，一手握焊条，并用手对焊条施加一定的压力，随焊条受热熔化使焊条徐徐前移，如图4.23(a)所示。图4.23(b)为正确操作，图4.23(c)、图4.23(d)为错误操作。在焊接过程中，焊枪要上下摆动，以使焊条扩大受热面积，并使之受热均匀，焊好的焊条两边，应连续出现少量的翻浆，焊缝应自然缓慢地冷却，不采用强制冷却方法，以免应力过于集中。

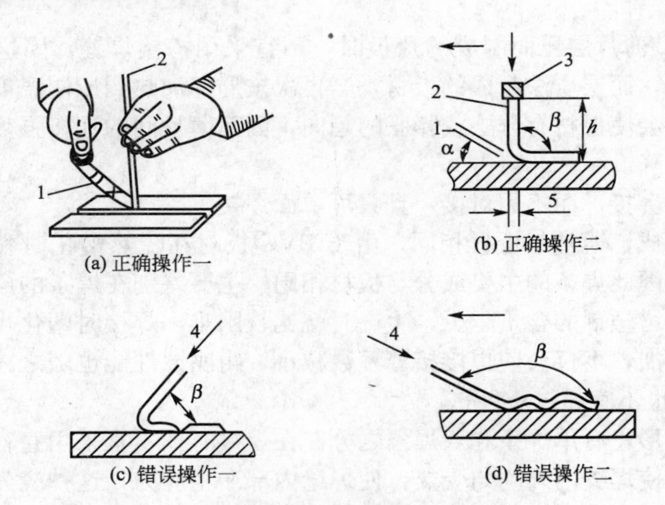

图 4.23 焊接操作

1—焊枪；2—焊条；3—手处位置；4—施力方向；5—喷枪喷嘴与焊条的距离

(5) 焊接结束后，先拔去焊枪电源插头，加大风门开关，冷却 15min，使热风温度降至室温，关闭电源开关。

5. 实验结果质量检查

质量良好的焊缝，焊接接缝系数可达 70%以上，质量不好的焊缝，只有 30%或更低，在进行拉伸之前要进行目测检测。

目测法主要从以下几个方面对焊缝质量进行判断。

(1) 焊缝表面平整，不得有波纹及焊条发毛现象。

(2) 焊条盘排列要紧密，不得有重叠和空隙。

(3) 焊条必须充分熔融(两边有翻浆)，但不允许有分解烧焦现象。

有上述不良倾向，应重新进行焊接，满意之后对制品进行拉伸实验，记录焊件拉伸强度、焊接接缝系数等数据。

如焊接管材，应进行注水加压实验，焊缝处不得漏水，如漏水，则重新焊接。

6. 实验报告要求

实验报告应包括以下几项内容。

(1) 实验原理，目的。

(2) 使用设备，原材料。

(3) 焊缝结构及尺寸。

(4) 焊缝强度及焊接接缝系数。

4.16 溶胀法测定橡胶的交联密度

1. 实验概论

交联密度是表征硫化橡胶基本结构特征之一，通过测定交联密度可研究硫化胶的结构、硫化程度、老化以及补强效果等。

2. 实验目的

掌握平衡溶胀法测定交联聚合物的交联度的基本技能，学会查阅相关手册，并能处理实验数据，求出天然橡胶的有效链平均分子量。

3. 实验原理

线型聚合物在适当的溶剂中能很好地溶解，但当线型聚合物之间以化学键彼此连接后，整个聚合物就形成了体型大分子(网状结构)，这种交联聚合物不能被溶剂溶解，而只能被溶剂分子溶胀，因此常用单位体积内交联点的数目或者是交联点之间分子链的平均相对分子质量来判断交联程度的指标。这一指标是以一定量交联聚合物达到溶胀平衡后在交联聚合物内所吸收溶剂的多少来具体反映，或者用聚合物占溶胀物的体积分数表示。另外，吸收溶剂的多少，一方面与交联点的多少有关，同时也与溶胀的温度有关。

根据 Flory - Rehner 公式可计算其交联密度

$$\upsilon=2n=-\frac{\ln(1-V_r)+V_r+\mu V_r^2}{V_s\rho_r\left(V_0^{\frac{2}{3}}V_r^{\frac{1}{3}}-\frac{V_r}{2}\right)} \tag{4-35}$$

式中，υ 为单位质量橡胶中的网络链数，mol/g；n 为单位质量橡胶中的交联键数，mol/g；V_r为在溶胀样品中橡胶的体积分数；V_0为未溶胀样品中橡胶的体积分数；V_s为溶剂的摩尔体积，cm^3/mol；ρ_r为生胶的密度，g/cm^3；μ 为橡胶与溶剂相互作用参数。

其中

$$V_r=\frac{\frac{m_0 a}{\rho_r}}{\frac{m_1}{\rho_s}+\frac{m_0 a}{\rho_r}} \tag{4-36}$$

式中，m_1为溶剂的质量，g，$m_1=m_s-m_0$；m_0为试样的质量，g；m_s为试样溶胀平衡后的质量，g；ρ_s为溶剂的密度(苯 $\rho_s=0.874$)，g/mL；ρ_r为生胶的密度，g/cm^3；a 为配方中生胶的质量分数($a=W_{生胶}/W_{混炼胶}$)。

$$V_0=\frac{m_r}{\rho_r}\Bigg/\left(\frac{m_r}{\rho_r}+\frac{m_c}{\rho_c}\right) \tag{4-37}$$

式中，m_r为生胶的质量，g；m_c为炭黑的质量，g；ρ_r为生胶密度(顺丁胶 $\rho_r=0.91$)，g/mL；ρ_c为炭黑的密度(高耐磨炭黑 $\rho_c=1.82$)，g/mL。

$$V_s=M_s/\rho_s \tag{4-38}$$

式中，M_s为溶剂的相对分子质量。

顺丁胶在30℃的苯溶液中 $\mu=0.39$。

将上各数据代入公式(4-35)即可求出交联密度。

4. 实验仪器及样品

1) 实验仪器

恒温水浴槽1套，小广口瓶1只，称量瓶1只，剪刀1把，滤纸5小张，苯30mL，镊子1把，分析天平(精度0.001g)。

2）实验试样

试样配方：顺丁胶 100g，硬脂酸 2g，氧化锌 4g，高耐磨炭黑 50g，硫磺 1.5g，促进剂 CZ 0.7g。硫化条件：143℃，30min。试样硫化后取 $1cm^2$ 左右。

5. 实验步骤

（1）取一定面积（$1cm^2$ 左右）硫化胶片，用分析天平准确称量到 0.001g，即为 m_0。

（2）恒温水槽控制水温为 30℃，再将小广口瓶中装入苯溶液，放入恒温水槽中升温稳定在 30℃。

（3）将称好的胶片放入盛有恒温溶剂的小广口瓶中进行溶胀。

（4）待溶胀平衡后取出瓶中胶片，用滤纸迅速吸去胶片表面多余的苯（切勿挤压试样），准确称量胶片到 0.001g，即为 m_s。

6. 实验分析结果

由测试数据代入式(4-37)、式(4-38)、式(4-39)和 $m_1=m_s-m_0$。

$$V_1=\frac{\dfrac{m_0 a}{\rho_r}}{\dfrac{m_1}{\rho_s}+\dfrac{m_s}{\rho_r}} \tag{4-39}$$

将 V_r、V_0、V_s 值代入式(4-35)可得

$$\upsilon=-\frac{\ln(1-V_r)+V_r+\mu V_r}{V_s\rho_r\left(V_0^{\frac{2}{5}}V_r^{\frac{1}{3}}-\dfrac{V_r}{2}\right)} \tag{4-40}$$

7. 思考题

（1）天然橡胶必须适度交联，解释原因。

（2）原始胶重在 0.2g 左右较好，过大、过小对实验结果有何影响（解释）。

（3）刚开始称重时间可以短些（一般为 2h），以后可以适当延长，为什么？

（4）样品悬挂在正中，不能与器壁接触，为什么？

4.17 黏度的测定

1. 实验目的

（1）掌握涂-4 黏度计的使用。

（2）掌握旋转黏度计的使用。

2. 实验原理

旋转黏度计如图 4.24 所示。

同步电机以稳定的速度旋转，连接刻度圆盘，再通过游丝和转轴带动转子旋转。如果转子未受到液体的阻力，那么游丝、指针与刻度圆盘同速旋转，指针在刻度盘上指出的读数为“0”；反过来，如果转子受到液体的粘滞阻力，那么游丝产生扭矩，与粘滞阻力抗衡最后达到平衡，这时与游丝连接的指针在刻度盘上指示一定的读数（即游丝的扭转角），将

读数乘以特定的系数即得到液体的黏度(mPa·s)。

利用齿轮系统及离合器进行变速，由专用旋钮操作，分四挡转速，根据测定需要选择。按仪器不同规格附有1～4号转子，可根据被测液体黏度的高低随同转速配合选用。

仪器装有指针控制杆，为精确计数用。当转速较快(30r/min，60r/min)无法在旋转时进行读数，这时可轻轻按下指针控制杆，使指针固定下来，便于读数；保护架是为准确测量和保护转子用，使用保护架进行测定可以取得较准确的测量结果；引伸索便于在现场测量，即被测液体温度过高，现场无条件安放支架而作粗略测量；固定支架及升降机构，一般在实验室中进行小量和定温测定时应固定，仪器可手提使用(但也注意尽量保持水平)。

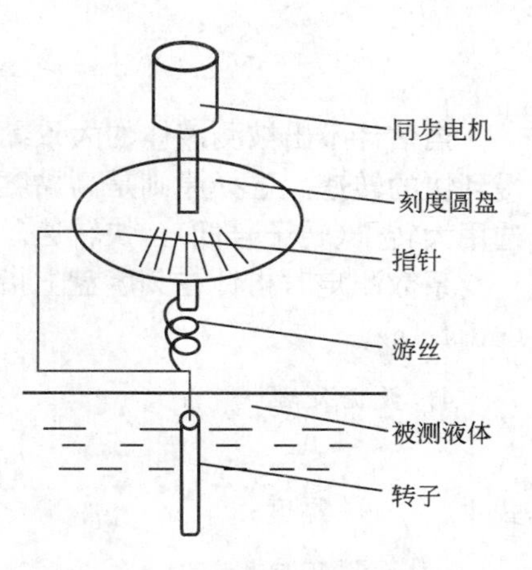

图4.24 旋转黏度计示意图

3. 操作步骤

1) 涂-4黏度计操作步骤

选定合适尺寸的流出杯，用手指堵住流出杯的孔，将制备好的无泡试样，慢慢灌入流出杯，以避免产生气泡。若有气泡形成，则使其浮至表面，然后除去。用直边刮刀沿流出杯上边缘平刮，或者用边缘圆滑的平板玻璃板(使之不会在玻璃或试样表面之间产生气泡)滑过整个边缘来除去所形成的半月面。水平地将玻璃板拉过流出杯的边缘，使试样的水平面与流出杯的上边缘处于同一水平位置，即可进行测定。

将一适宜的容器放在流出杯下方，与流出孔距离决不能小于100mm。迅速移开手指时，同时启动计时器。待流出孔的流束首次中断时就立即停止计时器，记录滚出时间，精确至0.5s。进行重复测试，两次结果之差不大于平均值5%。

2) 旋转黏度计操作步骤

(1) 将被测液体置于直径≥70mm的烧杯或直筒形容器中，准确地控制被测液体温度。

(2) 将保护架装在仪器上(向右旋入装上；向左旋出卸下)。

(3) 将选配好的转子旋入连接螺杆(向左旋入装上，向右旋出卸下)。

(4) 旋转升降旋钮使仪器缓缓下降，转子逐渐浸入被测液体中，直到转子液面标志和液面相平为止(调正仪器水平)。开启电机开关，转动变速旋钮，使所需转速数向上，对准速度指示点，使转子在液体中旋转(一般20～30s)，待指针趋于稳定(或按规定时间进行读数)，按下指针控制杆(注意：①不得用力过猛；②转速慢时可不利用控制杆，直接读数)使计数固定下来，再关闭电机，使指针停在读数窗内，读取读数。

当电机关停后如指针不处于读数窗内时，可继续按住指针控制杆，反复开启和关闭电机，经几次练习即能训练掌握，使指针停于读数窗内，即可读取读数。

(5) 当指针所指的数值过高或过低时，可变换转子和转速，务必使读数在30～90格之间最佳。

(6) 量程、系数及转子、转速的选择。首先大约估计被测液体的黏度范围，然后根据量程表选择适当的转子和转速；如测定约3000mPa·s左右的液体时可选用下列组合：

2 号转子——6r/min

或 3 号转子——30r/min

当估计不出被测液体的大致黏度时，应假定为较高的黏度，试用由小到大的转子和由慢到快的转速。选择原则是高黏度的液体选用小转子(转子号高)，慢速度，低黏度的液体选用大转子(转子号低)，快转速。

系数测定时指针在刻度盘上指示的读数必须乘以系数表上的特定系数才为测得的黏度(mPa·s)。

4. 数据处理

$$\eta = K \cdot \alpha \tag{4-41}$$

式中，η——黏度；

K——系数；

α——指针所指读数(偏转量)。

频率误差的修正：当使用电源频率不准时，可按下列公式修正

实际黏度＝指示黏度×名义频率/实际频率　　(4-42)

表 4-13　系　数　表

系数　转速/(r/min)　转子	60	30	12	6
1	1	2	5	10
2	5	10	25	50
3	20	40	100	200
4	100	200	500	1000

4.18　扫描电镜的工作原理和操作

1. 实验目的

(1) 熟悉国产 DXS-10 型扫描电镜的基本构造及工作原理。

(2) 了解主要性能指标。

(3) 了解操作规范。

2. 结构及工作原理简介

国产 DXS-10 型扫描电镜是一种小型电子显微仪器。图 4.25 说明从电子枪的阴极发射出的电子受 2～30kV 高压加速，电子束经过三个磁透镜的三级缩小，形成一个很细的束(即电子个探针)聚焦于试样表面。在第二聚光镜和物镜之间有一组扫描线圈和消散线圈，使电子探针在试样表面扫描，从而引起试样的电子发射(二次电子)。这些二次电子经聚焦加速后打到由闪烁体、光导管、光电倍增管组成的探测器上，形成二次电子信号。这些信号随着试样表面形貌、材料等因数而变，产生信号衬度，经视频放大器进一步放大后

调制显像管亮度。由于显像管偏转线圈和镜筒中扫描线圈的扫描电流是严格同步，所以由探测器逐点检取的二次电子信号将一一对应地调制显像管上相应点的亮度，而在显像管上产生试样表面的图像。显像管荧光屏上的像其大小是一定的，通常为 100mm×100mm。如果调节扫描线圈电流大小，使电子探针在试样上扫描的范围从 5mm×5mm 到 1μm×1μm 内均匀调节，则显像管上图像的放大率就相应从 20 倍变化到 10 万倍。由此可见，扫描电镜中改变放大率是很方便的。

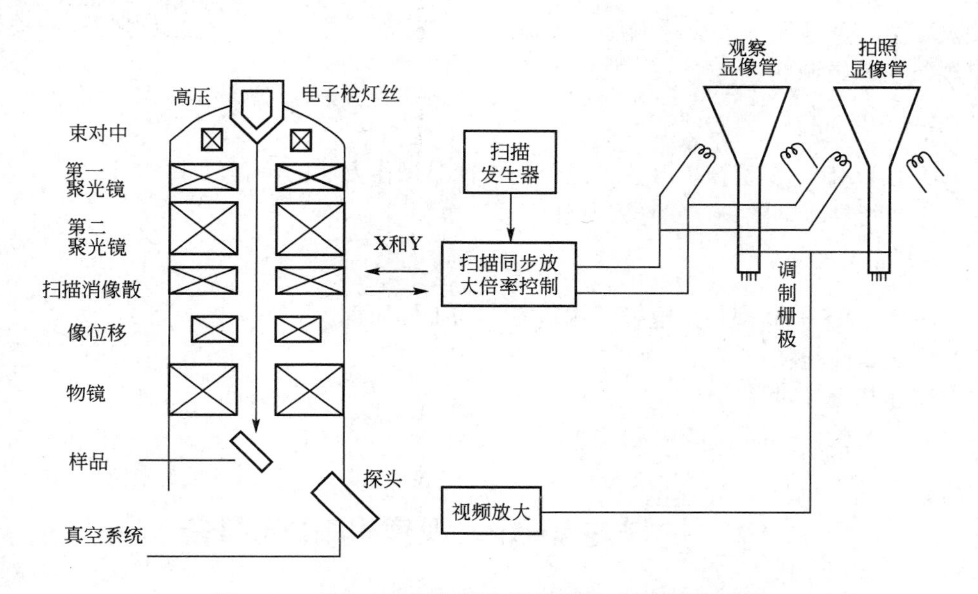

图 4.25　DXS－10 型扫描电镜结构及工作原理示意图

表 4－14 列出了 DXS－10 型扫描电镜的主要性能。

表 4－14　DXS－10 型扫描电镜性能指标

<table>
<tr><td>分辨本领</td><td>优于 300</td><td rowspan="4">样品台</td><td colspan="4">X：±5mm</td></tr>
<tr><td>放大倍数</td><td>20－3000×(11 挡)</td><td colspan="4">Y：±5mm</td></tr>
<tr><td>加速电压</td><td>20kV</td><td colspan="4">旋转：360°</td></tr>
<tr><td>工作距离</td><td>最大 20×mm</td><td colspan="4">倾斜：−30°～+45°</td></tr>
<tr><td>操作方式</td><td>发射或反射</td><td rowspan="2">扫描速度</td><td>行/ms</td><td>24</td><td>24</td><td>30</td></tr>
<tr><td>影像记录</td><td>DF135 相机</td><td>(s)</td><td>1</td><td>25</td><td>55</td></tr>
</table>

3. 仪器操作步骤

扫描电镜成像是经过压缩的电子束逐点轰击试样产生信息，对图像来说是“像素”，这些像素组成了一幅幅图像，电子束的质量越高，图像质量也越好。如何获得电子密度高，束流稳定，像散小的电子束是极为重要的。其中除了结构，仪器加工，装卸等因素影响外，极为重要的因素是扫描电镜的操作和调像技术。在相同的条件下，操作熟练可以获得理想的图像，反之，图像质量是不会令人满意的，甚至会影响仪器的正常使用。结构简单，操作方便，这是因为采用了活动成像形式。掌握 DXS－10 型扫描电镜的操作，调像技术，将有助于了解一般电镜的操作。

DXS－10 型扫描电镜操作程序如下所示。

开机：接通电源→机械泵工作（预抽镜筒）→打开水源→油泵加热→抽高真空（至要求指标）→扫描器工作→扫描线显示→加上加速电压→灯丝工作点调节和合轴→调像→记录#。

关机：关灯丝电压→关加速电压→关显示→关扫描→关油泵→待油泵冷却后→关机械泵和水源→切断电源#。

4．实验方法

（1）听取 DXS－10 型扫描电镜各部分结构情况操作方法的讲解。

（2）实验指导教师的具体操作及其注意事项解释。

5．实验报告要求

（1）简述 DXS－10 型扫描电镜的构造特点和工作原理。

（2）简述其性能特点。

（3）简述其操作过程。

（4）对本实验评述。

4.19　扫描电镜图像观察和试样制备

1．实验目的

（1）了解以网格标定扫描电镜放大倍数。

（2）了解断口试样制备。

2．试样的制备

（1）断口保护——断口试样的制备，要求断口表面保持断裂瞬间的真实状态，不然会使分析困难和得出错误结论。断口保护原则是使断裂表面既不增加也不减少任何东西，这就要求断裂后样品不能碰撞摩擦和受到污染。

（2）尺寸限制——扫描电镜的试样一般有尺寸限制，对金属材料通常要切割才能满足要求。为了保护断口，防止切割时试样断面污染的方法有以下几种。

① 用 5%火棉胶醋酸异戊脂溶液在断口表面涂上一层膜，干后再切割，再泡在醋酸异戊脂溶液里使火棉胶溶净，再用丙酮洗净，干后即可。

② 手工切割，在断口面上盖张清洁的纸，玻璃胶粘住，切割后去掉即可。

（3）当样品有污染时，视其程度采用不同清洗方法。

① 轻微污染——用丙酮、酒精溶剂清洗或用超声波清洗，使阳平表面的油脂、灰尘等污染去掉。

② 严重污染——用弱酸、氢氧化钠溶液等进行清洗，必要时可加热。对于生锈的断口，应参考有关资料或试验摸索最佳的清晰方法。

清洗好的样品，用导电胶粘在样品架上，干后便可供分析。

3. 放大倍数的标定

DXS－10 型扫描电镜通过倍率交换器可进行十一挡的变倍。放大交换器是以改变电子束的扫描角度 θ 来调节图像放大倍数的，θ 越小，放大倍数 M 就越大。同时，M 还受到样品 h(工作距离)的影响(图 4.25)。当 θ 一定时，h 的大小决定了扫描面积的大小。为此，在分析时要把样品的实际工作距离对放大倍数的影响考虑进去。

DXS－10 型扫描电镜，以 $50\mu m \times 50\mu m$ 铜网格为表样，(工作距离为 20mm)来标定放大倍数的，则 $M=\dfrac{\text{CRT 上网格边长}}{50\mu m}$

4. DXS－10 型断口的扫描电镜观察

1）韧性断口

这是一种伴随大量塑性形变的断裂方式，韧性断口一般有两种形式。微孔聚型断裂和纯剪断型断裂，前者的微观形貌大都为酒杯状微孔，称为韧窝。在许多情况下，可在韧窝底部看到第二粒子，由于断裂和应力方向的不同，致使韧窝有等轴韧窝，对应断面上呈异向和同向抛物线形状韧窝的差别，同时，韧窝的大小深浅随着材料的微孔形核率和自身相对塑性的差异而不同；对于纯剪切断裂，常出现的是“蛇型滑移”或波纹状花样，甚至出现无特征的先滑区。

2）解理断口

解理断裂是一种拉应力使材料沿一定的结晶学平面(解理面)发生脆性穿晶断裂，一般呈脆性特征而很少有塑性变形。

河流花样，解理台阶是解理断口的重要显微形貌，舌状花样，二次裂纹等也是解理的特征，但在一般观察中不常出现。

3）晶界断裂断口

材料沿晶界开裂的现象为晶界断裂。其特征主要为冰糖状，在有些情况下，颗粒表面出现韧窝，有明显的塑性变形存在，且在韧窝底部常有夹杂物，这种断口为延性晶界断口。

4）疲劳断口

疲劳断裂是材料的一种断裂方式。其微观基本特征是具有一定间距的，垂直于断裂扩展方向的互相平行的而多数是圆弧形的特有的条状花样，成为疲劳辉纹。疲劳辉纹有两种：韧性和脆性疲劳辉纹。在疲劳条纹上可看到疲劳条纹切割成一段段的解理台阶，所以脆性疲劳条纹的间距常表现为不均匀规则。

5. 实验报告要求

(1) 简述网格标定扫描电镜放大倍数的方法和特点。
(2) 简述断口试样制备要点。
(3) 简述常见典型断口的特征形貌。
(4) 对本实验的评述。

6. 思考题

(1) 样品高度变化对放大倍数的影响如何修正？

(2) 通过实验，你对哪些形貌难以辨别，你认为是什么？

(3) 如果把金相样品来当作扫描电镜分析行吗？如何提高金相样品的形貌衬度？

4.20 微波辐射合成淀粉丙烯酸高吸水性树脂

1. 实验目的

(1) 了解高吸水性树脂的基本功能及其用途。

(2) 了解微波辐射合成高吸水性树脂制备的基本方法。

(3) 了解接枝聚合的原理。

2. 实验原理

高吸水树脂(Super Absorbent Polymer，SAP)又称为超强吸水剂，它是一种含有强亲水性基团，并具有一定交联度的一种高分子材料。近年来，有关微波法合成高吸水性树脂的研究非常活跃。微波是频率在 $3\times10^{2}\sim3\times10^{5}$MHz 的电磁波，微波的高频对极性介质进行作用，可促进单体或反应液快速升温。微波加热是一种“内加热”，极性分子吸收电磁能后高速振动，由介质损耗而产生电能，且加热均匀，避免了传统加热方式加热速度慢、受热不均匀等缺点。

淀粉与丙烯酸混合物在微波辐射的作用下，使淀粉葡萄糖环上 C 上的 H 被夺走，产生初级自由基，再引发丙烯酸，成为淀粉-丙烯酸自由基，继续与丙烯酸进行链增长聚合，最后链终止。同时，丙烯酸也会产生自由基，发生丙烯酸之间的均聚反应。

3. 主要原料和仪器

1) 主要原料

丙烯酸，淀粉，过硫酸钾(引发剂)，N，N′-亚甲基双丙烯酰胺(交联剂)，氢氧化钠，氮气，蒸馏水。

2) 仪器

微波炉，加热式恒温磁力搅拌器，真空干燥箱，网筛，保鲜膜，培养皿，若干玻璃仪器。

4. 实验步骤

方案一：

(1) 在装有 30mL 丙烯酸的锥形瓶中，缓慢滴加质量分数为 25%的 NaOH 溶液 30mL，配置成一定的 pH 的中和液。

(2) 将 3g 玉米淀粉和 18mL 去蒸馏水在烧杯中混合，通入氮气，在氮气保护下将冷至室温的中和液、3.5mL 过硫酸钾溶液(密度为 2.0g/L)、1mL 的 N，N′-亚甲基双丙烯酰胺溶液(1g/L)依次加入到上述烧杯中。

(3) 用磁力搅拌器将上述混合液搅拌均匀，停止通氮气，迅速将烧杯用保鲜膜封口，放入微波炉中，低火反应 5min。

(4) 取出烧杯，静置，冷却，得到半透明有弹性的凝胶状物质。

(5) 采用真空烘箱干燥。将半透明的凝胶置于表面皿中，放入真空干燥箱，在60℃干燥至恒重，得到块状高吸水性树脂。

方案二：

称取5g淀粉，加入85mL蒸馏水，搅拌均匀后，加入三口瓶，将三口瓶置于微波合成装置中，上接冷凝管，温度计在80℃下搅拌，微波功率800W，辐射糊化10min。糊化结束后，自然冷却为60℃，然后将丙烯酸(用氢氧化钠中和至中和度70%)加入糊化淀粉中，并加入引发剂0.18g，交联剂0.03g，继续在微波功率800W和温度75℃条件下辐射25min。

5. 数据处理

本实验采用筛网自然过滤法测吸液倍率。

准确称取一定质量(m_1)的干燥树脂，加入到足量的液体(蒸馏水、模拟血、模拟尿、生理盐水)中，静置24h后用160目尼龙布滤去液体，称吸液后树脂的质量(m_2)。按下式计算树脂的吸液倍率：

$$吸液倍率=(m_2-m_1)/m_1$$

6. 思考题

(1) 与传统的方法相比，微波辐射法制备高吸水性树脂的优点是什么？

(2) 试讨论微波辐射法制备高吸水性树脂的影响因素。

4.21 水溶性聚乙烯醇的制备

1. 实验目的

(1) 了解聚乙烯醇的制备原理。

(2) 掌握聚乙烯醇的制备方法。

2. 实验原理

聚乙烯醇(Polyvinyl Alcohol，PVA)是由聚醋酸乙烯酯经醇解而成的结晶性高分子材料，为白色或黄白色粉末状颗粒。根据其聚合度和醇解度不同，有不同的规格和性质。聚乙烯醇是一种十分独特的水溶性高分子聚合物，它具有许多优异的基本性质，这使它在实际生活中具有十分宽广的用途。

PVAC相应的单体是醋酸乙烯(VAC)，烯类单体(包括单烯类和二烯类)带有双键，与σ键相比，π键较弱，容易断裂(有均裂和异裂两种方式)进行加聚反应，形成聚合物。

醋酸乙烯的聚合反应方程式为

$$n\mathrm{CH_2{=}\underset{\displaystyle OCOCH_3}{\underset{|}{CH}}} \longrightarrow \mathrm{{-}\!\!\left[CH_2{-}\underset{\displaystyle OCOCH_3}{\underset{|}{CH}}\right]_n}$$

PVAC可以在酸(如硫酸、盐酸和高氯酸等)的作用下，进行水解生成PVA，一般称为酸法水解；也可以在碱的作用下醇解生成PVA，即碱法醇解。

目前，工业上普遍采用以氢氧化钠作催化剂的碱法醇解，其优点是反应速率快，PVA质量好。

PVAC的醇解反应式为

$$\text{-[}CH_2-\underset{\displaystyle OCOCH_3}{\underset{|}{CH}}\text{]-}_n + nCH_3OH \xrightarrow{NaOH} \text{-[}CH_2-\underset{\displaystyle OH}{\underset{|}{CH}}\text{]-}_n + nCH_3COOCH_3$$

碱催化醇解法又有高碱法和低碱法两种。

(1) 高碱法醇解就是在原料 PVAC - CH_3OH 溶液中，含有1%～2%的水，催化剂氢氧化钠也配制成水溶液，碱对PVAC中单体链节的克分子比(以下简称碱摩尔比)大。其优点是反应速度快，设备生产能力大，体积小。其缺点是副反应多，生成的醋酸钠多，影响成品PVA的含量；不仅后处理回收量大，综合能耗高，而且环境污染严重。

(2) 低碱法醇解是原料 PVAC - CH_3OH 溶液中含水量很低(0.5%以下)，氢氧化钠也溶解在甲醇中，碱摩尔比也较低(只有高碱法的十分之一左右)。其特点是克服了高碱法的缺点，副反应较少，醇解废液中的醋酸钠含量低，废液的回收处理量小，综合能耗较低，而且可大大减少对环境的污染。

因此，本实验采用低碱法进行醇解。

3. 主要原料和仪器

1) 主要原料

醋酸乙烯，乙醇，氢氧化钠，冰醋酸，偶氮二异丁腈，无机过氧类引发剂过硫酸铵和十二烷基磺酸钠与OP-10的复配乳化剂及碳酸氢钠。

2) 仪器

电子分析天平，真空干燥箱，四口烧瓶，回流冷凝管，滴液漏斗，恒温水浴，温度指示控制仪，布氏漏斗，气相色谱仪。

4. 实验步骤

1) 乳液聚合PVAC

首先在四口烧瓶中加入去离子水90g，5g聚乙烯醇-1788，一定量的OP-10，开启搅拌，水浴加热至80～90℃至混合物溶解。再降温至反应温度，停止搅拌，加入十二烷基磺酸钠(1/5 OP-10的量)及碳酸氢钠0.26g后开始搅拌，再加入7g VAC(约1/10单体量)，最后加入一定量过硫酸铵，反应开始。至反应体系出现蓝光，表明乳液聚合反应开始启动，15min后，在缓慢滴加剩余的单体，在2h内加完；滴加完毕后，继续搅拌，保温反应0.5h，撤出恒温浴槽，继续冷却搅拌至室温；将生成的乳液经纱布过滤倒出。

2) 采用低温和低碱醇解工艺，制备低醇解度PVA

在250mL三口烧瓶中加入113g质量分数23% 乙醇溶液，控制含碱量(质量分数)0.23%～0.38%，含水量(质量分数)9.7%～9.5%，加酸时间20～60min，醇解温度40℃，滴加碱-乙醇溶液至凝胶生成，随着反应进行，黏度增大，出现爬杆现象。聚合体慢慢溶解于乙醇体系中，黏度下降，反应均衡，加醋酸终止反应。静置10min后抽滤，凝胶体用乙醇洗涤至中性，晾干，在70～75℃下真空干燥，产物为白色固体PVA。

3）PVA 醇解度测定

PVA 醇解度按 GB 1201.5—89 进行测定。

醋酸乙酯含量：将醇解溶液在常压下蒸馏，在气相色谱仪上测定各成分的含量。分析条件：色谱柱为填充柱型，固定液为邻苯二甲酸二壬酯，102 白色担体，检测器为热导检测，汽化温度 130～150℃，柱温 80～90℃。

第5章 高分子材料成形加工与性能实验

5.1 塑料挤出吹膜实验

1. 实验目的

(1) 了解单螺杆挤出机、吹膜机头及辅机的结构和工作原理。

(2) 掌握塑料的挤出吹胀成形原理；掌握聚乙烯吹膜工艺操作过程。

(3) 掌握各工艺参数的调节及其对成膜性的影响。

(4) 了解塑料薄膜的其他加工方法。

2. 实验原理

挤出吹膜法是塑料加工的主要加工方法之一。塑料薄膜是一类较为重要的塑料制品，由于它具有质轻、强度高、平整、光洁和透明等优点，同时其加工容易、价格低廉，因而得到广泛的应用。例如用于建筑、包装、农业地膜、棚膜等方面。

塑料薄膜可以用多种方法成形，如压延、流延、拉幅和吹塑等方法，各种方法的特点不同，适应性也不一样。压延法主要用于非晶型塑料加工，所需设备复杂，投资大，但生产效率高，产量大，薄膜的均匀性好；流延法主要用于非晶型塑料加工，工艺最简单，所得薄膜透明度好，具各向近似同性，质量均匀，但强度较低，且耗费大量溶剂，成本增加，于环保也不利；拉幅法主要适用于结晶型塑料，工艺简单，薄膜质量均匀，物理力学性能最好，但设备投资大；吹塑法最为经济，工艺设备都比较简单，结晶和非晶型塑料都适用，既能生产窄幅，又能生产宽达十几米的膜，吹塑过程塑料薄片的纵横向都得到拉伸取向，制品质量较高，因此得到最广泛的应用。

吹塑成形即挤出-吹胀成形，除了吹膜以外，还有中空容器成形。薄膜的吹塑是塑料从挤出机口模挤出成管坯引出，由管坯内芯棒中心孔引入压缩空气使管坯吹胀成膜管，后经空气冷却定型、牵引卷绕而成薄膜。吹塑薄膜通常分为平挤上吹、平挤平吹和平挤下吹3种工艺，其原理都是相同的。薄膜的成形都包括挤出、初定型、定型、冷却牵伸、收卷和切割等过程。本实验是低密度聚乙烯的平挤上吹法成形，是目前最常见的工艺。

塑料薄膜的吹塑成形是基于高聚物的分子量高、分子间力大而具有可塑性及成膜性能。当塑料熔体通过挤出机机头的环形间隙口模而成管坯后，因通入压缩空气而膨胀为膜管，而膜管被夹持向前的拉伸也促进了减薄作用。与此同时，膜管的大分子作纵、横向的取向，从而使薄膜强化了其物理力学性能。

为了取得性能良好的薄膜，纵横向的拉伸作用最好是取得平衡，也就是纵向的拉伸比(牵引膜管向上的速度与口模处熔体的挤出速度比)与横向的空气膨胀比(膜管的直径与口模直径比)应尽量相等。实际上，操作时，吹胀比因受到冷却风环直径的限制，吹胀比可调节的范围是有限的，而且吹胀比又不宜过大，否则造成膜管不稳定。由此可见，拉伸比和吹胀比是很难一致的，也即薄膜的纵横向强度总有差异的。在吹塑过程中，塑料沿着螺杆向机头口模的挤出以致吹胀成膜，经历着黏度、相变等一系列的变化，与这些变化有密切关系的是螺杆各段的温度、螺杆的转速是否稳定，机头的压力、风环吹风及室内空气冷却以及吹入空气压力、膜管拉伸作用等相互配合与协调都直接影响薄膜性能的优劣和生产效率的高低。

各段温度和机外冷却效果是最重要的因素。通常，沿机筒到机头口模方向，塑料的温度是逐步升高的，且要达到稳定的控制。各部位温差对不同的塑料各不相同。本实验对LDPE吹塑，原则上机身温度依次是130℃、150℃、170℃递增，机头口模处稍低些。熔体温度升高，黏度降低，机头压力减少，挤出流量增大，有利于提高产量。但若温度过高和螺杆转速过快，剪切作用过大，易使塑料分解，且出现膜管冷却不良，这样，膜管的直径就难以稳定，将形成不稳定的膜泡“长颈”现象，所得泡(膜)管直径和壁厚不均，甚至影响操作的顺利进行。因此，通常是设定稍低一些的熔体挤出温度和速度。

风环是对挤出膜管坯的冷却装置，位于离膜管坯的四周。操作时可调节风量的大小，控制管坯的冷却速度，上、下移动风环的位置可以控制膜管的“冷冻线”位置。冷冻线对结晶型塑料即相转变线，是熔体挤出后从无定型态到结晶态的转变。冷冻线位置的高低对于稳定膜管、控制薄膜的质量有直接的关系。对聚乙烯来说，当冷冻线低，即离口模很近时，熔体因快速冷冻而定型，所得薄膜表面质量不均，有粗糙面；粗糙程度随冷冻线远离口模而下降，对膜的均匀性是有利的。但若使冷冻线过分远离口模，则会使薄膜的结晶度增大，透明度降低，且影响其横向的撕裂强度。冷却风环与口模距离一般是30～100mm。

若对管膜的牵伸速度太大，单个风环是达不到冷却效果的，可以采用两个风环来冷却。风环和膜管内两方面的冷却都强化，可以提高生产效率。膜管内的压缩空气除冷却外还有膨胀作用，气量太大时，膜管难以平衡，容易被吹破。实际上，当操作稳定后，膜管内的空气压力是稳定的，不必经常调节压缩空气的通入量。膜管的膨胀程度即吹胀比，一般控制在2～6。

牵引也是调节膜厚的重要环节。牵引辊与挤出口模的中心位置必须对准，这样能防止薄膜卷绕时出现的折皱现象。为了取得直径一致的膜管，膜管内的空气不能漏失，故要求牵引辊表面包覆橡胶，使膜管与牵引辊完全紧贴着向前进行卷绕。牵引比不宜太大，否则易拉断膜管，牵引比通常控制在4～6。

3. 主要原料与仪器设备

1）主要原料

LDPE、HDPE(吹膜型)。

2）主要仪器设备

SJ－45 塑料挤出吹膜机，其结构如图 5.1 所示。

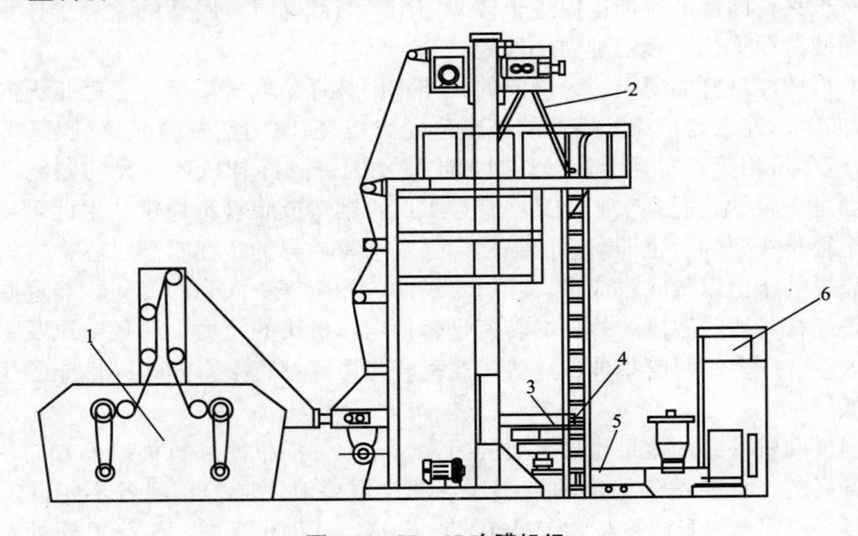

图 5.1　SJ－45 吹膜机组

1—牵引卷曲机构；2—人字板；3—机头口模；
4—冷却风环；5—挤出机；6—控制柜

主要技术参数如下：

螺杆直径(D)45mm；螺杆有效长度($L_{有效}$)1260mm；螺杆长径比(L/D)28：1；螺杆转速(n)12～130r/min；生产能力(Q)4～50kg/h(LDPE)；电机功率 18.5kW；电机转速 132～1320r/min。

SJ－FM1100 塑料吹塑薄膜辅机主要技术规范

(1) 装置。模口直径 ϕ220mm；加热总功率 9kW。

(2) 风冷装置。风环直径 ϕ800mm；风机流量 147～288m/min；风机全压 1294～2372Pa；风机功率 1.5kW。

(3) 牵引装置。牵引辊直径 ϕ160mm；工作长度 1100mm；牵引速度 8～50m/min；电机功率 0.75kW。

(4) 卷取装置。卷取速度 8～50m/min。

本机可吹制高(低)密度聚乙烯塑料薄膜，幅宽 1000mm，厚度 0.008～0.05mm 的微型包装膜。

4. 实验步骤及操作

1）挤出机的运转和加热

(1) 螺杆转速控制。本机螺杆与电机之间采用定比传动，无其他调变速装置。螺杆的转速稳定和升降取决于电动机的转数稳定和快慢。直流电动机调速是依靠桥式可控硅整流电路和触发电路来实现的。

(2) 温度控制。机筒分段进行加热和冷却的控制。每段分别设有电阻加热器及冷却风机。加热器及风机的接通和切断由三位手动转换开关控制。电阻加热器由动圈式温度指示调节仪自动控制。

(3) 按照挤出机的操作规程，接通电源，开机运转和加热。检查机器运转、加热和冷却是否正常。机头口模环形间隙中心要求严格调整。对机头各部分的衔接、螺栓等检查，并趁热拧紧。

(4) 根据实验原料 LDPE 的特性，初步拟定螺杆转速及各段加热温度，同时拟定其他操作工艺条件。

2) LDPE 预热。最好放在 70℃左右烘箱预热 1～2h。

3) 当机器加热到预定值时，开机在慢速下投入少量的 LDPE 粒料，同时注意电流表、压力表、温度计和扭矩值是否稳定。待熔体挤出成管坯后，观察壁厚是否均匀，调节口模间隙，使沿管坯圆周上的挤出速度相同，尽量使管膜厚度均匀。

4) 以手将挤出管坯慢慢向上使沿牵引辊前进，辅机开动。通入压缩空气并观察泡管的外观质量。根据实际情况调整各种影响因素，如挤出流量、风环位置和风量、牵引速度、膜管内的压缩空气量等。

5) 观察泡管形状变化，冷冻线位置变化及膜管尺寸的变化等，待膜管的形状稳定、薄膜折径已达实验要求时，不再通入压缩空气，薄膜的卷绕正常进行。

6) 以手工卷绕代替卷绕辊工作，卷绕速度尽量不影响吹塑过程的顺利进行。裁剪手工卷绕一分钟的薄膜成品，记录实验时的工艺条件；称量卷绕一分钟成品的质量，并测量其长度、折径及厚度公差。手工卷绕实验重复两次。

7) 实验完毕，逐步降低螺杆转速，挤出机筒内存料，趁热清理机头和衬套内的残留塑料。

8) 注意事项

(1) 熔体被挤出前，操作者不得位于口模的正前方，以防意外伤人。操作时严防金属杂质和小工具落入挤出机料斗内。操作时要戴手套。

(2) 清理挤出机和口模时，只能用铜刀、铜棒或压缩空气，切忌损伤螺杆和口模的光洁表面。

(3) 吹胀管坯的压缩空气压力要适当，既不能使管坯破裂，又能保证膜管的对称稳定。

(4) 吹塑过程要密切注意各项工艺条件的稳定，不应该有所波动。

5. 数据处理

(1) 分析实验现象和实验所得的膜管外观质量与实验工艺条件等关系。

(2) 通过计算出实验过程的吹胀比、牵引比和薄膜的平均厚度等，分别填写在表 5-1 中。

表 5-1 实验数据记录

实验试样编号	1	2	3	平均
口膜内径 D_1/mm				
管芯外径 D/mm				
膜管折径 d/mm				

（续）

实验试样编号	1	2	3	平均
膜管直径 D_2/mm				
牵引速度 V_2/mm				
挤出速度 V_1/mm				
牵引比 $b(b=V_2/V_1)$				
吹胀比 $a(a=D_2/D_1)$				
薄膜厚度 $\delta(\delta=t/ab)$/mm				
吹膜产率 Q/(kg/h)				

6. 思考题

（1）影响吹塑薄膜厚度均匀性的因素有哪些？

（2）常用的薄膜加工方法有几种？各是什么特点？

（3）吹塑薄膜的纵向和横向的力学性能有没有差异？为什么？

5.2 热塑性塑料注射成形

1. 实验目的

（1）了解螺杆式注塑机的基本结构，熟悉注射成形的基本原理。

（2）掌握热塑性塑料注射成形的操作过程。

（3）掌握注射成形工艺条件对注射制品质量的影响，学会注塑工艺条件设定的基本方法。

2. 实验原理

注射成形适用于热塑性和热固性塑料，是高聚物的一种重要的成形方法。注射成形的设备是注塑机和注射模具。它是使固体树脂在注塑机的料筒内通过外部加热、螺杆、料筒与树脂之间的剪切和摩擦力作用生热，使树脂塑化成粘流态，后经移动，螺杆以很高的压力和较快的速度，将塑化好的树脂从料筒中挤出，通过喷嘴注入闭合的模具中，经过一定的时间保压、冷却固化后，脱模取出制品。

热塑性塑料注射时，模具温度比注射料温低，制品是通过冷却而定型的；热固性塑料注射时，其模具温度要比注射料温高，制品是要在一定的温度下发生交联固化而定型的。本实验主要介绍热塑性塑料的注射成形。

热塑性塑料的注射成形工艺原理如下。

（1）合模与开模。合模是动模前移，快速闭合。在与定模将要接触时，依靠合模系统的自动切换成低压，提供低的合模速度，低的合模压力，最后切换成高压将模具合紧。开模是注射完毕后，动模在液压油缸的作用下首先开始低速后撤，而后快速后撤到最大开模位置的动作过程。

(2) 注塑阶段。模具闭合后，注塑机机身前移使喷嘴与模具贴合。油压推动与油缸活塞杆相连接的螺杆前进，将螺杆头部前面已均匀塑化的物料以规定的压力和速度注射入模腔，直到熔体充满模腔为止。

螺杆作用于熔体的压力叫注射压力，螺杆移动的速度叫注射速度。熔体充模顺利与否，取决于注射压力和速度、熔体的温度和模具的温度等。这些参数决定了熔体的黏度和流动特性。

注射压力是为了使熔体克服料筒、喷嘴、浇铸系统和模腔等处的阻力，以一定的速度注射入模内；一旦充满，模腔内压迅速到达最大值，充模速度则迅速下降。模腔内物料受压而密实，符合成形制品的密度要求。注射压力的过高或过低，造成充模的过量或不足，将影响制品的外观质量和材料的大分子取向程度。注射速度影响熔体填充模腔时的流动状态。速度快，充模时间短，熔体温差小，制品密度均匀，熔接强度高，尺寸稳定性好，外观质量好；反之，若速度慢，充模时间长，由于熔体流动过程的剪切作用使大分子取向程度大，制品各向异性。熔体充模的压力和速度的确定比较麻烦，要考虑原料、设备和模具等因素，要结合其他工艺条件，通过分析制品外观，实践相结合而决定的。

(3) 保压阶段。熔体充模完全后，螺杆施加一定的压力，保持一定的时间，是为了解决模腔内熔体因冷却收缩、造成制品缺料时，能够及时进行补塑，使制品饱满。保压时，螺杆将向前稍作移动。保压过程包括控制保压压力和保压时间，它们均影响制品的质量。保压压力可以等于或低于充模压力，其大小以达到补塑增密为宜。保压时间以压力保持到浇口凝封时为好。若保压时间不足，模腔内的物料会倒流，制品缺料；若时间过长或压力过大，充模量过多，将使制品的浇口附近的内应力增大，制品易开裂。

(4) 冷却阶段。保压时间到达后，模腔内塑料熔体通过冷却系统调节冷却到玻璃化温度或热变形温度以下，使塑料制品定型的过程叫冷却。这期间需要控制冷却的温度和时间。模具冷却温度的高低和塑料的结晶性、热性能、玻璃化温度、制品形状复杂与否及制品的使用要求等有关，此外，与其他的工艺条件也有关。模具的冷却温度不能高于高聚物的玻璃化温度或热变形温度。模温高，有利于熔体在模腔内流动，对充模有利，而且能使塑料冷却速度均匀；模温高，有利于大分子热运动，有利于大分子的松弛，可以减少厚壁和形状复杂制品可能因为补塑不足、收缩不均和内应力大的缺陷。但模温高，生产周期长，脱模困难，这些都是其不利因素。对于结晶型塑料，模温直接影响结晶度和晶体的构型。采用适宜的模温，晶体生长良好，结晶速率也较大，可以减少制品成形后的结晶现象，也能改善收缩不均、结晶不良的现象。

冷却时间的长短与塑料的结晶性、玻璃化温度、比体积、导热率和模具温度等有关，应以制品在开模顶出时既有足够的刚度而又不至于变形为宜。时间太长，生产率下降。

(5) 原料预塑化。制品冷却时，螺杆转动并后退，同时螺杆将树脂向前输送、塑化，并且将塑化好的树脂输送到螺杆的前部并计量、储存，为下一次注射作准备，此为塑料的预塑化。

预塑化时，螺杆的后移速度决定于后移的各种阻力，如机械摩擦阻力及注射油缸内液压油的回泄阻力。塑料随螺杆旋转，塑化后向前堆积在料筒的前部，此时塑料熔体的压力称为塑化压力。注射油缸内液压油回泄阻力称为螺杆的背压。这两种压力的增大，使塑料的塑化量都降低。

预塑化是要求得到定量的、均匀塑化的塑料熔体。塑化是靠料筒的外加热、摩擦热和剪切力等而实现的，剪切作用与螺杆的背压和转速有关。

料筒温度高低与树脂的种类、配合剂、注射量与制品大小比值、注塑机类型、模具结构、喷嘴及模具的温度、注射压力和速度、螺杆的背压和转速以及成形周期等很多因素都有关。料筒温度总是定在材料的熔点或黏流温度与分解温度之间，而且通常是分段控制，各段之间的温差约为10～50℃。

喷嘴加热在于维持充模的料流有良好的流动性，喷嘴温度等于或略低于料筒的温度。过高的喷嘴温度，会出现流延现象；过低也不适宜，会造成喷嘴的堵塞。

螺杆的背压影响预塑化效果。提高背压，物料受到剪切作用增加，熔体温度升高，塑化均匀性好，但塑化量降低。螺杆转速低则延长预塑化时间。

螺杆在较低背压和转速下塑化时，螺杆输送计量的精确度提高。对于热稳定性差或熔融黏度高的塑料应选择转速低些；对于热稳定性差或熔体黏度低的则选择较低的背压。螺杆的背压一般为注射压力的5%～20%。

塑料的预塑化与模具内制品的冷却定型是同时进行的，但预塑化时间必定小于制品的冷却时间。

热塑性塑料的注射成形，主要是一个物理过程，但高聚物在热和力的作用下难免发生某些化学变化。注射成形应选择合理的设备和模具结构，制订合理的工艺条件，以使化学变化减少到最小的程度。

3. 主要原料与仪器设备

1）主要原料

聚乙烯，聚丙烯，聚苯乙烯，聚酰胺，聚甲醛，聚碳酸酯，聚苯醚，ABS等。

2）主要仪器设备

（1）SZ-63/400注射成形机。它包括注射装置、锁模装置、液压传动系统和电路控制系统等，其结构示意图如图5.2所示。

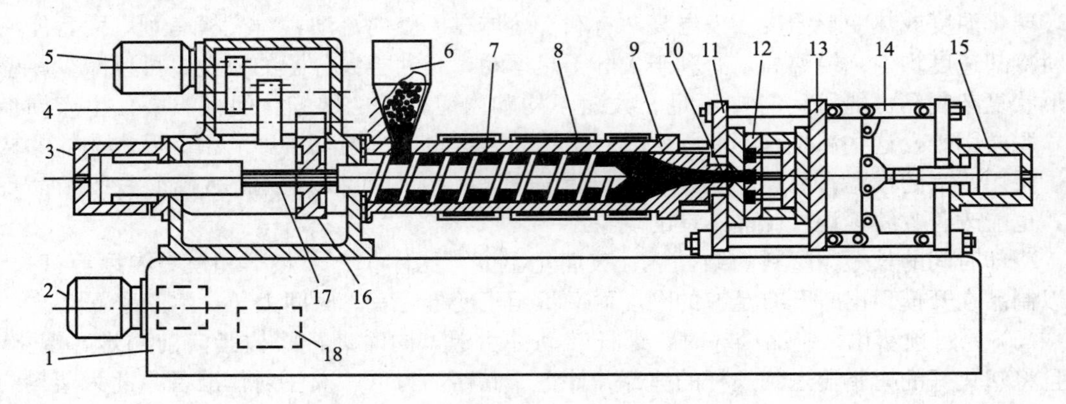

图5.2　注塑机结构示意图

1—机座；2—电动机及油泵；3—注塑油缸；4—齿轮箱；5—齿轮传动电机；6—料斗；7—螺杆；8—加热器；9—料筒；10—喷嘴；11—定模板；12—模具；13—动模板；14—锁模机构；15—锁模油缸；16—螺杆传动齿轮；17—螺杆花键槽；18—油箱

注射装置是使塑料均匀塑化并以足够的压力和速度将一定量的塑料注射到模腔中。注射装置位于机器的右上部，由料筒、螺杆和喷嘴、加料斗、计量装置、驱动螺杆的液压电动机、螺杆和注射座的移动油缸及电热线圈等组件构成。

锁模装置是实现模具的开启与闭合以及脱出制品的装置。它位于机器的左上部，是全液压式、充液直压锁模机构。它由前模板、移动模板、后模板连接锁模油缸、大活塞、拉杆和机械顶出杆等部件组成。

液压和电器控制系统能保证注塑机按照工艺过程设定的要求和动作程序准确而有效地工作。液压系统由各种液压元件和回路及其附属设备组成。电器控制系统由各种电器仪表组成。

SZ-63/400注射成形机的技术特征如下。

螺杆直径：35mm。螺杆长径比：16。理论容量：96g。注射量：86g。注射速率：72g/s。塑化能力：8g/s。注射压力：120MPa。螺杆转速：0～140r/min。锁模力：400kN。移模行程：240mm。拉杆内距：265mm×265mm。最大模厚：240mm。最小模厚：90mm。顶出行程：60mm。顶出力：27kN。顶针根数：1。最大油泵压力：16MPa。油泵电动机：7.5kW。电热功率：3.82kW。外形尺寸：2.8m×0.93m×1.52m。质量：1.5t。料斗容积：15kg。油箱容积：120L。

(2) 注射模具(力学性能试样模具)。

4. 实验步骤及操作

具体准备工作如下所示。

(1) 详细观察、了解注塑机的结构，工作原理，安全操作等。

(2) 了解聚丙烯的规格及成形工艺特点，拟定各项成形工艺条件，并对原料进行预热干燥备用。

(3) 安装模具并进行试模。

① 闭模及低压闭模。由行程开关切换实现慢速→快速→低压慢速→充压的闭模过程。

② 注塑机机座前进后退及高压闭紧。

③ 注射。

④ 保压。

⑤ 加料预塑。可选择固定加料或前加料或后加料等不同方式。

⑥ 开模。由行程开关切换实现慢速→快速→慢速→停止的启模过程。

⑦ 螺杆退回。

上述操作程序重复几次，观察注射取得样品的情况，调整工作正常。

注意事项：根据实验的要求，可选用点动、手动、半自动、全自动和光电启动5种操作方式进行实验演示。选择开关设在操作箱内。

(4) 点动。调整模具，适宜选用慢速点动操作，以保证校模操作的安全性(料筒必须没有塑化的冷料存在)。

(5) 手动。选择开关在“手动”位置，调整注射和保压时间继电器，关上安全门。每按一个钮，就相当完成一个动作，必须一个动作做完才按另一个动作按钮。一般是在试车、试模、校模时选用手动操作。

(6) 半自动。将选择开关转至“半自动”位置，关好安全门，则各种动作会按工艺程序自动进行。即依次完成闭模、稳压、注座前进、注射、保压、预塑(螺杆转动并后退)、注座后退、冷却、启模和顶出。开安全门，取出制品。

(7) 全自动。将选择开关至“全自动”位置，关上安全门，则机器会自行按照工艺程序工作，最后由顶出杆顶出制品。由于光电管的作用，各个动作周而复始，无须打开安全门，要求模具有完全可靠的自动脱模装置。

(8) 不论采用哪一种操作方式，主电动机的启动、停止及电子温度控制通电的按钮主令开关均须手动操作才能进行。

(9) 除点动操作外，不论何种操作方式，均设有冷螺杆保护作用。在加热温度没有达到工艺要求的温度之前，即电子温度控制仪所调整的温度，螺杆不能转动，防止机件内冷料启动，造成机筒或螺杆的损坏。但为了空车运行，自动循环时，可将温控仪的温度指示调到零位。

(10) 在行驶操作时，须把限位开关及时间继电器调整到相应的位置上。

5. 数据处理

(1) 分析所得的试样制品的外观质量，从记录的每次实验工艺条件分析对比试样质量的关系。制品的外观质量包括颜色、透明度、有无缺料、凹痕、气泡和银纹等。

(2) 参考高分子材料性能测试实验，将取得的试样制品进行力学性能等方面的测试分析。

5.3 挤出成形聚氯乙烯塑料管材

塑料管材是采用挤出成形方法生产的重要产品之一，它的主要生产设备是挤出机。常用的塑料原料有硬质聚氯乙烯、软质聚氯乙烯、聚乙烯、聚丙烯、PP-R 等。

挤出成形方法生产的塑料管材具有质轻、综合性能好、耐腐蚀、产品尺寸变化范围宽等优点，管材的直径也可以小到几毫米，大到近千毫米。生产工艺成熟可靠、成形加工设备简单易操作，可替代金属管材、水泥管材等。目前，挤出管材的直径和壁厚已形成系列化和标准化，正广泛应用于工农业生产和日常生活。如广泛地应用于居民的上下水、农用排灌水、化工产品及石油气、煤气等各种液体、气体的输送等。

1. 实验目的

(1) 掌握挤出 PVC 管材基本工艺流程和操作方法。

(2) 了解挤出 PVC 管材主机和辅机的基本结构。

2. 实验原理

挤出管材的生产线由主机和辅机两部分组成，主机是挤出机，辅机包括机头、定型设备、冷却装置、牵引设备和切断设备等，其生产设备如图 5.3 所示。

(1) 主机(挤出机)。生产管材的挤出机可以采用单螺杆挤出机，也可采用锥形双螺杆挤出机，挤出机大小的选择，一般情况下，挤出生产圆柱形聚乙烯管材时，口模通道的截面积应不超过挤出机料筒截面积的 40%；挤出其他塑料时，则应采用比它更小的值。挤出机的作用是将固体物料熔融塑化，并定温、定压、定量地输送给机头。

(2) 辅机，它由以下几部分组成。

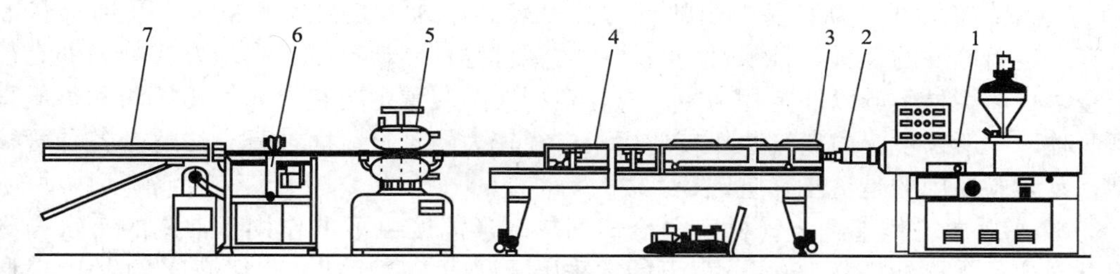

图 5.3 挤出管材生产设备

1—挤出机；2—挤出机头；3—定径装置；4—冷却装置；
5—牵引装置；6—切割装置；7—卸料架

① 机头(图 5.4)。它是管材制品获得形状和尺寸的部件。熔融塑料进入机头，即芯棒和口模所构成的环隙通道，流出后即成为管状物。芯棒和口模的尺寸与管材的尺寸大小相对应。管材的壁厚均匀度可通过调节螺栓在一定范围内作径向移动得以调整，并配合适当的牵引速度。挤管机头类型有两种：直通式机头和角式机头。由于直通式机头结构简单、制造容易，是常用的机头类型，但熔体通过该类型机头的分流锥支架会产生熔接痕。适当提高料筒温度、加长口模平直段长度等措施可以减轻熔接痕。

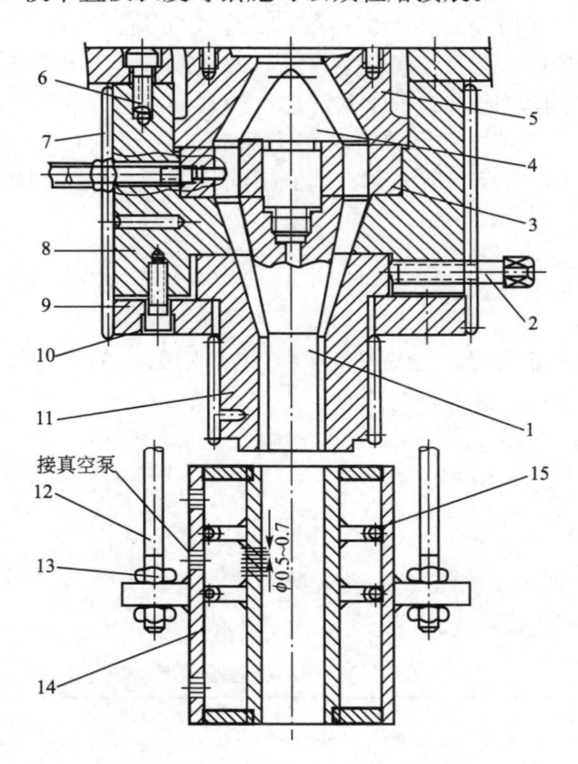

图 5.4 直通式机头结构图

1—芯棒；2—调节螺栓；3—分流锥支架；4—分流锥；5—套；
6—螺栓；7—加热装置；8—机头体；9—压环；
10—螺栓；11—口模；12—拉杆；13—螺母；
14—真空定径套；15—密封环

② 定型装置。由于从机头挤出的管材温度较高，为了获得尺寸精确、几何形状准确并具有一定粗糙度的管材，必须对刚刚挤出的管材进行冷却定型。冷却方式分为外定径和内定径，目前管材生产以外定径为主。外径定型法的装置主要有内充气正压法和负压真空定型两种，一般来说，内充气法比较适用于口径较大的管材，而抽真空法适合各种管径的定型，本实验使用的是负压真空定径。

③ 冷却装置。能起到将管材完全冷却到热变形温度以下的作用。常用的有水槽冷却和喷淋冷却。管材外径是 160mm 以下的常采用浸泡式水槽冷却，冷却槽分 24 段，以调节冷却强度。值得注意的是，冷却水一般从最后一段通进入水槽，即水流方向与管材挤出的方向相反，这样能使管材冷却比较缓和，内应力小。200mm 以上的管材在冷却水槽中浮力较大，易发生弯曲变形，采用喷淋水槽冷却比较合适，即沿管材四周均匀布置喷水头，可以减少内应力，并获得圆度和直度更好的管材。

④ 牵引装置。牵引装置还是连续稳定挤出不可缺少的辅机装置。牵引速度的快慢是决定管材截面尺寸的主要因素之一。在挤出速度一定的前提下，适当的牵引速度，不仅能调整管材的厚度尺寸，而且可使分子沿纵向取向，提高管材机械强度。牵引挤出管材的装置有滚轮式和履带式两种。滚轮式牵引机上下分设两排轧轮，轧轮表面附有一层橡胶，以增加牵引作用。两排轧轮之间的距离可以调节，以适应管径的变化。管材直径较小的管材(一般 $\phi<65$mm)，适于用滚轮式牵引机；履带式牵引机是牵引机壳内装有 2 组、3 组或 6 组不等的均匀分布的履带，履带上镶有橡胶块，用来接触和压紧管材，这种装置具有较大的牵引力，而且不易打滑，比较适于大型管材，特别是薄壁管材。

⑤ 切割装置。它是将连续挤出的管材根据需要的长度进行切割的装置。切割时，刀具应保持与管材挤出方向同步向前移动，即保持同步切割。这样，才能保证管材的切割面是一个平面。

3. 主要原料与仪器设备

1) 主要原料

PVC 树脂，三碱式硫酸铅，二碱式亚磷酸铅，CPE，ACR，硬脂酸钙，碳酸钙，钛白粉。

2) 主要仪器设备

ϕ65mm 挤出管材机组。

4. 实验步骤及操作

(1) 了解原料工艺特性，如密度、黏流温度等。

(2) 设定挤出机各段温度。挤出机各段温度见表 5-2。

表 5-2 挤出机各段温度

机身/℃				法兰/℃	机头/℃			
1	2	3	4		1	2	3	4
130～140	150～160	170	180	160～170	175～180	175～180	180～185	185～190

(3) 螺杆转速：一般控制在 20～35r/min。

(4) 牵引速度：一般牵引速度比主机挤出速度快 1%～3%。

(5) 达到预定的条件后，保温10～15min，加入由PVC粒料(造粒机造好的粒料)，慢速启动主机，注意挤出管坯的形状、表面状况等外观质量，并剪取一段坯料，测量其直径和壁厚，针对情况将加热温度、挤出速度、口模间隙等工艺和设备因素作相应调整，确定较适宜的工艺条件。

(6) 管材引入辅机，调整定型装置，真空度控制在0.045～0.08MPa，开启冷却循环水，使管材平稳进入冷却水槽。

(7) 开动其他辅机，设定牵引速度和切割速度，当挤出平稳后，截取3～5段试样作性能测试。

(8) 变动挤出速度和牵引速度，截取3～5段试样，测量管材壁厚的变化和性能的改变。

(9) 实验结束，先关闭气源和水源，再切断电源。

5. *产品检验与性能测定*

(1) 检验与测定项目。根据国家标准，挤出管材的质量检验与性能测定内容有以下3方面。

① 颜色及外观。查看管材表面颜色是否均匀、有无变色点；内外壁是否平整、光滑；是否有气泡、裂口、熔料纹、波纹、凹陷等。

② 管材规格尺寸的测量检查。有直径、壁厚、直径是否在偏差范围内；管材同一截面的壁厚偏差δ(%)是否少于14%，壁厚偏差δ(%)计算公式为

$$\delta=\frac{\delta_1-\delta_2}{\delta_1}\times 100 \tag{5-1}$$

式中，δ_1为管材同一截面的最大壁厚，mm；δ_2为管材同一截面的最小壁厚，mm。

③ 管材的性能测定。包括常规测定(拉伸强度、断裂伸长率、热性能)和专项测定。

常规测定内容在此不做。管材的专项测定有耐压试验、扁平实验。

(2) 检验方法。外观用肉眼直接观察。规格尺寸用精确至0.02mm的游标卡尺测量，性能测定用专用设备。

液压实验设备及方法：20℃液压实验(瞬时爆破环向应力)设备采用水压或油压泵，泵源须有足够的流量，保证能连续稳定地向试样提供压力，试样端压压力波动小于5%；试样在三根管材上各取一段，每段试样长度应为250mm$<(L-10D)<$500mm。

实验方法如下。

① 实验温度：(23±2)℃。

② 试样尺寸测量：用精度为0.02mm的游标卡尺测量试样平均直径和最小壁厚。

③ 试样密封安装：采用堵头将试样两端封闭，样品内充满水(或油)并排除掉空气。

④ 试样的预处理：试样安装完毕后，在实验温度下保持2小时以上方可进行实验。

⑤ 爆破时间：接通压力源后，试样内压力值开始上升至试样破坏的时间不得大于1分钟。

⑥ 对试样内施加压力应保持稳定上升直至试样破坏，取最大压力值(屈服点)。

⑦ 瞬时破坏性环向应力计算方法为

$$\sigma=P\times\frac{D-S}{2} \tag{5-2}$$

式中，P为最大压力值，MPa；D为试样外径，mm；S为试样最小壁厚，mm；σ为环向

应力，MPa。

测试中样品爆破点应在距堵头 50mm 的中间有效段内，否则无效，需另行取样补测。

6. 思考题

(1) 试分析管材壁厚不均的原因。

(2) 试分析管材壁无光泽的原因。

(3) 试分析管材冲击强度不够的原因。

5.4 聚氨酯泡沫塑料的加工

1. 实验目的

(1) 掌握浇铸法成形聚氨酯泡沫塑料的生产方法，了解聚氨酯泡沫塑料的几种主要生产方法。

(2) 熟悉生产聚氨酯泡沫塑料的基本配方，了解配方中各种组分的作用。

2. 实验原理

(1) 聚氨酯泡沫塑料的主要原料及作用。原料的品种很多，但可以归为以下几种类型。

① 二异氰酸酯类。二异氰酸酯类是生成聚氨酯的主要原料，采用最多的是甲苯二异氰酸酯(TDI)。甲苯二异氰酸酯有 2，4 -和 2，6 -两种同分异构体，前者活性大，后者活性小，故常用此两种异构体的混合物。两种异构体的用量比工业上常称为异构比。一般异构比为 80/20。异构比越高，化学反应越快，趋于形成闭孔泡沫结构；异构比越低，则趋于形成开孔结构。

粗制甲苯二异氰酸酯约含 85%TDI，它主要用于一步法聚醚型硬质聚氨酯泡沫塑料。它与精制 TDI 相比成本低，活性小一些，更适用于硬质泡沫塑料。除甲苯二异氰酸酯外，还可用二苯基甲烷二异氰酸酯(MDI)、多苯基多次甲基多异氰酸酯(粗 MDI)等制造硬质聚氨酯泡沫塑料。由于 MDI 无毒，阻燃性比 TDI 高，模塑熟化快，对模具温度要求低等优点，20 世纪 80 年代后，MDI 泡沫塑料逐渐替代 TDI 泡沫塑料。

② 聚酯或聚醚。聚酯或聚醚是生成聚氨酯的另一主要原料。聚酯通常都是分子末端带有醇基的树脂，一般由二元竣酸(己二酸、癸二酸、苯二甲酸)和多元醇(乙二醇、丙三醇、季戊四醇、山梨糖醇等)制成。聚氨酯泡沫塑料制品的柔软性可由聚酯或聚醚的官能团数和相对分子质量来调节，即控制聚合物分子中支链密度来加以调节。用于制造软质泡沫塑料的聚酯或聚醚都是线形或略带支链的结构，相对分子质量为 2000～4000；官能度小于(2～3)，羟值(指每克多元醇样品中所含羟基量)比较低(40～60mg/g)；制造硬质的相对分子质量约为 270～1200，而且有支化结构，其官能度大(指醇基)，在 3～8 之间，羟值比较高(380～580mg/g)。

通常，聚酯或聚醚的官能度大，羟值高，则制得的泡沫塑料硬度大，物理力学性能较好，耐温性佳，但与异氰酸酯等其他组分的互溶性差，为发泡工艺带来一定困难。聚醚与聚酯相比，所制得泡沫塑料制品虽然耐水解性、电绝缘性、手感等优良，但力学性能、耐温性、耐油性略为逊色。为此，对于聚酯或聚醚的选择应根据制品物性、成形工艺、原料来源等因素全面考虑，合理取舍。

③ 催化剂。根据泡沫塑料的生产要求，必须使发泡反应完成时泡沫网络的强度足以使气泡稳定地包裹在内，这可由催化剂来调整。聚氨酯生产中最主要的催化剂是叔胺类化合物(三乙胺、三亚乙基二胺、N，N’-二甲基苯胺等)和有机锡化合物(二月桂酸二丁基锡等)。叔胺类化合物对异氰酸酯与醇基和异氰酸酯与水的两种化学反应都有催化能力，而有机锡化合物对异氰酸酯与醇基的反应特别有效。因此常将两类催化剂混合使用，以达到协同效果。

④ 发泡剂。作为聚氨酯泡沫塑料的发泡剂是异氰酸酯与水作用生成的二氧化碳。由于这种作用能使聚合物常带有聚脲结构，以致泡沫塑料发脆。其次生成二氧化碳的反应还会放出大量反应热，使气泡因温度升高所增加的内压而发生破裂。用二氧化碳发泡会过多地消耗昂贵的异氰酸酯。因此，在硬质泡沫塑料中常采用三氯氟甲烷等氯氟烃类化合物作为发泡剂。由于氯氟烃在聚合物形成过程中吸收热量变为气体，从而使聚合物发泡。为了减少异氰酸酯的用量，在软质泡沫塑料中也可适当掺用。

⑤ 表面活化剂。生产时，为了降低发泡液体的表面张力使成泡容易和泡沫均匀，又使水(产生二氧化碳)能与聚酯或聚醚均匀混合，常须在原料中加入少量的表面活化剂。常用的有水溶性硅油(聚氧烯烃与聚硅氧烷共聚而成)、磺化脂肪醇、磺化脂肪酸以及其他非离子型表面活性剂等。

⑥ 其他助剂。为了提高聚氨酯泡沫塑料的质量常需要加入某些特殊的助剂。例如，为了提高制品的耐温性及抗氧性而加入抗氧剂264(2，6-二叔丁基-4-甲酚)；为了提高自熄性而加入含卤含磷有机衍生物、含磷聚醚及无机的溴化铵等；为了提高机械强度而加入铝粉；为了提高柔软性而加入增塑剂；为了降低收缩率而加入粉状无机填料；为了增加美观色泽而加入各种颜料等。

(2) 制备过程中的主要化学反应。聚氨酯泡沫塑料在形成过程中，始终伴有复杂的化学反应，但是主要可以归为6种。

① 链增长反应。指异氰酸酯与聚醚或聚酯生成聚氨酯的反应，即异氰酸酯与醇基间的反应，反应式为

$$\text{—NCO} + \text{OH—} \longrightarrow \text{—}\underset{\overset{|}{\text{H}}}{\overset{}{\text{N}}}\text{—}\overset{\text{O}}{\overset{\|}{\text{C}}}\text{—}$$

② 放气反应。指异氰酸酯与水作用放出二氧化碳的反应，反应式为

$$\text{—NCO} + \text{HOH} \longrightarrow \left[\begin{array}{c}\text{H}\quad\text{OH}\\ |\qquad|\\ \text{—N—C=O}\end{array}\right] \longrightarrow \text{—}\overset{\text{H}}{\overset{|}{\text{N}}}\text{—H} + CO_2$$

③ 氨基与异氰酸酯的反应。这是上述反应式生产的胺又与异氰酸酯作用形成脲的衍生物反应，反应式为

$$\text{—}NH_2 + \text{OCN—} \longrightarrow \text{—}\overset{\text{H}}{\overset{|}{\text{N}}}\text{—}\overset{\text{O}}{\overset{\|}{\text{C}}}\text{—}\overset{\text{H}}{\overset{|}{\text{N}}}\text{—}$$

④ 交联和支化反应。指氨基甲酸酯基中氮上的氢与异氰酸酯反应。这一反应可使线

形聚合物形成支化和交联结构，反应式为

$$-\mathrm{O}-\overset{\overset{\displaystyle \mathrm{O}}{\|}}{\mathrm{C}}-\overset{\overset{\displaystyle \mathrm{H}}{|}}{\mathrm{N}}- + \mathrm{OCN} \longrightarrow -\mathrm{O}-\overset{\overset{\displaystyle \mathrm{O}}{\|}}{\mathrm{C}}-\underset{\underset{\displaystyle \mathrm{O}=\mathrm{C}-\underset{\underset{\displaystyle \mathrm{H}}{|}}{\mathrm{N}}-}{|}}{\mathrm{N}}$$

⑤ 缩二脲的形成反应。缩二脲是由脲的衍生物与异氰酸酯反应生成的。通过这一反应，也能使线形分子转化为支化和交联结构，反应式为

$$-\overset{\overset{\displaystyle \mathrm{H}}{|}}{\mathrm{N}}-\overset{\overset{\displaystyle \mathrm{O}}{\|}}{\mathrm{C}}-\overset{\overset{\displaystyle \mathrm{H}}{|}}{\mathrm{N}}- + \mathrm{OCN} \longrightarrow -\overset{\overset{\displaystyle \mathrm{H}}{|}}{\mathrm{N}}-\overset{\overset{\displaystyle \mathrm{O}}{\|}}{\mathrm{C}}-\underset{\underset{\displaystyle \mathrm{O}=\mathrm{C}-\underset{\underset{\displaystyle \mathrm{H}}{|}}{\mathrm{N}}-}{|}}{\mathrm{N}}$$

⑥ 羧基(聚酯带有羧基)与异氰酸酯反应。如果用的原料聚酯中带有羧基，则它与异氰酸酯反应放出二氧化碳，反应式为

$$-\mathrm{COOH} + \mathrm{OCN} \longrightarrow \overset{\overset{\displaystyle \mathrm{O}}{\|}}{\mathrm{C}}-\overset{\overset{\displaystyle \mathrm{H}}{|}}{\mathrm{N}}- + \mathrm{CO_2}$$

上述 6 种化学反应，在制造泡沫塑料时，同时起到聚合与发泡两种作用，必须平衡进行。如聚合作用过快，发泡时聚合物的黏度太大，不易获得泡孔均匀和密度低的泡沫塑料。反之，聚合作用慢，发泡快，则气泡会大量逸失，也难获得低密度的泡沫体。发泡反应过程中，脲链和脲基甲酸酯的相对含量，决定聚氨酯泡沫塑料的软硬程度。生产中的控制方法是：①选用适当浓度和品种的催化剂；②错开反应的次序，即采用二步法等。

3. 主要原料与仪器设备

1) 主要原料

聚醚树脂(羟值 54～57mg/g)，甲苯二异氰酸酯(水分≤0.1%，纯度 98%，异构比为 65/35 或 80/20)，三乙烯二胺(纯度 98%)，二月桂酸二丁基锡(Sn 含量 17%～19%)，水溶性硅油，蒸馏水。

2) 主要仪器设备

烧杯，锥形瓶，搅拌器，玻璃棒，模具，天平，量筒。

4. 实验步骤及操作

(1) 按表 5-3 配方称料。

表 5-3 聚醚型软质聚氨酯泡沫塑料配方

组分	份数	组分	份数
聚醚树脂	100	二月桂酸二丁基锡	0.1
甲苯二异氰酸酯	35～40	水溶性硅油	1.0
三乙烯二胺	1.0	蒸馏水	2.5～3

(2) 准备好浇铸模具(方形牛皮纸盒也可以)。

(3) 将称量完的聚醚树脂、三乙烯二胺、二月桂酸二丁基锡、水溶性硅油、甲苯二异氰酸酯加入烧杯中，立即高速搅拌30s后注入模具中。

(4) 将聚氨酯泡沫塑料连模具一同送入烘箱，在60℃条件下熟化30min后取出制品。

(5) 若要开孔型泡沫塑料，可进一步通过辊压得到。

(6) 用电热丝切割成需要的形状。

5. 结果与讨论

称量制品质量、测量制品体积、算出制品密度，确定产物是低发泡倍率还是高发泡倍率，讨论制品密度与工艺条件的关系。

6. 思考题

(1) 阐述聚氨酯泡沫塑料配方中每种组分的作用。

(2) 阐述聚氨酯泡沫塑料的发泡原理。

5.5 淀粉基热塑性塑料母料的制备

1. 实验目的

(1) 掌握淀粉基热塑性塑料母料的制备原理和方法。

(2) 了解填充改性PE挤出造粒原理、挤出机的工作特性，以及挤出成形工艺对粒子制品质量的影响。

(3) 掌握制备母料的操作过程。

2. 实验原理

1) 玉米淀粉改性

在玉米淀粉中加入偶联剂后，淀粉上的羟基与其发生了络合作用，使其亲水性向疏水性结构转变，淀粉分子间的氢键被破坏，对玉米淀粉与LDPE进行混炼，非极性长链烷基-R就能溶入PE链中，使淀粉相和PE相有机地联系起来。

2) 机械塑化原理

高速混合机用于高分子材料的混色、配料、填料表面处理及共混材料的预混时，物料受到高速搅拌，使物料颗粒之间产生较高的剪切作用和热量，不仅使物料混合均匀，还可使塑料部分塑化。

双螺杆挤出造粒的原理主要就是采用双螺杆的搅拌，利用剪切、塑化、摩擦生热达到对材料塑化、混合和分散的作用，通过机头挤出，再经牵引，在拉力作用下使制品连续地前进，最后切割造粒。

3. 主要原料与仪器设备

1) 主要原料

母料配方：玉米淀粉(表面处理)100质量份；LDPE100质量份；偶联剂(任选一种或几种来探索)1质量份(可改动)。

钛酸酯偶联剂、铝酸酯偶联剂、硅烷偶联剂、氧化聚乙烯 8 质量份，油酸乙酯 1 质量份，聚己内酯 8 质量份，聚乙烯蜡 1 质量份。

2）仪器设备

双螺杆挤出机。

4. 实验内容

1）干燥玉米淀粉

在 120℃烘箱中干燥玉米淀粉 4h。

2）配制淀粉基热塑性母料

用偶联剂处理玉米淀粉后，将 LDPE 和用偶联剂处理好的玉米淀粉、分散剂、油酸乙酯、聚己内酯、聚乙烯蜡按照一定比例依次投入到高速混合机中，捏合 5～8min。

3）挤出造粒

这里着重谈双螺杆挤出机操作规程。

(1) 开机前检查设备。

(2) 预热升温。根据材料确定加工工艺温度，当各段温度达到设定值后，继续恒温 30min。

(3) 启动润滑油泵，打开冷却水开关。

(4) 用手转动电机联轴器，检查螺杆转动情况。

经手动检查后，将主机转速设为“0”，启动主电机，逐渐升高主螺杆转速，检查主机是否稳定。

(5) 待主机运转平稳后，开启软水循环系统水泵进行各段的温度调节。

(6) 预启动筒体冷却系统及润滑油冷却水循环系统。

(7) 将水槽加满水并保持循环。

(8) 开启风机和切粒机，调节切粒机转速，使之与主机出条相匹配。

(9) 待主机稳定运行后，先打开真空泵进水阀，调整工作水量，启动真空泵。

(10) 挤出造粒时，仔细观察挤出物外观情况，再进行参数调整。

5. 数据处理

1）原料规格及产地

2）挤出机工艺条件

机头温度：______℃

熔体温度：______℃

料筒温度：______℃

一区______℃　　二区______℃　　三区______℃

四区______℃　　五区______℃

熔体压力：一区______ MPa

主机转速：______ RPM

喂料转速：______ RPM

电流：主机______ A；喂料______ A

6. 结果与讨论

(1) 配方中各组分的作用是什么？

(2) 根据选用不同的偶联剂情况，经后续实验的测试，如何选出改性效果最好的偶联剂？

(3) 双螺杆有同向、异向转动之分，用于共混造粒，应选择哪种双螺杆挤出机，为什么？

7. 注意事项

(1) 高速混合机运行中严禁打开机盖。
(2) 高速混合机的加料应在开动搅拌后进行。
(3) 严格按照操作规程确定操作顺序。
(4) 挤出机高温，注意严禁手触，避免烫伤。
(5) 经常注意挤出机电机的电流指示，避免因为阻力过大造成对设备的损坏。
(6) 严禁将手伸进切粒机。

5.6 生物降解塑料流动速率的测定

在塑料成形加工中常用熔融指数表征聚合物流动性的好坏。本实验用熔融指数测定热塑性高聚物的熔融指数，并通过测定不同温度下熔融指数的方法求得聚合物熔体的流动活化能。

1. 实验目的

(1) 了解熔体流动速率仪的基本原理，熟练掌握其操作方法、应用范围及注意事项。
(2) 掌握流动速率的计算方法。
(3) 比较5.1节中实验在不同配方条件下制备的各种母料的MI值。

2. 实验原理

高聚物在处于黏流状态时，能够像液体那样产生不可逆的形状改变，称其为流动性。流动性的好坏与结构因素有关，可以通过对其流动性的测定研究高聚物的分子量大小及分子量分布，以及选择高聚物的成形加工条件。

大部分聚合物都是利用其黏流态下的流动行为进行加工成形。因此，必须在聚合物流动温度 T_f 以上下才能进行加工，应根据 T_f 以上黏稠聚合物的流动行为来确定加工温度，如果聚合物的流动性能好，加工时可选择略高于流动温度，所施加的压力也可小一些；相反，则需要温度适当高一些，施加的压力也要大一些，以便改善聚合物的流动性能。

所谓熔融指数(MI)，是热塑性塑料在一定温度、压力下，熔体在10min内通过标准毛细管理体制的重量值，又叫熔体指数，以(g/10min)来表示，是衡量聚合物流动性能好坏的指标。熔融指数是在标准的熔融指数仪中测定的。除了选材及确定加工工艺条件时我们要考虑熔融指数之外，还可以用测定熔融指数的方法研究高聚物的分子量、分子量分布、流动活化能等物理参数。

一般来说，对同一品种高聚物(化学结构一定)能够用熔融指数来比较分子量的大小。可以作为生产厂的质量控制指标，MI小，分子量大，则聚合物的断裂强度、硬度等性能都有所提高，但其流动性和加工性能变差；MI大，分子量小，虽强度有所下降，加工时流动性就好一些，不同的加工成形方法对高聚物的流动性要求也不同。

对于结构不同的高聚物则不能用熔融指数来比较流动性的好坏。这是因为结构不同的高聚物具有高低不同的流动温度，且流动性随温度的变化也不同，因此，在测定其熔融指数时所采用的温度、压力等条件也不相同。即使是对于同一种高聚物，若结构不同时(如：支化度不同)，也不能用熔融指数来反映其相对分子质量的高低。

对于结构一定的高聚物，由于其熔融指数与相对分子质量之间有一定的关系，因此，可以利用熔融指数来指导高聚物的合成工作。在塑料成形加工中，高聚物熔体的流动性如何，直接影响到加工出的制品的质量好坏。加工温度与熔体流动性之间的关系可以通过测定不同温度下的熔融指数来反映。然而，对一定的高聚物，只有当测定熔融指数的条件与实际成形加工的条件相近时，熔融指数与温度的关系才能应用到实际生产中。而通常测定熔融指数的条件下，熔体的剪切速率约在 $10^{-2}\sim10^{1}s^{-1}$ 范围内，远比注射、挤出成形时的剪切速率($10^{2}\sim10^{4}s^{-1}$)要小。因此，对于某种热塑性高聚物，只有当熔融指数与加工条件、产品性能从经验上联系起来之后，它才具有较大实际的意义。由于熔融指数的测定简便易行，它对于高聚物成形加工中材料的选择和适用性仍有着一定的参考价值。不同用途和不同的加工方法，对于高聚物的熔融指数有着不同的要求，例如，一般情况下要求注射成形的高聚物有较高的熔融指数。

测定热塑性塑料在一定条件下的熔体流动速率，用来区别各种热塑性塑料在熔融状态时的流动性能，通过对它的测量可以了解聚合物的分子量及其分布、交联程度、加工性能等。

熔融指数测定仪(图 5.5)是一种简单的毛细管式的、在低切变速率下工作的仪器。国产的熔融指数测定仪虽有一些区别，但都是由主体和加热控制系统两部分组成。加热控制系统可自动将主体料筒内的温度控制在所设定的温度范围，要求温度波动维持在 0.8℃以内。主体部分如图 5.6 所示。其料筒的加热器由两组加热元件组成，一组加热元件用来供

图 5.5　熔融指数仪

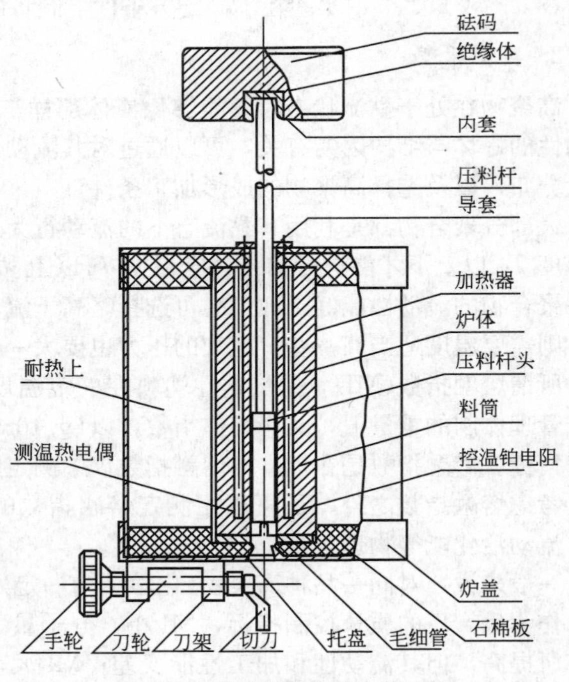

图 5.6　熔融指数仪的主体结构

给料筒处于设定温度所需90%的热量，电流供给是连续式的；另一组加热元件用来供给维持筒内温度处于设定温度波动范围内所需的热量。砝码的质量负荷通过活塞杆作用在料筒中高聚物熔融试样上，并将高聚物熔体从毛细管压出。测试时每隔一定间隔时间用切刀切取从毛细管流出的高聚物熔体样条，并称量其质量，就可求得高聚物的熔融指数。

3. 主要原料与仪器设备

1）主要原料

淀粉基热塑性塑料母料。

2）仪器设备

熔融指数测定仪及其配件1套，JN－A型精密扭力天平1台，小天平1台，温度计(0～300℃)1支，游标卡尺1把，秒表1只，镊子1把，圆形滤纸若干，纱布若干。

4. 实验步骤

1）试样准备

将所制备的母料于红外烘箱中进行干燥。

2）根据MI大小决定所用试样量，这里选择物料的质量为3～4g，接通仪器电源。

3）测试条件的选择

温度、负荷的选择、切取时间的选择。

4）测试步骤

(1) 阅读仪器使用说明书。

(2) 接通熔融指数仪的电源。

(3) 设定各实验参数。

(4) 料筒预热。

(5) 装料预热试样6～8min后，加载负荷，切去料头约15cm。

(6) 切取试样。

(7) 实验结束后，清洗毛细管和压料杆。

5）提示

(1) 温度选择：测试温度要大于物料的熔融温度，本实验选190℃。

(2) 负荷选择：本实验选定21.18N的砝码。

(3) 切样时间选择：物料熔体流动速率越大，选取的切样时间应越短，本实验大部分物料选80s的切样时间。

(4) 装料：当温度稳定在设定值后，将预热的活塞取出，把称好的粒料倒入料筒，并不断用活塞杆压实以减少气泡，装料过程尽量在一分钟内完成。

(5) 切料：物料装入后保温几分钟，至下端有样条流出时加砝码，弃去前一段物料，至流出样条中无气泡时开始计时，按规定时间切样，取连续切取无缺陷的样条5根，冷却后用天平分别称取料段，取平均值(最大值与最小值之差不应超过平均值的10%)。

5. 数据处理

试样名称：__________　　　　测试条件：__________

负荷重量：__________　　　　切割段所需时间：__________

表 5-4　数据处理表

试样	温度/℃	切割段所需时间/s	切割段重量/g					平均重量/g	MI/(g/10min)
			1	2	3	4	5		
1									
2									
3									
4									

熔融指数 MI 计算公式为

$$MI = W * 600/t \quad (单位：g/10min) \tag{5-3}$$

式中，W 为料段重量(平均值)，g；t 为切割料段所需时间，s。

6. 结果与讨论

(1) 改变温度和剪切应力对不同聚合物的熔体黏度有何影响?

(2) 聚合物的 MI 与其分子量有何关系？为什么 MI 不能在结构不同的聚合物之间进行比较?

(3) 为什么要切取 5 个切段？是否可以直接切取 10min 流出的重量作为其 MI?

(4) 熔融指数为什么不能作为热固性材料的测试标准?

7. 注意事项

(1) 装料、按导套和压料都要迅速，否则物料全熔之后难以排除气泡。

(2) 整个取样式及切割过程要在压料杆刻线以下进行，要求在试样加入料筒后 20min 内切割完。

(3) 整个体系温度要求均匀，在试样切取过程中，要尽量避免炉温波动。

附表 5-1　熔融指数与试样用量及切样间隔时间之对应关系

MI 值范围/(g·(10min)$^{-1}$)	0.1～1.0	1.0～3.5	3.5～10	10～25	25～250
毛细管孔径/mm	2.095				1.180
试样用量/g	2.5～3.0	3.0～5.0	5.0～7.0	7.0～8.0	6～8
切样间隔时间/s	180～360	60～180	30～60	10～30	≤30

附表 5-2　一些塑料熔融指数测定的标准条件(ASMD-1238)

条件	温度/℃	负荷/g	压力/kPa	适用的塑料	
1	125	325	45	聚乙烯	纤维素酯
2	125	2160	298.8		
3	190	325	45		
4	190	2160	298.8		

（续）

条件	温度/℃	负荷/g	压力/kPa	适用的塑料	
5	190	21600	2988	—	—
6	190	10600	1467	聚醋酸乙烯酯	—
7	150	2160	298.8		
8	200	5000	691.8	聚苯乙烯	ABS树脂 丙烯酸树脂
9	230	1200	166		
10	230	3800	525.8		
11	190	5000	691.8		
12	265	12500	1729	聚三氟乙烯	
13	230	2160	298.8	聚丙烯	
14	190	2160	298.8	聚甲醛	—
15	190	1050	145		
16	300	1200	166	聚碳酸酯	—
17	275	325	45	尼龙	—
18	235	1000	138.3		
19	235	2160	298.8		
20	235	5000	691.8		

5.7 淀粉基热塑性塑料的拉伸强度测定

1. 实验目的

(1) 测定不同配方的各种母料的屈服强度、断裂强度和断裂伸长率，并绘制应力-应变曲线。

(2) 观察高聚物的拉伸特征。

(3) 掌握高聚物的静载拉伸实验方法。

2. 实验原理

本实验是在规定的实验温度、湿度及不同的拉伸速度下，在试样上沿轴向方向施加静态拉伸负荷，以测定塑料的力学性能。

拉伸实验是最常见的一种力学实验，由实验测定的应力-应变曲线，得出评价材料性能的屈服强度，断裂强度和断裂伸长率等表征参数。不同的高聚物，不同的测定条件，测得的应力-应变曲线是不同的。

塑料的拉伸强度是塑料作为结构材料使用的重要指标之一，通常以材料被拉伸断裂前所承受的最大应力来衡量。它是用规定的实验温度、湿度和作用力速度在试样的两端施以拉

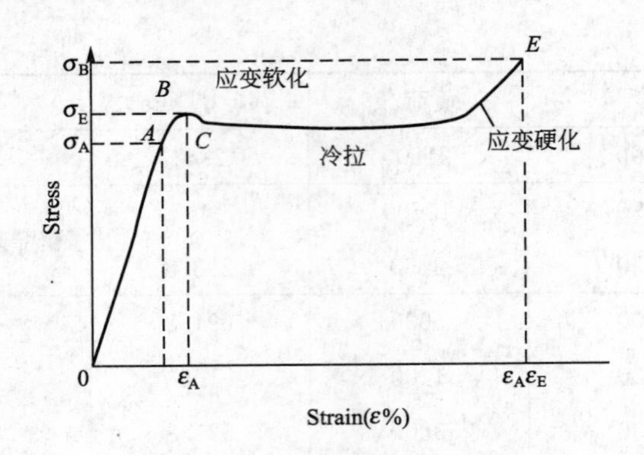

图 5.7　应力-应变曲线

A—弹性极限点；B—屈服点；E—断裂点；ε_A—弹性极限应变；ε_E—断裂伸长率；σ_A—弹性极限应力；σ_B—屈服应力；σ_E—断裂强度

力，将试样拉至断裂时所需负荷力来测定的，此法还可测定材料的断裂伸长率和弹性模量。

拉伸强度的影响因素，除材料的结构和试样的形状外，测定时所用温度和拉伸速率也是十分重要的因素。本实验是对试样施加静态拉伸负荷，以测定拉伸强度、断裂伸长率及弹性模量。

3. 主要原料与仪器设备

1）主要原料

不同配方的两组试样，试样要求如图 5.8 所示。

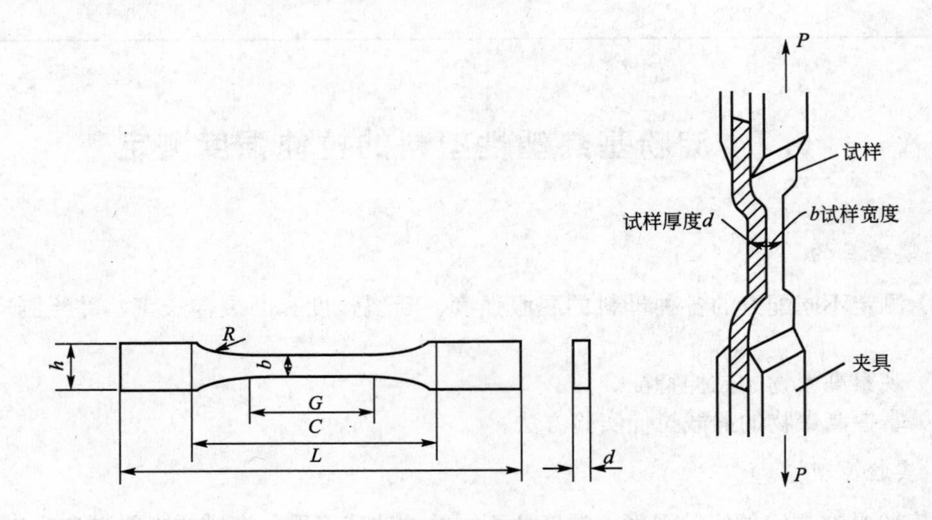

图 5.8　拉伸试样

L—总长度(最小)，180mm；b—试样中间平行部分宽度，10mm±0.2mm；C—夹具间距离，115mm±5mm；d—试样厚度，2mm～10mm；G—试样标线间的距离，50mm±0.5mm；h—试样端部宽度，20mm±0.5mm；R—半径，60mm。

2）仪器设备

仪器设备如图 5.9 所示。

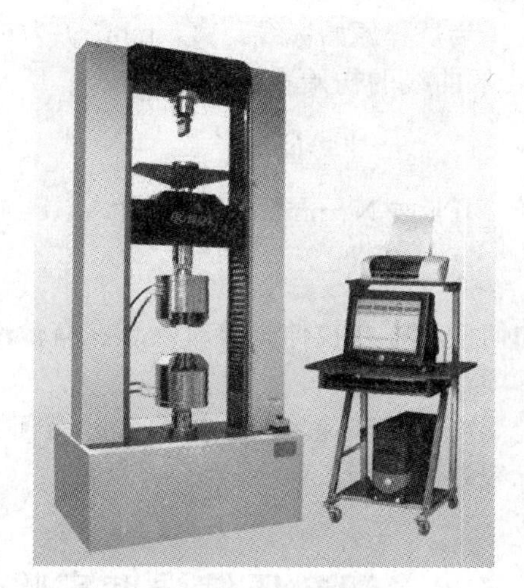

图 5.9 万能试验机

4. 实验内容和步骤

准备两组试样(A组 25mm/min，B组 5mm/min)，每组3个样条，且用一种速度。

(1) 熟悉万能试验机的结构，操作规程和注意事项。

(2) 将合格试样编号、画线，用游标卡尺量样条中部左、中、右3点的宽度和厚度，精确到0.02mm，取平均值。

(3) 实验参数设定。

(4) 测定拉伸弹性模量、伸长率和应力-应变曲线。

5. 数据处理(表5-5)

表5-5 数据处理表

试样编号		b/mm	d/mm	样品面积/mm²	拉伸速度/(mm/min)	测定值/N	拉伸强度/MPa	断裂伸长率/%
A组	1							
	2							
	3							
B组	1							
	2							
	3							

(1) 拉伸强度，其计算式为

$$\sigma_i=\frac{P}{bd} \tag{5-4}$$

式中，σ_i 为拉伸强度或拉伸断裂应力、拉伸屈服应力，MPa；P 为最大负荷或断裂负荷、屈服负荷，N；b 为试样宽度，mm；d 为试样厚度，cm。

(2) 断裂伸长率，其计算公式为

$$\varepsilon_t(\%)=\frac{L-L_0}{L_0}\times 100 \tag{5-5}$$

式中，ε_t 为断裂伸长率，%；L_0 为试样原始标线距离，mm；L 为试样断裂时标线距离，mm。

（3）作应力-应变曲线，从曲线的初始直线部分，按式（5-6）计算弹性模量。

$$E_x=\frac{\sigma}{\varepsilon} \tag{5-6}$$

式中，E_x 为拉伸弹性模量，MPa 或 N/mm^2；σ 为应力，MPa 或 N/mm^2；ε 为应变，%。

6. 结果与讨论

（1）对于哑铃形试样如何使试样在拉伸试验时断裂在有效部分？

（2）拉伸性能包括哪些项目？

（3）试考虑实验温度，湿度及拉伸速率对试样的 σ_t、ε_t 有何影响？

（4）分析试样断裂在标线外的原因。

5.8 塑料压缩强度实验

1. 实验目的

（1）明确压缩实验的原理和内容。

（2）了解万能试验机中压缩强度测试附件的结构和使用方法。

（3）测定塑料的压缩强度、压缩弹性模量、屈服强度和应力应变曲线。

2. 实验原理

本实验是在规定的实验温度、湿度、加力速度下，在试样上沿轴向方向施加静态压缩负荷，以测定高分子材料的力学性能。

压缩实验是最常见的一种力学实验。压缩性能实验测定是把试样置于万能试验机的两压板之间，并在沿试样两端面的主轴方向，以恒定速率施加一个可以测量的大小相等方向相反的力，使试样沿轴向方向缩短，而径向方向增大，产生压缩变形，直到试样破裂或变形达到预告规定的例如25%的数值为止。施加的负荷由试验机上直接读得。

压缩屈服应力指应力-应变曲线上第一次出现应变增加而应力不增加的转折点(屈服点)对应的应力，以 MPa 表示。压缩强度指在压缩试验中试样承受的最大压缩应力，以 MPa 表示，它不一定是试样破坏瞬间所承受的压缩应力。

压缩强度是指试样在静态压缩过程中所承受的最大压缩应力。对于在压缩时呈粉碎性的材料(脆性材料)，其压缩强度是一个明确的值。对于在压缩时呈非粉碎性破坏的韧性材料，以产生剪切形变(屈服)破坏时的最大载荷计算。如果在压缩时发生连续形变直到产生平圆盘，并在实验中压缩应力一直增加，材料没有任何明确的破坏，则压缩强度没有实际意义。此时材料的压缩强度以压缩应变为25%的压缩负荷计算。压缩弹性模量是指压缩应力-应变曲线的初始直线部分中应力与相应应变之比。

影响压缩实验的主要因素是试样的形状、尺寸和精度。当然，与实验速度、实验环境及材质等也有很大的关系。通常压缩试样的形状以成形加工方便、实验中不失稳为宜。一般板材多采用长方体，模制样品均采用圆柱体。实验结果表明：试样的高度在1.75～3.0cm之间对压缩强度影响不大。试样的长细比(长度和截面积之比)过小则所测出的压缩强度偏高，长细比过大则会发生失稳而造成强度降低。压缩试样还要求上下端面必须平行且与一个侧面垂直，否则会造成压缩载荷不能均匀作用在试样各部分而引起局部应力集中，使试样过早破坏，这种情况对脆性材料的影响尤其大。实验速度和实验温度对压缩实验的影响是随加载速度的增加或实验温度的降低，压缩强度增大，反之亦是。

随着实验速度的增加，压缩强度与压缩应变值均有所增加。实验速度在1～5mm/min之间变化较小；速度在大于10mm/min时变化较大。因此规定压缩实验的同一试样必须在同一实验速度下进行，选用较低的实验速度进行压缩实验。

3. 主要原料与仪器设备

1）主要原料

高密度聚乙烯或有机玻璃，尺寸要求：圆柱体 Φ(10mm±0.2mm)×(20mm±0.2mm)；正方柱体(10mm±0.2mm)×(10mm±0.2mm)×(20mm±0.2mm)；矩形柱体(15mm±0.2mm)×(10mm±0.2mm)×(20mm±0.2mm)。

2）仪器设备

万能试验机(图5.9)，压缩模块千分尺、游标卡。

4. 实验内容和步骤

本实验的条件：速度(空载)为5mm/min±2mm/min；定压缩应变为25%。执行标准为GB 1041—79。

(1) 检查设备运转情况及速度转换是否正常可靠。如设备不能直接压缩，即安装换向夹持架和压缩模块。

(2) 测量试样尺寸，精确到0.05mm，各测3点取其算术平均值。尺寸超出规定公差应进行修正。

(3) 调试实验机的速度为所要求的速度，根据试样破坏的负荷选择设备负荷测量范围。

(4) 将试样放置在两压缩模块之间，调整实验机使两模块表面正好与试样端面接触，试样长轴线与两模块表面中心线相结合，保证试样两端面与模块表面平行。

(5) 开动实验机并记录下列负荷值。

① 压缩应变达到25%之前，试样破坏，记录压缩破坏负荷。试样屈服，记录压缩屈服负荷；两者兼有，记录最大负荷。

② 压缩应变到25%时，仍不屈服也不破坏的试样，记录压缩应变为25%时的压缩负荷。

(6) 试样出现屈服或破坏后，要及时记录实验数据并停止加载。

(7) 实验中用记录仪记录压缩负荷一形变曲线。经变换后可得压缩应力-应变曲线。

5. 数据处理

(1) 压缩强度、压缩屈服应力、压缩破坏应力、定形变压缩应力以 σ_c 表示，按式(5-7)计算。

$$\sigma_c=\frac{P}{F}(\text{MPa}) \tag{5-7}$$

式中，P 为压缩负荷(最大负荷、屈服负荷、破坏负荷或定形变负荷)，N；F 为试样横截面，mm^2。

实验结果以每组试样测定值的算术平均值表示，取3位有效数字。

(2) 压缩弹性模量按式(5-8)计算。

$$E_C=\frac{\sigma_{ci}}{\varepsilon_{ci}}(\mathrm{MPa}) \tag{5-8}$$

式中，σ_{ci}为压缩应力-应变曲线在比例极限范围内一点的应力；ε_{ci}为压缩应力-应变曲线上在比例极限范围内相应的应变。

5.9 高分子材料冲击性能实验

1. 实验目的

(1) 掌握塑料冲击强度的测试原理及影响因素。

(2) 学会用简支梁冲击实验机测定冲击强度。

2. 实验原理

冲击性能实验是在冲击负荷作用下测定材料的冲击强度，它是表征材料抵抗冲击载荷破坏的能力。冲击试验是用来度量材料在高速冲击状态下的韧性或对断裂的抵抗能力。

塑料制件在使用过程中，被损坏的最普遍的原因之一是受到外力的冲击，所以塑料除进行静力实验外，还需进行动力实验。通常把材料抵御外力冲击损坏的能力称为“韧度”。而冲击强度则是测定韧度的主要指标，它可以理解为试样受冲击破坏时单位面积上所消耗的能量。

一般冲击实验采用3种方法：摆锤式、落球式和高速拉伸法。不同材料或不同用途可选择不同的冲击实验方法。

摆锤式冲击实验按实验安放形式有简支梁式和悬臂梁式两种。简支梁冲击实验是支撑试样的两端而冲击中部，也就是摆锤打击简支梁试样的中央，这时试样受到冲击而断裂，试样断裂时单位面积或单位宽度所消耗的冲击功即为冲击强度；悬臂梁冲击实验是试样一端固定而冲击自由端，也就是是用摆锤打击有缺口的悬臂梁的自由端，这时试样受到冲击而断裂，试样断裂时单位面积或单位宽度所消耗的冲击功即为冲击强度。

简支梁冲击实验机的基本构造有3部分：机架部分、摆锤部分、指示部分。摆锤式冲击实验工作示意图如图5.10所示。

实验时把摆锤抬高，摆锤杆的中心线与通过摆锤杆轴中心的铅垂线成一角度为α的扬角；摆锤自由落下，试样断裂成两部分，消耗了摆锤的冲击能并使其大大减速；摆锤的剩余能量使摆锤又升到某一高度，升角为β。摆冲击过程的能量消耗情况如图5.11所示。摆所做的功的计算式为

$$A=ml(\cos\beta-\cos\alpha) \tag{5-9}$$

式中，l为冲击锤的摆长；A为冲断试样所消耗的功；m为冲击锤的重量。实测时A值可以直接读出。

实验所测能量有产生裂缝所需的能量、裂缝扩展到整个试样所需的能量、材料发生永久变形的能量、断裂的试样碎片抛出去的能量。冲击能量测定示意图如图5.12所示。

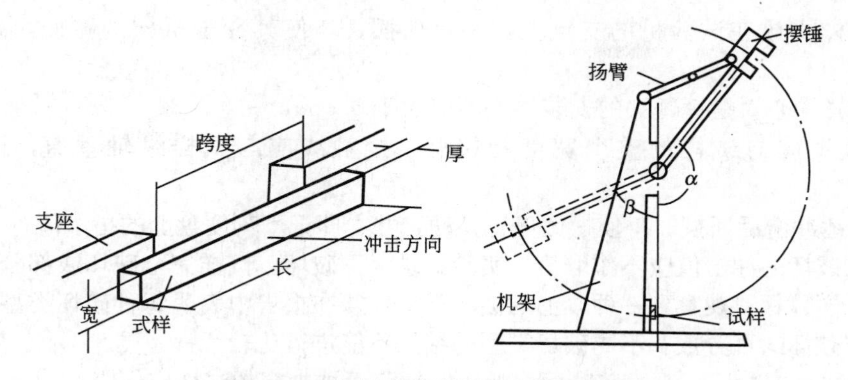

图 5.10　摆锤式冲击实验工作示意图

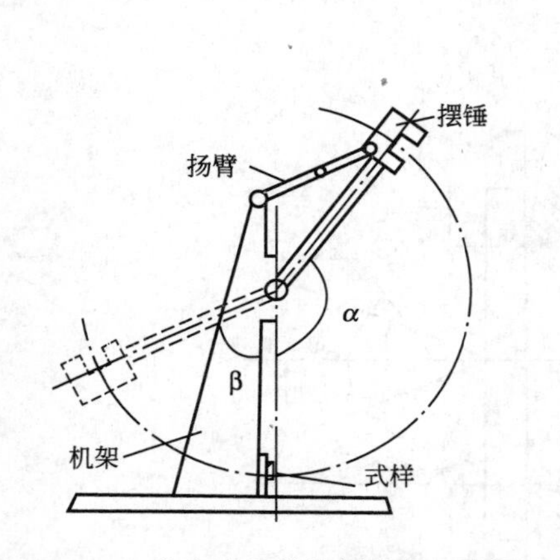

图 5.11　冲击过程的能量消耗示意图

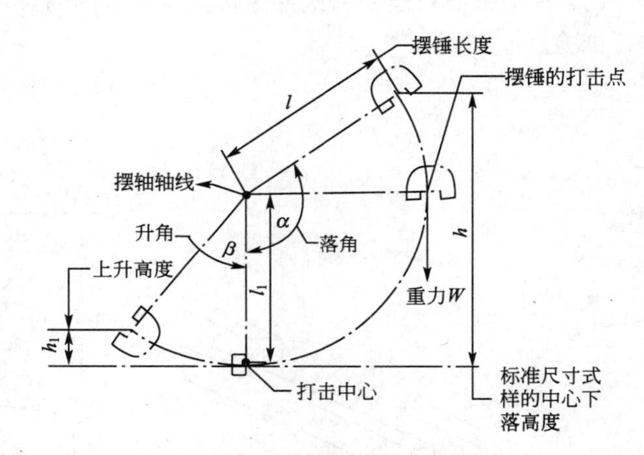

图 5.12　冲击能量测定示意图

材料的冲击强度值在很大程度上决定于它的实验温度、加荷速度、试样有无缺口以及能引起局部应力的其他因素。

3. 试样与仪器

1）试样

标准试样：长×宽×厚＝(80±2)mm×(10±0.5)mm×(4±0.2)mm。

可以带缺口，缺口深度为厚度的1/3，缺口宽为2mm±0.2mm。

2）仪器

冲击实验机。

4. 实验条件及步骤

(1) 测量试样宽度和厚度，精确到0.02mm。

(2) 摆锤选择。选择时需注意以下几点。

① 冲击能使试样破坏时，能量消耗应在10%～80%，在几种摆锤进行选择时，应选择大能量(打断试样所消耗的功应选择在刻度盘的1/3～4/5)。

② 不同冲击能量的摆锤，测得结果不能比较。

③ 国家标准中规定冲击速度为2.9m/s和3.8m/s。

(3) 实验前，实验机空击实验调零。

(4) 试样横放在试验机的支点上，并释放摆锤，使其冲击试样的宽面，如图 5.13 所示。

(5) 试样中心对摆锤锤头的安装误差不应大于 0.5mm。

(6) 锤头应与试样的整个宽度相接触，接触线应与试样纵轴垂直，误差不大于 1.8rad。

(7) 摆锤冲击后回摆时，使摆锤停止摆动，并立即记下刻度盘上的指示值。

试样无破坏的冲击值应不作取值，实验记录为不破坏。试样完全破坏或部分破坏可以取值。如果同种材料观察到一种以上的破坏类型，须在报告中表明每种破坏类型的平均冲击值和试样破坏的百分数。不同破坏类型的结果不能进行比较。

(8) 试样被击断后，观察其断面，如因有缺陷而被击穿的试样应作废。

(9) 每个试样只能受一次冲击，如试样未断时，可更换试样再用较大能量的摆锤重新进行试验。

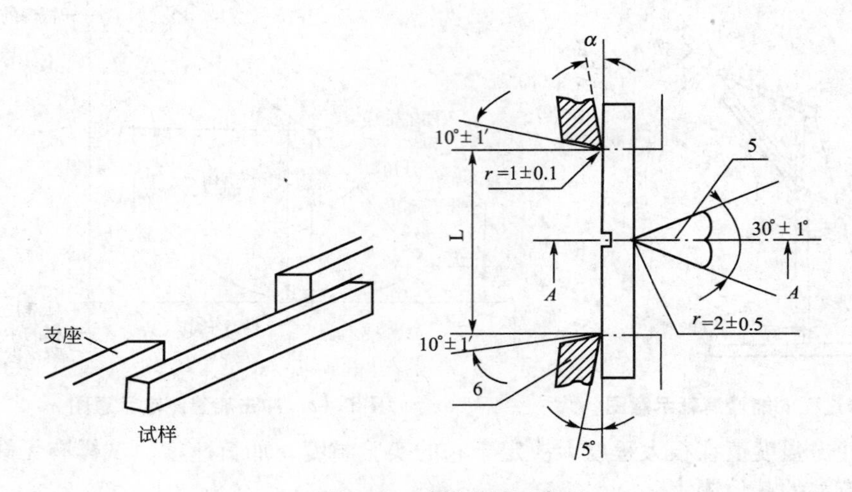

图 5.13　试样安放示意图

5. 数据处理

抗冲击强度按式(5-10)计算。

$$\alpha_k = \frac{A}{b \cdot h} \quad (5-10)$$

式中，α_k 为抗冲击强度，MPa；A 为冲击试样所消耗的功，N·mm；b 为试样缺口处的宽度，mm；h 为试样端口处的厚度，mm。

6. 结果与讨论

(1) 为什么不同厚度的试样测出的冲击强度值不能相互比较?

(2) 讨论缺口试样上的缺口起什么作用。

(3) 讨论影响冲击强度的因素。

7. 试样

着重介绍塑料简支梁和悬臂梁冲击试验的试样，如图 5.14、图 5.15、图 5.16 所示。

不同试样类型的尺寸见表5－6，缺口类型和缺口尺寸见表5－7。

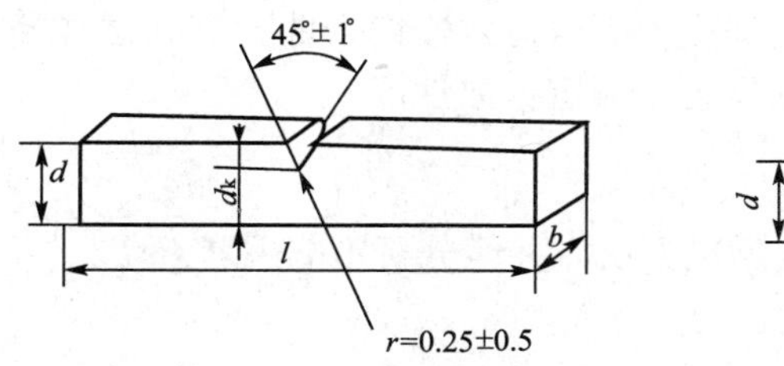

图5.14 A型缺口试样

图5.15 B型缺口试样

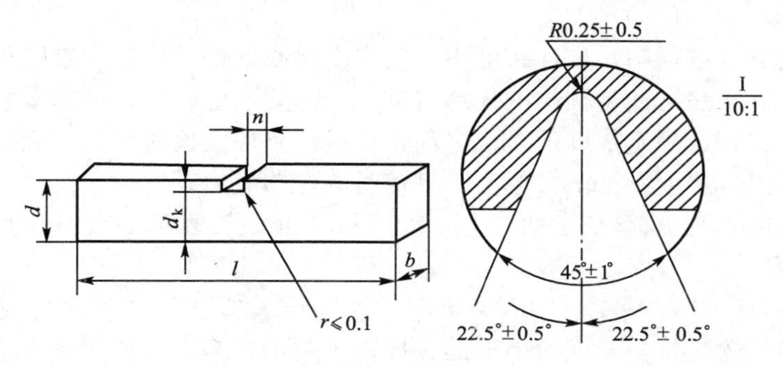

图5.16 C型缺口试样

表5－6 不同试样类型的尺寸(简支梁)

试样类型	长度 l/mm	宽度 b/mm	厚度 h/mm
1	80±2	10±0.5	4±0.2
2	50±1	6±0.2	4±0.2
3	120±2	15±0.5	10±0.5
4	125±2	13±0.5	13±0.5

注：试样必须平滑光洁，不应有裂纹或其他缺陷，将试样带缺口的一面背向摆锤，用试样定位板来安放试样，使缺口中心对准打击中心。

表5－7 缺口类型和缺口尺寸

试样类型	缺口类型	缺口剩余厚度 d_k	缺口底部圆弧半径 r		缺口宽度 n	
			基本尺寸	极限偏差	基本尺寸	极限偏差
1～4	A	0.8d	0.25	±0.05	—	—
	B		1.0			
1.3	C	$\frac{2}{3}d$	≤0.1		2	±0.2
2	C				0.8	±0.1

5.10 弯曲性能测定

弯曲试验主要用来检验材料在经受弯曲负荷作用时的性能，生产中常用弯曲试验来评定材料弯曲强度和塑性变形的大小，是质量控制和应用设计的重要参考指标。弯曲试验采用简支梁法，把试样支撑成横梁，使其在跨度中心以恒定速度弯曲，直到试样断裂或变形达到预定值，测量该过程中对试样施加的压力来测定弯曲性能。

1. 实验目的

(1) 掌握塑料弯曲强度的测试原理及测试方法，并能分析影响因素。

(2) 观察弯曲测试过程中材料的变化。

2. 实验原理

1) 基本概念

挠度：弯曲试验过程中，试样跨度中心的定面或底面偏离原始位置的距离。

弯曲应力：试样在弯曲过程中的任意时刻，中部截面上外层纤维的最大正应力。

弯曲强度：在到达规定挠度值时或之前，负荷达到最大值时的弯曲应力。

定挠弯曲应力：挠度等于试样厚度 1.5 倍时的弯曲应力。

弯曲屈服强度：在负荷-挠度曲线上，负荷不增加而挠度骤增点的应力。

2) 方法原理

弯曲试验在《GB/T 9341—2000 塑料弯曲性能试验方法》中使用的是三点式弯曲试验。三点式弯曲试验是将横截面为矩形的试样跨于两个支座上，通过一个加载压头对试样施加载荷，压头着力点与两支点间的距离相等。在弯曲载荷的作用下，试样将产生弯曲变形。变形后试样跨度中心的顶面或底面偏离原始位置的距离称为挠度(单位：mm)。试样随载荷增加其挠度也增加。弯曲强度是试样在弯曲过程中承受的最大弯曲应力(单位：MPa)。弯曲应变是试样跨度中心外表面上单元长度的微量变化，用无量纲的比或百分数(%)表示。

(1) 试验应在受试材料标准规定的环境中进行，若无类似标准时，应从 GB/T 2918 中选择最合适的环境进行试验。另有商定的，如高温或低温试验除外。

(2) 测量试样中部宽度 b，精确到 0.1mm；厚度 h，精确到 0.01mm，计算一组试样厚度的平均值 h。剔除厚度超过平均厚度允差±0.5%的试样，并用随机选取的试样来代替。调节跨度 L，使 $L=(16\pm1)h$，并测量调节好的跨度，精确到 0.5%。

除下列情况外都用 $L=(16\pm1)h$ 计算：

① 对于较厚且单向纤维增强的试样，为避免剪切时分层，在计算两撑点间距离时，可用较大 L/h 比。

② 对于较薄的的试样，为适应试验设备的能力，在计算跨度时应用较小的 L/h 比。对于软性的热塑性塑料，为防止支座嵌入试样，可用较大的 L/h 比。

③ 试验速度使应变速率尽可能接近 1%/min，这一试验速度使每分钟产生的挠度近似为试样厚度值的 0.4 倍，推荐试样的试验速度为 2mm/min。

试验时将一规定形状和尺寸的试样置于两支坐上，并在两支坐的中点施加一集中负荷，使试样产生弯曲应力和变形，这种方法称为静态三点式弯曲试验。如图 5.17 所示。

3) 试验影响因素

(1) 试样尺寸。横梁抵抗弯曲形变的能力与跨度和横截面积有关系很大，尤其是厚度对挠度影响更大。同理，弯曲试验如果跨度相同但试样的横截面积不同，则结果是有差别的。所以标准方法中特别强调(规定)了试样跨度比，厚度和试验速度等几方面的关系，目的是使不同厚度的试样外部纤维形变速率相同或相近，从而使各种厚度之间的结果有一定可比性。在《GB/T 9341—2000 塑料弯曲性能试验方法》中规定了跨度 L，使其符合式(5-11)。

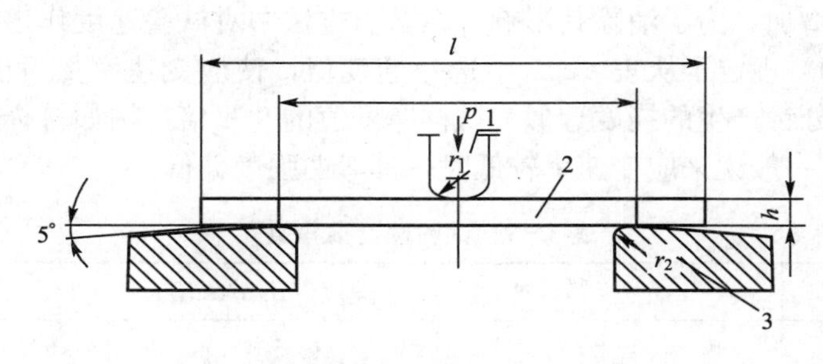

图 5.17 弯曲压头条件

1—加荷压头(r_1=10mm 或 5mm)；2—试样；
3—试样支座(r_2=2mm)；h—试样厚度；
p—弯曲负荷；l—试样长度

$$L=(16\pm1)h \tag{5-11}$$

同时规定若选用推荐试样，则尺寸为：长度 $l=80\pm2$；宽度 $b=10.0\pm0.2$；厚度 $h=4.0\pm0.2$。当不可能或不希望采用推荐试样时，须符合下面的要求。

试样长度和厚度之比应与推荐试样相同，如式(5-12)所示。

$$l/h=20\pm1 \tag{5-12}$$

试样宽度应采用表 5-8 给出的规定值。

表 5-8 与厚度相关的宽度值 b mm

公称厚度 h	$b\pm0.5^*$	
	热塑性模塑和挤塑料以及热固性板材	织物和长纤维增强的塑料
$1<h=3$	25.0	15.0
$3<h=5$	10.0	15.0
$5<h=10$	15.0	15.0
$10<h=20$	20.0	30.0
$20<h=35$	35.0	50.0
$35<h=50$	50.0	80.0

注：* 含有粗粒填料的材料，其最小宽度应在 20～50mm。

(2) 试样的机械加工对结果有影响。必要时尽量采用单面加工的方法来制作。试验时加工面对着加载压头，使未加工面受拉伸，加工面受压缩。

(3) 加载压头圆弧半径和支座圆弧半径。

加载压头圆弧半径是为了防止剪切力和对试样产生明显压痕而设定的。一般只要不是过大或过小，对结果影响较小。但支座圆弧半径的大小，要保证支座与试样接触为一条线(较窄的面)。如果表面接触过宽，则不能保证试样跨度的准确。

(4) 应变速度。试样受力弯曲变形时，横截面上部边缘处有最大的压缩变形，下部边缘处有最大的拉伸变形。应变速率是指在单位时间内，上下层相对形变的改变量，以每分钟形变百分率表示，试验中可控制加载速度来控制应变速度。随着应变速率和加载速度的增加，弯曲强度也增加，为了消除其影响，在试验方法中对试验速度作出统一的规定，如《GB/T 9341—2000》规定了从表 5-9 中选一速度值，使应变速率尽可能接近 1%/min，这一试验速度使每分钟产生的挠度近似为试样厚度值的 0.4 倍，例如符合推荐试样的试验速度为 2mm/min。一般说来应变速率较低时，其弯曲强度偏低。

表 5-9　试验速度推荐值

速度/(mm/min)	允差(%)	速度/(mm/min)	允差(%)
1*	±20	50	±10
2	±20	100	±10
5	±20	200	±10
10	±20	500	±10
20	±10		

注：* 厚度在 1～3.5mm 的试样，用最低速度。

试验速度一般都比较低，这是因为塑料在常温下均属粘弹性材料，只有在较慢的试验速度下，才能使试样在外力作用下近似地反映其松弛性能和试样材料自身存在不均匀或其他缺陷的客观真实性。

(5) 试验跨度。弯曲试验大多采用“三点式”方式进行。这种方式在受力过程中，除受弯矩作用外，还受剪力的作用。故采用“三点式”方式进行测试，对反映塑料材料的真实性能是存在一定问题的。因此，国内外有人提出采用“四点式”方式进行测试。目前进行工作较多的还是采用“三点式”方式，用合理地选择跨度和试样厚度比(L/h)来达到消除剪力影响的目的。

试样跨度与厚度比目前基本上有两种情况，一种是 $L/h=10$；另一种是 $L/h=16$。从理论上讲，最大正应力与最大剪应力的关系是 $\tau_{max}/\sigma_{max}=1/2(L/h)$，由此可以看到随着跨度比的增大，剪应力应减小。从式中看出，L/h 越大，剪力所占的比越小，当 $L/h=10\sim4$ 时，其剪力分配为 5%～12.5%。可见剪力效应对试样弯曲强度的影响是随着试样所采用跨度与试样厚度比值的增大而减小的。但是，跨度太大则挠度也增大，且试样两个支承点的滑移也影响试验结果。

(6) 环境温度。弯曲强度也与温度有关，试验温度无疑对塑料的抗弯曲性能有很大影响，特别是对耐热性较差的热性塑料。一般地，各种材料的弯曲强度都是随着温度的升高而下降，但下降的程度各有不同。

(7) 试样不可扭曲，表面应相互垂直或平行，表面和棱角上应无刮痕、麻点。

因此影响弯曲实验结果的因素是多方面的，应严格把握好试验的每个步骤。

3. 试样与仪器

1) 试样

试样可采用注塑、模塑或板材经机械加工制成矩形截面试样。

2）仪器

电子万能试验机。

4. 实验内容

(1) 测量试样中部的宽度 b，精确到 0.1mm；厚度 h，精确到 0.01mm，计算一组试样厚度的平均值。

(2) 调节跨度 L，使符合 $L=(16\pm1)h$，并测量调节好的跨度，精确到 0.5%。

下列情况除外：

① 对较厚且单向纤维增强的试样，可用较大的 L/h。

② 对较薄试样，用较小的 L/h。

③ 对软性的热塑性塑料，可用较大的 L/h。

(3) 按受试材料标准规定设置试验速度。

(4) 把试样对称地放在两个支座上，并于跨度中心施加力。

(5) 记录试验过程中施加的力和相应的挠度。根据力/挠度数据来确定相关应力。

5. 数据处理

本实验在电子万能试验机上测试弯曲强度，载荷速度 2.0mm/min(测试试样为每个温度 5 个样，测试数据的标准偏差为测试数据平均值的 20%)。

弯曲强度按式(5-13)计算。

$$\sigma_f=\frac{3P_b\cdot l}{2b\cdot h^2} \tag{5-13}$$

式中：σ_f为弯曲强度，MPa；P_b为破坏载荷，N；l 为跨距，mm；b 为试样宽度，mm；h 为试样厚度，mm。

弯曲弹性模量按式(5-14) 计算。

$$E_f=\frac{\Delta P\cdot l^3}{4b\cdot h^3\cdot \Delta f} \tag{5-14}$$

式中，E_f为弯曲弹性模量，MPa；ΔP 为对应于载荷-挠度曲线上直线段的载荷增量值，N；Δf 为对应于的跨中挠度，mm。

6. 思考题

(1) 不同试验条件所测定的结果能否比较？

(2) 不同的成形方法(压延、注射、模压)对制件的性能测定结果有何影响？

5.11 塑料撕裂强度

1. 实验目的

(1) 掌握塑料撕裂强度的概念，掌握撕裂强度测定的方法。

(2) 按照 HG—167—65，测定聚乙烯薄膜的撕裂强度。

2. 实验原理

测定塑料撕裂强度是对薄膜标准试样施加拉伸负荷，直至将试样从直角口处撕裂，然后计算单位厚度上所承受的最大负荷。直角撕裂强度可视为由样品V形缺口而导致强度下降的断裂强度，实际上是样品的残余断裂强度。

影响塑料撕裂强度的内在因素以样品的定向情况为主。经过定向的薄膜，在定向方向的撕裂强度显著减小，取向度越高，撕裂强度下降越大。相反，与其方向垂直的撕裂强度会上升。此外，试样制取时直角口处的完整程度、测试温度以及夹具的移动速度对撕裂强度的影响较大。如移动速度加快，则撕裂强度大为减小。

撕裂强度测试标准规定，当薄膜撕裂负荷太小时，可将试样叠起来(一般为5片)测定，这叫捆扎实验。目前，撕裂强度也用于软板、片材的测定。

3. 试样与仪器

1) 试样

高压聚乙烯薄膜。要求试样直角处应无裂缝和伤痕。裁样时注意薄膜的取向，沿纵向冲切作为横向撕裂试样，沿横向冲切作为纵向撕裂试样。数量：纵横方向各不少于10片，用捆扎试样进行实验时，试样不少于3组每组5片。尺寸如图5.18所示。

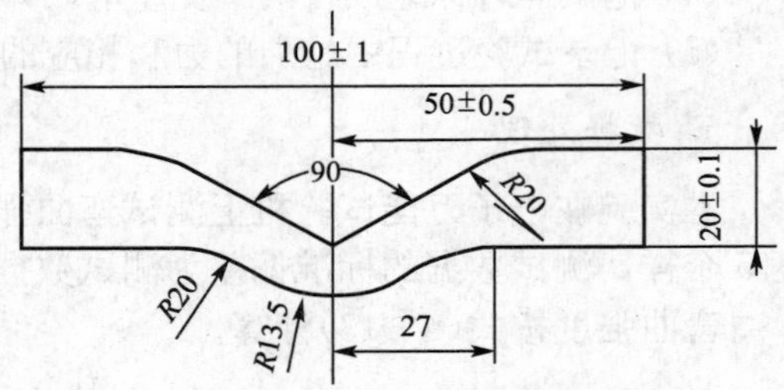

图5.18　撕裂强度实验样品尺寸图

2) 仪器

机械拉力机(LJ-10000)、拉力机拉伸夹具一套、撕裂强度试样标准冲模、薄膜试样冲片机、千分尺、游标卡尺。

4. 实验内容

(1) 检查设备运转情况及速度转换是否正常可靠。装好拉伸实验夹具。

(2) 测量试样直角口处的厚度(精确到0.001mm)。沿撕裂方向测量3点取算术平均值。如采用捆扎试样组实验时，应将5片试样分别测量厚度，再迭合到一起进行实验。

(3) 调试实验机的速度为要求的速度。根据试样破坏的负荷选择设备负荷测量范围。

(4) 将试样夹在实验机夹具上，夹入部分≤22mm，并使试样受力方向与撕裂方向垂直。

(5) 开动实验机并记录试样破坏时的负荷。

5. 数据处理

撕裂强度以σ_{tr}表示，单位kN/m，按式(5-15)计算。

$$\sigma_{tr}=\frac{P}{d} \tag{5-15}$$

式中，P为试样破裂时的最大负荷，N；d为试样或捆扎试样组的厚度，mm。

5.12　生物降解塑料挤出吹膜成形实验

1. 实验目的

(1) 明确挤出吹膜过程的基本原理。

(2) 掌握控温工艺操作方法以及温度等工艺参数对制品性能的影响。

(3) 了解吹膜机的基本结构、基本操作及安全技术措施。

2. 实验原理

塑料薄膜的吹塑成形是基于高聚物的分子量高、分子间力大而具有可塑性及成膜性能。在挤出机的前端安装吹塑口模，黏流态的塑料从挤出机口模挤出成管坯后，用机头底部通入的压缩空气使之均匀而且自由地吹胀成直径较大的管膜，膨胀的管膜在向上被牵引的过程中，被纵向拉伸并逐步被冷却，并由人字板夹平和牵引辊牵引，最后经卷绕辊卷绕成双折膜卷。

3. 实验原料及主要设备

1) 实验原料

淀粉基热塑性塑料母料。

2) 主要设备

实验需要吹膜挤出机(图5.19)和万能实验机(图5.9)。

4. 实验步骤

(1) 根据熔体流动速率初步拟定5段温控范围。

(2) 按操作规程检查设备各部分的运转情况。(切忌温度未达到设定值启动螺杆转动马达)

(3) 各段温度达到设定值后开动主机，在慢速下加料，并仔细观察电机工作电流和进料状况。

(4) 戴上防热手套，用手仔细牵引口模的挤出物，通过风环时一定要趁热捏封。

(5) 根据膜厚和双折薄膜的宽度要求启动空气压缩机调节进风量。同时设定吹膜机牵引速度和螺杆转速。

(6) 仔细观察膜泡形状、透明度变化和挤出制品的外观质量，记录挤出制品质量合格的最小和最大螺杆转速及其工艺条件。

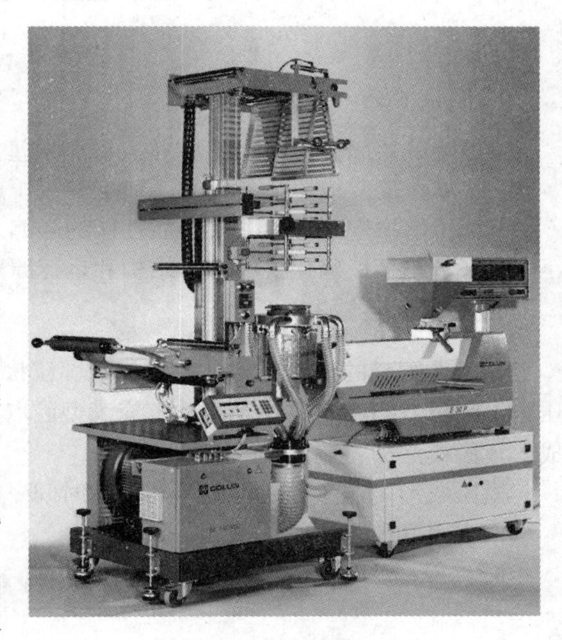

图5.19 吹膜挤出机

(7) 提高挤出温度重复上步操作，记录保持制品外观质量要求的最高温度。

(8) 实验完毕，逐步减速停车，立刻清除机头等处残留塑料。

5. 数据处理

(1) 操作条件列表。

(2) 计算薄膜吹胀比、牵引比和产率。

(3) 拉伸强度(纵向、横向)；伸长率(纵向、横向)。

6. 注意事项

(1) 熔体被挤出之前禁止操作者处立口膜正前方。

(2) 操作过程中严防金属杂质、小工具等硬性物品落入进料口。

(3) 清理挤出残留物务必使用专业铜棒、铜刀或压缩空气管等工具，以免损伤螺杆和口膜等处的光洁表面。

(4) 适宜调整空气压缩压力，确保吹胀薄膜即不破裂又能形成对称稳定气管。

(5) 在挤出过程中要密切注意工艺条件，不得随意改变工艺参数，确保工作状态的稳定性，一旦发现问题应立即停车进行检查处理。

7. 结果与讨论

(1) 影响挤出吹膜厚度均匀性的主要因素有哪些?

(2) 从工艺参数设定角度讨论确保质量的控制条件。

(3) 讨论平挤法生产薄膜的优缺点。

5.13 热固性塑料模压成形工艺实验

1. 实验目的

(1) 明确热固性塑料加工成形的基本原理。

(2) 掌握酚醛模塑粉的配方、加工和模压成形原理。

(3) 了解拟定工艺参数对产品性能的影响。

(4) 了解平板硫化机的基本结构和运行原理，正确掌握模压成形操作基本方法。

2. 实验原理

热固性塑料的模压成形是指将粉状、粒状或纤维塑料放入模具型腔中，在一定温度和压力下闭模，当物料呈现半流动态充满型腔取得一定形态，再经缩聚反应和交联固化作用成形，脱模后即得制品的工艺过程。

模压成形工艺参数是温度、压力和时间。

六次甲基四胺的固化机理如下所示。

$$(CH_2)_6N_4+4H_2O \xrightarrow{\triangle} 6CH_2O+4NH_3$$

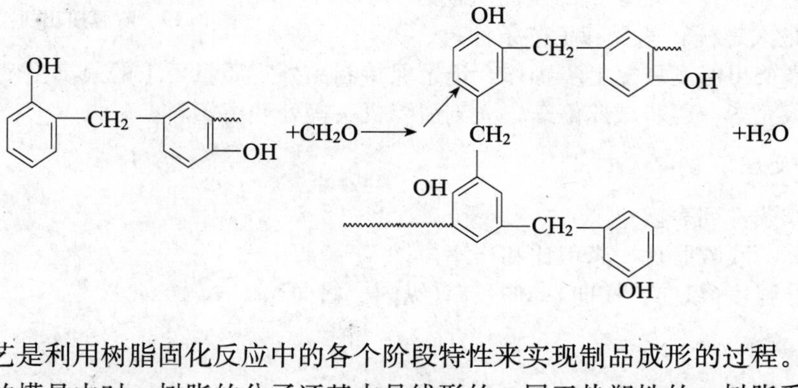

模压工艺是利用树脂固化反应中的各个阶段特性来实现制品成形的过程。当预混料加入到已预热的模具内时，树脂的分子还基本是线形的，属于热塑性的。树脂受热成为一种具有一定流动性的黏流状态，此时的树脂称作“粘流阶段”，继续提高模温，树脂受热发

生化学交联，当分子交联成为网状结构时，树脂的流动性很快降低，由“粘流阶段”变为凝胶状态，最终成为不溶不熔的体形结构，达到“硬固阶段”。模压成形工艺流程如图5-20所示。

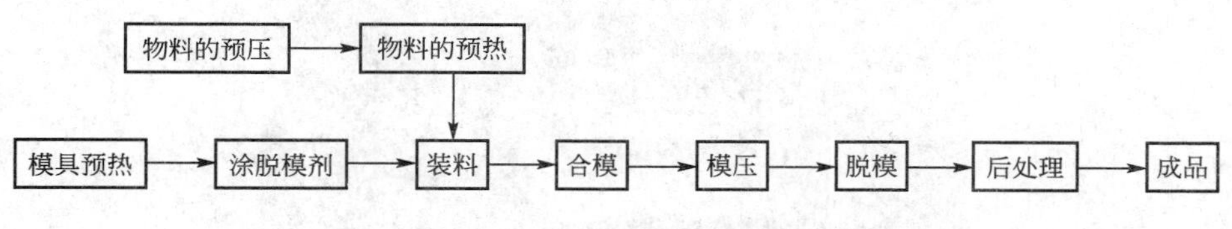

图 5.20 模压成形工艺流程

3. 实验原料及设备

1) 实验原料

实验原料为脱模剂和酚醛压塑粉。

酚醛压塑粉配方(Wt)：

酚醛树脂	100
木粉	100
六次甲基四胺	7.0
石灰或氧化镁	1.0
硬脂酸钙	0.7
苯胺黑	0.5

2) 主要设备

实验所需主要设备有炼胶机(图5.21)、平板硫化机(图5.22)、捏合机(图5.23)和万能试验机(图5.9)。

图 5.21 炼胶机

图 5.22 平板硫化机

4. 实验步骤

(1) 酚醛压塑粉的配制(干法)。

(2) 混合物料的辊压塑化。

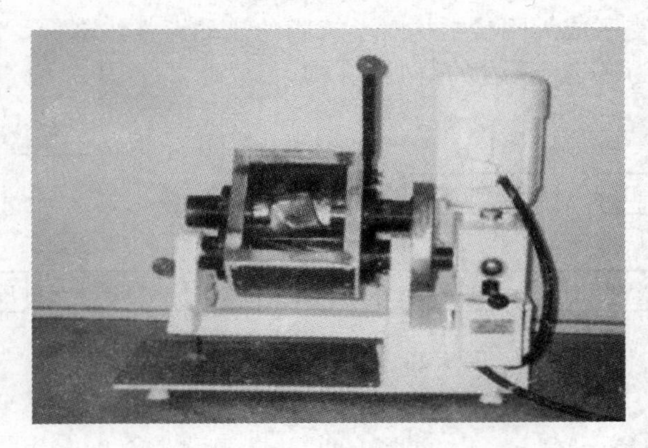

图 5.23 捏合机

(3) 模压成形。

(4) 观察分析模压所得试样的表观质量和拉伸强度与模压成形工艺条件的关系。

(5) 对压制品进行拉伸强度测试。

5. 数据处理

1) 模压工艺条件

上层温度：______℃
中层温度：______℃
下层温度：______℃
硫化时间：______ min
压力：______ MPa

2) 拉伸强度：______ N

6. 结果与讨论

(1) 酚醛塑料的模压成形原理与硬 PVC 压制成形原理有何不同?

(2) 酚醛压塑粉模压温度和时间对制品质量影响如何？两者之间关系如何协调?

(3) 热固性塑料模压成形为什么要排气?

(4) 压塑粉中各组分的作用分别是什么?

7. 注意事项

(1) 戴手套操作，避免烫伤。

(2) 加料动作要快，物料在模腔内分布要均匀，中部略高。上下模具定位对准，防止闭模加压时损坏模具。

(3) 脱模时手工操作要注意安全，防止烫伤、砸伤及损坏模具。取出制品时用铜条帮助挖出来。脱出来的制品小心轻放，平整放置在工作台上冷却。压制品须冷却停放一天后进行性能测试。

(4) 实验时将物料合理摆放装模，既能补偿物料流动性差的不足，有利充模，又能提高制品的质量，获得理想的性能。装模操作时应使物料的流程最短；对狭小流道及“死角”处，需预先铺设料；物料铺设应尽量均匀，以改善制品的均匀性。升温时要控制好模具温度均匀性，防止局部烧焦或未固化，影响整个制品的固化质量。

8. 实验拓展

如果以HDPE预混料为原料，硅油为脱模剂，采用液压机和不锈钢模具也可以实现模压成形，实验方案如下所示。

(1) 在清洁的模具内腔，均匀地涂一层脱模剂。

(2) 模具放在压机上预热。当温度达80～90℃时保温1小时，同时将预混料装模，使之预热，在加热过程中随时翻动，使之受热均匀，并用手辊将预混料压成密实体。

(3) 压机加热板升温至105℃±2℃时下全压，压力为30MPa。

(4) 继续升温，升温速度为10℃/min，当温度到达175℃±3℃时，保温10分钟。

(5) 降温至60℃以下，脱模。

(6) 清洁模具。

(7) 记录压制的全过程、温度、压力、时间等各项参数。

5.14 天然橡胶的加工成形

1. 实验目的

(1) 掌握橡胶制品配方设计基本知识，熟悉橡胶加工全过程和橡胶制品模型硫化工艺。

(2) 了解橡胶加工的主要机械设备的基本结构，掌握其操作方法。

(3) 掌握橡胶物理机械性能测试试样制备工艺及性能测试方法。

(4) 从性能测试结果讨论本实验全过程。

2. 实验原理

实验原理如图5.24所示。

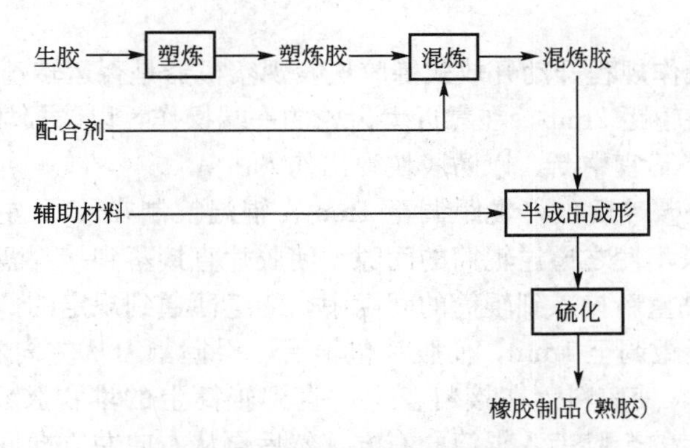

图5.24 天然橡胶加工实验原理

塑炼和混炼是橡胶加工的两个重要的工艺过程，通称炼胶，其目的是要取得具有柔软可塑性，将赋予一定使用性能的、可用于成形的胶料。

本实验是天然橡胶的加工，选用开放式炼胶机进行机械法塑炼。天然生胶置于开炼机的两个相向转动的辊筒间隙中，在常温(小于50℃)下反复被机械作用，受力降解；与此同时降解后的大分子自由基在空气中的氧化作用下，发生了一系列力学与化学反应，最终可以控制达到一定的可塑度，生胶从原先强韧高弹性变为柔软可塑性，满足混炼的要求。

混炼是在塑炼胶的基础上进行的又一个炼胶工序。本实验也是在开炼机上进行的。为了取得具有一定的可塑度且性能均匀的混炼胶，除了控制辊距的大小，适宜的辊温(小于90℃)之外，必须注意按一定的加料混合程序。即量小难分散的配合剂首先加到塑炼胶中，让它有较长的时间分散，量大的配合剂则后加。硫磺用量虽少，但应最后加入，因为硫磺一旦加入，便可能发生硫化效应。过长的混合时间将使胶料的工艺性能变坏，于其后的半成品成形及硫化工序都不利。

3. 主要原料及主要设备

1）主要原料

实验所需的主要原料见表5-10。

表5-10　主要原料

名称	质量份数	名称	质量份数
天然橡胶	100.0	硫磺	2.5
促进剂CZ	1.5	促进剂DM	0.5
硬酯酸	2.0	氧化锌	5.0
轻质碳酸钙	40.0	石蜡	1.0
防老剂4010-NA	1.0	着色剂	0.1

2）主要设备

实验所需主要设备有炼胶机(图5.21)、平板硫化机(图5.22)和万能试验机(图5.9)。

4. 实验步骤

1）配料

2）生胶塑炼

(1) 按机器的操作规程开动开放式炼胶机，观察机器是否运转正常。

(2) 破胶。调节辊距2mm，在靠近大齿轮的一端操作，以防损坏设备。生胶碎块依次连续投入两辊之间，不宜中断，以防胶块弹出伤人。

(3) 薄通。胶块破碎后，将辊距调至1mm，辊温控制在45℃左右。将破胶后的胶片在大齿轮的一端加入，使之通过辊筒的间隙，使胶片直接落到接料盘内。当辊筒上已无堆积胶时，将胶片折叠重新投入到辊筒的间隙中，继续薄通到规定的薄通次数为止。

(4) 捣胶。将辊距调至1mm，使胶片包辊后，手握割刀从左向右割至近右边边缘(不要割断)，再向下割，使胶料落在接料盘上，直到辊筒上的堆积胶将消失时才停止割刀。割落的胶随着辊筒上的余胶带入辊筒的右方，然后再从右向左方向同样割胶。这样的操作反复操作多次。

(5) 辊筒的冷却。由于辊筒受到摩擦生热，辊温要升高，应经常以手触摸辊筒，若感到烫手，则适当通入冷却水，使辊温下降，并保持不超过50℃。

(6) 经塑炼的生胶称塑炼胶，塑炼过程要取样作可塑度试验，达到所需塑炼程度时为止。

3）胶料混炼

（1）调节辊筒的温度在50～60℃之间，后辊较前辊略低些。

（2）调整辊距，使塑炼胶既包辊（前辊）又能在辊缝上部有适当的堆积胶。经2～3分钟的辊压、翻炼后，使之均匀连续地包裹在前辊筒上，形成光滑无隙的包辊胶层。取下胶层，放宽辊距至1.5mm左右，再把胶层投入辊缝使其包于后辊，然后准备加入配合剂。

（3）吃粉。不同配合剂要按如下顺序分别加入。

① 首先加入固体软化剂，这是为了进一步增加胶料的塑性以便混炼操作；同时因为分散困难，先加入是为了有较长时间混合，有利于分散。

② 加入促进剂、防老剂和硬酯酸。促进剂和防老剂用量少，分散均匀度要求高，也应较早加入便于分散。此外，有些促进剂如DM类对胶料有增塑效果，早些加入利于混炼。防老剂早些加入可以防止混炼时可能出现温升而导致的老化现象。硬脂酸是表面活性剂，它可以改善亲水性的配合剂和高分子之间的湿润性，当硬脂酸加入后，就能在胶料中得到良好的分散。

③ 加入氧化锌。氧化锌是亲水性的，在硬脂酸之后加入有利于其在橡胶中的分散。

④ 加入补强剂和填充剂。这两种助剂配比较大，要求分散好本应早些加入，但由于混炼时间过长会造成粉料结聚，应采用分批、少量投入法，而且需要较长的时间才能逐步混入到胶料中。

⑤ 液体软化剂具有润滑性，又能使填充剂和补强剂等粉料结团，不宜过早加入，通常要在填充剂和补强剂混入之后再加入。

⑥ 硫磺是最后加入的，这是为了防止混炼过程出现焦烧现象，通常在混炼后期加入。吃粉过程每加入一种配合剂后都要捣胶两次。在加入填充剂和补强剂时要让粉料自然地进入胶料中，使之与橡胶均匀接触混合，而不必急于捣胶；同时还需逐步调宽辊距，堆积胶保持在适当的范围内。待粉料全部吃进后，由中央处割刀分往两端，进行捣胶操作促使混炼均匀。

（4）翻炼。全部配合剂加入后，将辊距调至0.5～1.0mm，通常用打三角包、打卷或折叠及走刀法等进行翻炼至符合可塑度要求时为止。翻炼过程应取样测定可塑度。

4）胶料模型硫化

（1）混炼胶试样的准备。

（2）模具预热。

（3）加料模压硫化。

（4）硫化胶试片制品的停放。

5）硫化胶机械性能测试

（1）邵氏硬度实验。

（2）拉伸强度试验，制样标准如图5.25所示。

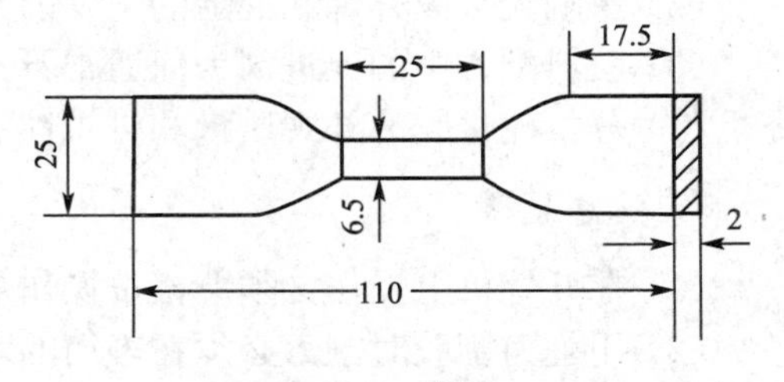

图5.25 样条

5．数据处理

1）定伸（扯断）强度

定伸（扯断）强度公式为

$$\sigma=\frac{P}{bh}\quad(\text{MPa})\tag{5-16}$$

式中，P 为定伸(扯断)负荷，N；b 为试样宽度，cm；h 为试样厚度，cm。

2）扯断伸长率

扯断伸长率公式为

$$\varepsilon=\frac{L_1-L_0}{L_0}\times 100\quad(\%)\tag{5-17}$$

式中，L_0 为试样原始标线距离，mm；L_1 为试样断裂进标线距离，mm。

3）永久变形

永久变形公式为

$$H_\text{d}=\frac{L_2-L_0}{L_0}\times 100\quad(\%)\tag{5-18}$$

式中，L_2 为断裂的两块试样静置 3min 后拼接起来的标线距离，mm。

表 5-11　数据处理表

试样编号	1	2	3	4	5	平均
工作部分宽度 b/cm						
工作部分厚度 h/cm						
定伸 100%负荷 P/N						
定伸 100%强度 σ100/MPa						
定伸 300%负荷 P/N						
定伸 300%强度 σ_{300}/MPa						
扯断负荷 P/N						
扯断强度 σ/MPa						
L_1-L_0/mm						
扯断伸长率 ε(%)						
L_2/mm						
永久变形 Hd(%)						

6. 结果与讨论

（1）天然生胶、塑炼胶、混炼胶和硫化胶，它们的机械性能和结构实质有何不同？
（2）影响天然胶开炼和混炼的主要因素有哪些？
（3）胶料配方中的促进剂为何通常不只用一种呢？
（4）分析硫化胶的外观质量和机械性能与实验配方和工艺操作等因果关系。

7. 注意事项

（1）在开炼机上操作必须严格按操作规程进行，要求高度集中注意力。
（2）用割刀割胶时割刀必须在辊筒的水平中心线以下部位操作。
（3）辊筒运转时，手不能按近辊缝处，双手尽量避免越过辊筒水平中心线上部，送料时手应作握拳状。

(4) 遇到危险时应立即触动安全刹车。

(5) 留长辫子的学生要求戴帽或结扎成短发后操作。

5.15 热塑性塑料中空吹塑成形工艺实验

1. 实验目的

(1) 了解双色挤出吹瓶机、吹塑机头及辅机的结构和工作原理。

(2) 了解塑料的挤出吹胀成形原理。

(3) 掌握聚乙烯吹塑工艺操作过程、各工艺参数的调节及成形影响因素。

2. 实验原理

中空吹塑成形是在压缩空气作用下，使处于高弹态下的熔融塑料型坯，发生膨胀变形，然后再经冷却定型，获得肚大口小中空容器的一种加工方法。

挤压吹塑型坯温度是影响产品质量比较重要的因素，严格控制温度，使型坯在吹胀之前有良好的形状稳定性，保证吹塑制品有光洁的表面、较高的接缝强度和适宜的冷却时间。一般型坯温度控制在材料的 $T_g \sim T_f$(m)之间，并偏向 T_f(m)一侧。

一般挤出吹塑设备主要由挤出机、机头、模具和型坯壁厚度控制装置组成。挤出机一般选用普通的单螺杆挤出机，机头采用直角式机头，模具通常由两个半模组成，因承受的压力较低，多用钢或铝制作。先进的吹塑成形机多带有型坯壁厚控制装置，该装置按预先设计的程序，通过伺服阀驱动液压油缸，使倒锥式芯模上下移动，控制通过口模的物料量，从而使型坯相应部位达到所需的厚度。挤出成形的生产工艺过程(图 5.26)：挤出型坯→吹胀→冷却→脱模。

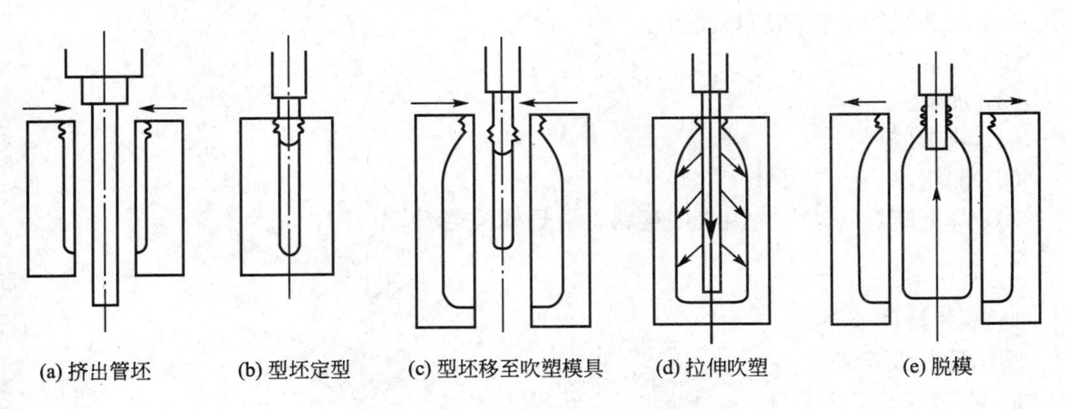

图 5.26 一步法挤出-吹塑工艺流程图

3. 实验原料及主要设备

1) 实验原料

淀粉基热塑性塑料母料、LDPE(吹塑料)。

2）主要设备

实验所需主要设备为吹瓶机(图 5.27)，其芯棒式机头结构如图 5.28 所示。

图 5.27　吹瓶机

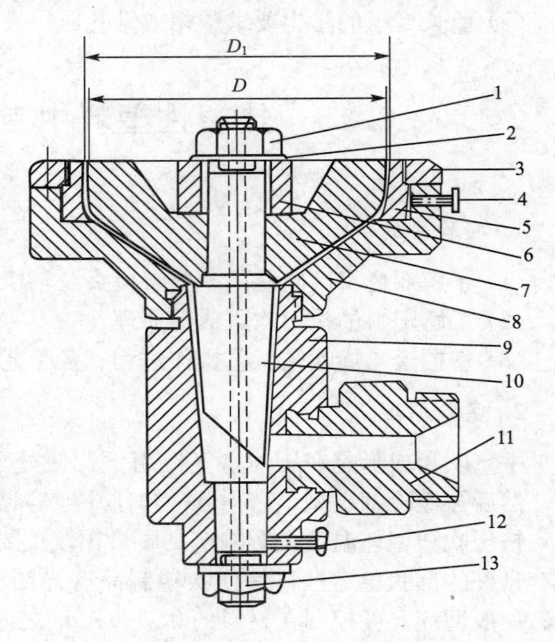

图 5.28　芯棒式机头结构

1—六角螺母；2—垫圈；3—口模压板；4—调节螺栓；
5—口模；6—垫套；7—芯模；8—口模套；
9—模体；10—芯棒；11—机头连接器；
12—六角螺钉；13—压缩空气孔。

4．实验步骤

(1) 吹瓶机的运转和加热。

(2) LDPE 加热。

(3) 加料。

(4) 吹塑成形。

(5) 测壁厚。

(6) 降低螺杆转速，挤出机内存料，清理残留塑料。

5．数据处理

1）原料及产地

写出原料及产地。

2）吹塑成形工艺条件

工艺条件列入表 5－12～表 5－15。

表 5－12　料筒温度

	一段	二段	三段	四段	五段	六段
温度/℃						

表5-13 压力

	架进	架退	快合	慢合	开模	针下	针上
压力/MPa							

表5-14 时间

	延时进模	延时合模	延时切断	切断计时	保压时间	延时开模
时间/s						

表5-15 平均壁厚

试样编号		1	2	3	4	5
各点壁厚/mm	1					
	2					
	3					
	4					
	5					
平均值/mm						

6. 结果与讨论

(1) 影响吹塑中空容器厚度均匀性的因素是什么？

(2) 试综合陈述挤出吹塑中空容器模具的模口颈部设计要素。

(3) 为提高吹塑容器的刚性，通常可采取哪些结果措施？

7. 注意事项

(1) 熔体被挤出前，操作者不得位于口模的正前方，以防意外伤人。

(2) 操作时严防金属杂质和小工具落入挤出机筒内，操作时要戴手套。

(3) 清理挤出机和口模时，只能用铜刀、棒或压缩空气，切忌损伤螺杆和口模的光洁表面。

(4) 压缩空气压力要适当，使制品外观丰满、形状完整。

(5) 吹塑过程要密切注意各项工艺条件稳定，不应该有所波动。

8. 实验拓展

以 HDPE 为原料，采用挤出吹塑机组也可以得到中空吹塑制品，其实验方案如下所示。

(1) 设定挤出温度、模具温度。一般加工 HDPE 挤出温度为 150～210℃。对于同一种树脂，MI 大的加工温度低一些，MI 小的加工温度高一些。模具温度一般控制在 20～50℃。

(2) 设定吹胀速度、吹塑压力。吹塑压力和吹胀速度以使瓶体表面花纹清晰，进气口处没有内陷为准。一般容积大、瓶壁薄和 MI 较低的树脂，吹塑压力要高些。所以，工艺参数应依据所用原料及制品调试。

(3) 冷却。型坯在模具内冷却后，要保持在压力的状况下进行冷却定型，通常冷却时间占总成形时间的60%以上。依据所用原料及制品调试。

(4) 待挤出机达到设定温度值后，开动挤出机合吹塑模，吹胀后冷却、开模、脱模。观察分析制品质量，调整工艺参数后，重复此项操作。

5.16 不饱和聚酯的增稠及SMC的制备

1. 实验目的

(1) 了解不饱和聚酯的增稠机理及各种添加剂的作用。

(2) 掌握实验室制备SMC的方法。

2. 实验原理

片状模塑料(Sheet Molding Compound，SMC)是不饱和聚酯树脂加入增稠剂、引发剂、低收缩添加剂、填料、颜料、脱模剂等组分的树脂糊，浸渍短切纤维或毡片，上下两面覆盖聚乙烯薄膜的薄片状的模塑料。

不饱和聚酯树脂在碱土金属氧化物或氢氧化物(MgO、CaO、$Mg(OH)_2$、$Ca(OH)_2$等)作用下能很快稠化，形成“凝胶状物”，直至成为不能流动的、不粘手的状态，这一过程称为增粘过程或增稠过程。一般把增稠过程分为初期与后期两个阶段。从工艺使用要求看，起始的增稠过程应尽可能缓慢，以使不饱和聚酯树脂增稠体系能很好地浸润增强材料，而在浸润增强材料后的后期增稠过程，又要求快速进行，并能达到稳定的增稠程度。一般认为，碱土金属氧化物或氢氧化物——增稠剂首先与带羧端基的不饱和聚酯起酸碱反应，使不饱和聚酯分子链扩展，反应式为

$$—COOH + MgO \rightarrow —COOMgOH$$

$$—COOH + —COOMgOH \rightarrow —COOMgOOC— + OH_2$$

这一阶段的反应就是初期的增稠过程。后期的增稠过程，反应受扩散控制，有可能形成一种如下所示的络合物。

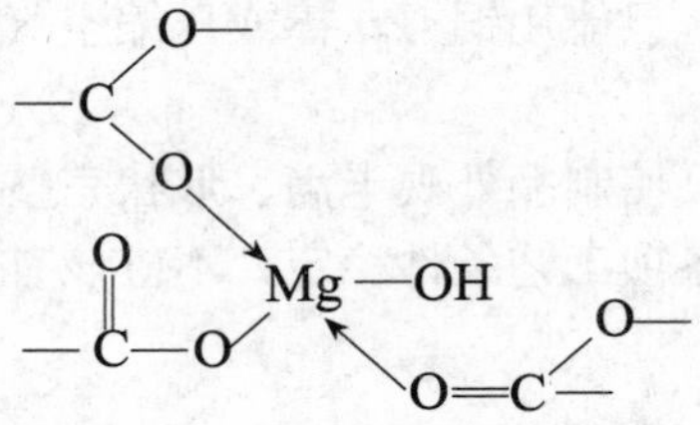

```
        O—
       /
   —C
       \\
        O
          ↘
   O        Mg —OH
   ‖      ↗     ↖          O—
 —C—O                     /
                   O═C—
```

由于形成的络合物具有网络结构，使体系的黏度明显增加。

SMC是一种热固性玻璃钢模压材料。用SMC生产聚酯玻璃钢制品，工艺操作简单方便，效率高，无粉尘飞扬，模压时对温度及压力的要求不高，可变范围较大，制备过程及成形过程易实现自动化，有助于改善劳动条件。制品性能优良，尺寸稳定性好，适合结构复杂的制品或大面积制品的成形。

制备SMC的工艺过程如图5.29所示。

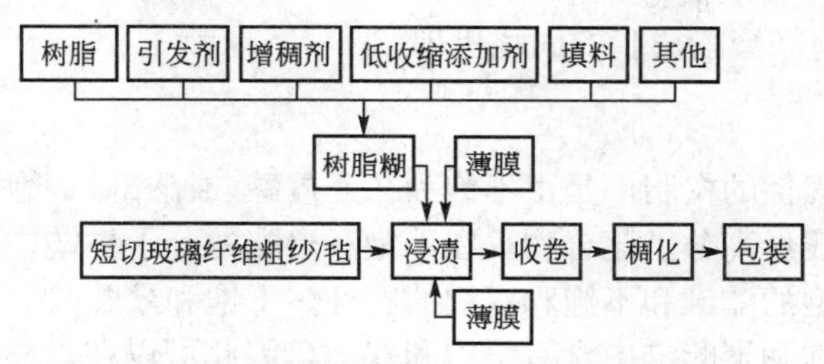

图 5.29 制备SMC的工艺过程

3. 实验原料及主要仪器

1) 原料

不饱和聚酯树脂，苯乙烯，过氧化二异丙苯(DCP)(引发剂)，粉末聚氯乙烯(PVC)(低收缩添加剂)，硬脂酸锌(ZnSt)(内脱模剂)，$CaCO_3$(无机填料)，MgO(增稠剂)，短切玻璃纤维毡。

2) 主要仪器

搅拌器，玻璃棒，烧杯，薄膜，玻璃板。

4. 实验步骤

(1) 将粉末$CaCO_3$(120g)、PVC(10g)、DCP(2g)、ZnSt(2g)、MgO(3g)等固体原料称于烧杯中，然后在固体料的上面加入苯乙烯15g和树脂100g。

(2) 手持烧杯，置搅拌器于容器中，先慢速后逐渐加快转速在高速搅拌下，手持容器作上下左右移动，使树脂和固体料充分搅匀。按此要求快速搅拌15min。

(3) 将薄膜两张分别置于两块玻璃板上，把充分搅拌好的树脂糊各分一半于薄膜之上，用玻璃棒将树脂糊铺平。

(4) 将玻璃纤维毡放置于铺设好的其中一块树脂糊上，将另一块铺好树脂糊的薄膜翻过来，使树脂糊的一面朝向玻璃纤维毡。

(5) 用玻璃棒重复滚压由薄膜盖好的树脂糊和玻璃纤维毡，使其很好地浸渍。

(6) 将玻璃板盖在上面，24h后观察增稠情况，以不粘手为好。

(7) 将不粘手的片材两边贴上塑料薄膜，以备后面实验使用。

5. 结果与讨论

树脂糊中水分的存在强烈地影响其初期黏度。由于水分对系统的增稠作用有明显影响，因此在SMC制备之前，为保证实验过程中黏度变化的均一性和SMC质量的均匀性，对各种原材料的含水量必须严格控制。聚氯乙烯、硬脂酸锌、$CaCO_3$、MgO等在使用之前要烘干去除水分。根据不饱和树脂增稠的机理，分析还有哪些物质可为增稠剂。

5.17 玻璃钢(FRP)制品手糊成形实验

1. 实验目的

(1) 掌握玻璃钢手糊成形的基本方法，熟悉玻璃钢手糊制品的制备原理。

(2) 加深理解不饱和聚酯树脂的固化机理。

2. 实验原理

不饱和聚酯是热固性的树脂，是由不饱和二元羧酸(或酸酐)、饱和二元羧酸(或酸酐)与多元醇缩聚而成的线形高分子化合物。在不饱和聚酯的分子主链中含有酯键和不饱和双键。因此，它具有典型的酯键和不饱和双键的特性。不饱和聚酯具有线形结构，因此也称线形不饱和聚酯。不饱和聚酯链中含有不饱和双键，因此可以在加热、光照、高能辐射以及引发剂作用下与交联单体进行共聚，交联固化成具有三向网络的体形结构。

FRP手糊成形工艺是玻璃纤维增强不饱和聚酯制品生产中使用最早的一种成形工艺。尽管随着FRP业的迅速发展，新的成形技术不断涌现，但在整个FRP业发展过程中，手糊成形工艺仍占有重要地位。手糊成形工艺操作简便，设备简单，投资少，不受制品形状尺寸限制，可以根据设计要求，铺设不同厚度的增强材料。手糊成形特别适合于制作形状复杂、尺寸较大、用途特殊的FRP制品。但手糊成形工艺制品质量不够稳定，不易控制，生产效率低，劳动条件差。

不饱和聚酯树脂在用于制备FRP时，通常应配以适当的有机过氧化物引发剂，浸渍玻璃纤维，经适当的温度和一定的时间作用，树脂和玻璃纤维紧密粘结在一起，成为一个坚硬的FRP整体制品。在这一过程中，玻璃纤维增强材料的物理状态前后没有发生变化，而树脂则从液态转变成坚硬的固态，这种过程称为不饱和聚酯树脂的固化。当不饱和聚酯树脂配以过氧化环己酮(或过氧化甲乙酮)作引发剂，以环烷酸钴作促进剂时，它可在室温、接触压力下固化成形。

手糊成形工艺过程概括如图5.30所示。

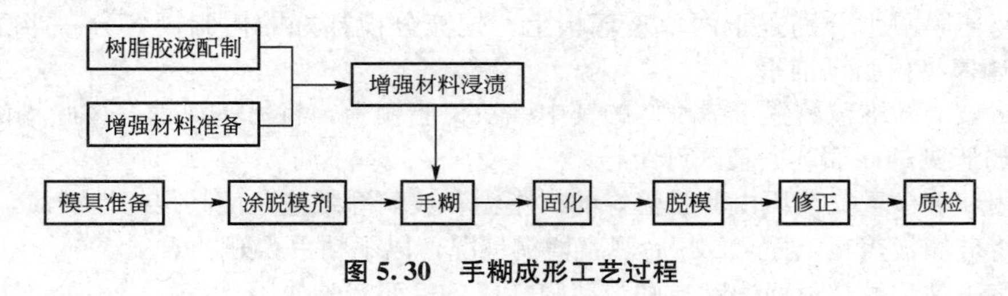

图5.30　手糊成形工艺过程

3. 实验原料及主要仪器

1) 原料

涤纶薄膜两块(50cm×50cm)，0.4mm厚的无碱无捻玻璃纤维方格布若干，不饱和聚酯树脂100份，50%过氧化环己酮糊4份，含6%环烷酸钴的苯乙烯溶液2～4份。

2) 主要仪器

波纹瓦金属模具1副，剪刀1把，毛刷1把，钢尺1把，电子台秤1台，玻璃烧杯1只，玻璃棒1只，手辊1只。

4. 实验步骤

(1) 裁剪0.4mm厚玻璃布为300mm×200mm矩形8块，并称重。

(2) 按FRP手糊制品50%的含胶量称取不饱和聚酯树脂。按每100份(质量份)树脂加入4份过氧化环己酮糊，充分搅拌均匀，再加入2～4份环烷酸钴溶液，充分搅拌均匀待用。

(3) 在波纹瓦金属模具上铺放好涤纶薄膜，在中央区域倒上少量树脂，铺上一层玻璃纤维布，用手辊仔细滚压，使树脂充分浸透玻璃布后，再刷涂第二层不饱和聚酯胶，铺上第二层玻璃纤维布，再用手辊仔细滚压，如此重复直至铺完所有的玻璃纤维布。最后在上面盖上另一张涤纶薄膜，再用手辊仔细滚压在薄膜上推赶气泡。要求既要保留树脂，又要赶尽气泡。气泡赶尽后，在糊层的表面上再压上另一块波纹瓦金属模具。

(4) 室温下固化24h后，检查制品波纹瓦的固化情况。

5. 结果与讨论

(1) 不饱和聚酯树脂固化有哪两种固化体系？试述引发剂、促进剂的作用原理。

(2) 分析本实验手糊制品产生缺陷的原因及解决办法。

6. 注意事项

(1) 不饱和聚酯树脂的凝胶时间除与配方有关外，还与环境温度、湿度、制品厚度等有很大关系。因此在实验之前应做凝胶试验，以便根据具体情况确定引发剂、促进剂的准确用量。对于初学者，建议凝胶时间控制在15～20min内较为合适。

(2) 涂刷要沿布的径向用力，顺着一个方向从中间向两边把气泡赶尽，使玻璃布贴合紧密，含胶量均匀。铺第一、第二层布时，树脂含量应高些，这样有利于浸透织物并排出气泡。

5.18 塑料激光雕刻成形

1. 实验目的

(1) 了解激光雕刻机的基本结构，熟悉激光加工的基本原理。

(2) 掌握塑料激光雕刻成形的操作过程。

(3) 掌握塑料激光雕刻成形工艺条件设定的基本方法。

2. 实验原理

激光加工是目前最先进的加工技术，它主要利用高效激光对材料进行雕刻和切割，主要的设备包括计算机和激光切割(雕刻)机。使用激光切割和雕刻的过程非常简单，就如同使用计算机和打印机在纸张上打印，在利用多种图形处理软件(CAD、CorelDRAW等)进行图形设计之后，将图形传输到激光切割(雕刻)机，激光切割(雕刻)机就可以将图形轻松地切割(雕刻)到任何材料的表面，并按照设计的要求进行边缘切割。

激光加工是将激光束照射到工件的表面，以激光的高能量来切除、熔化材料以及改变物体表面性能。由于激光加工是无接触式加工，工具不会与工件的表面直接摩擦产生阻力，所以激光加工的速度极快、加工对象受热影响的范围较小而且不会产生噪声。由于激光束的能量和光束的移动速度均可调节，因此激光加工可应用到不同层面和范围上。

目前，公认的激光加工原理是两种：分别为激光热加工和光化学加工(又称冷加工)。激光热加工指当激光束照射到物体表面时，引起快速加热，热力把对象的特性改变或把物料熔解蒸发。热加工具有较高能量密度的激光束(它是集中的能量流)，照射在被加工材料

表面上，材料表面吸收激光能量，在照射区域内产生热激发过程，从而使材料表面(或涂层)温度上升，产生变态、熔融、烧蚀、蒸发等现象。光化学加工指当激光束加于物体时，高密度能量光子引发或控制光化学反应的加工过程。冷加工具有很高负荷能量的(紫外)光子，能够打断材料(特别是有机材料)或周围介质内的化学键，至使材料发生非热过程破坏。这种冷加工在激光标记加工中具有特殊的意义，因为它不是热烧蚀，而是不产生"热损伤"副作用的、打断化学键的冷剥离，因而对被加工表面的里层和附近区域不产生加热或热变形等作用。

激光几乎可以对任何材料进行加工，但受到激光发射器功率的限制，目前激光工艺可进行加工的材料主要以非金属材料为主，包括：有机玻璃、塑胶、双色板、竹木、布料、皮革、橡胶板、玻璃、石材、人造石、陶瓷、绝缘材料等。

3. 实验原料及主要仪器

1) 原料

塑料板(板厚 2mm)。颜色：红色。切割零件外形尺寸：高度 48mm、宽度 40mm、圆弧顶点高度 56mm。数量：1 件。

2) 主要仪器

激光雕刻机。

4. 实验步骤

(1) 计算机(CorelDRAW 软件)的矢量图形绘制(图 5.31(a))。矢量图形文件的生成方法有：①在 CarelDRAW 中输出 *.PLT 文件；②在 AutoCAD 中绘出图形，文件输出为 AutoCAD 版 *.DXF 文件；③用扫描仪获取图形或文字文件，在 CorelTRACE 软件或文泰软件中进行处理，生成 *.PLT 文件即可。

(2) 参照《激光雕刻切割控制系统 DSP5.1》说明书的介绍进行实验操作，如图 5.31(b) 所示。

制备出符合要求的制品，如图 5.31(b)所示。

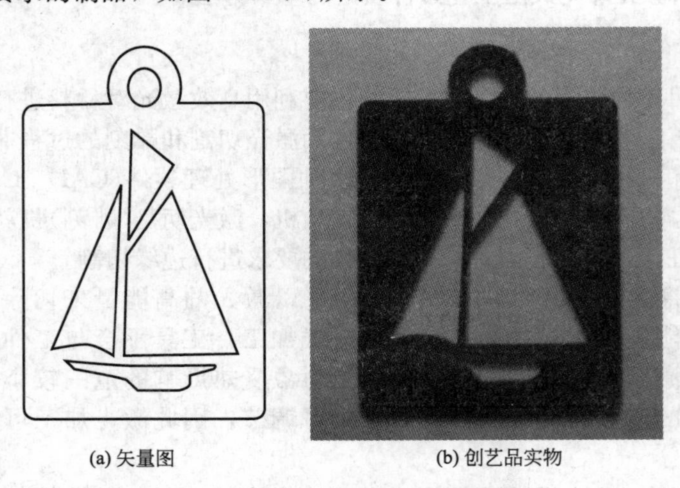

(a) 矢量图　　(b) 创艺品实物

图 5.31　艺术品激光切割实物图

本实验软件操作界面如图 5.32 所示。

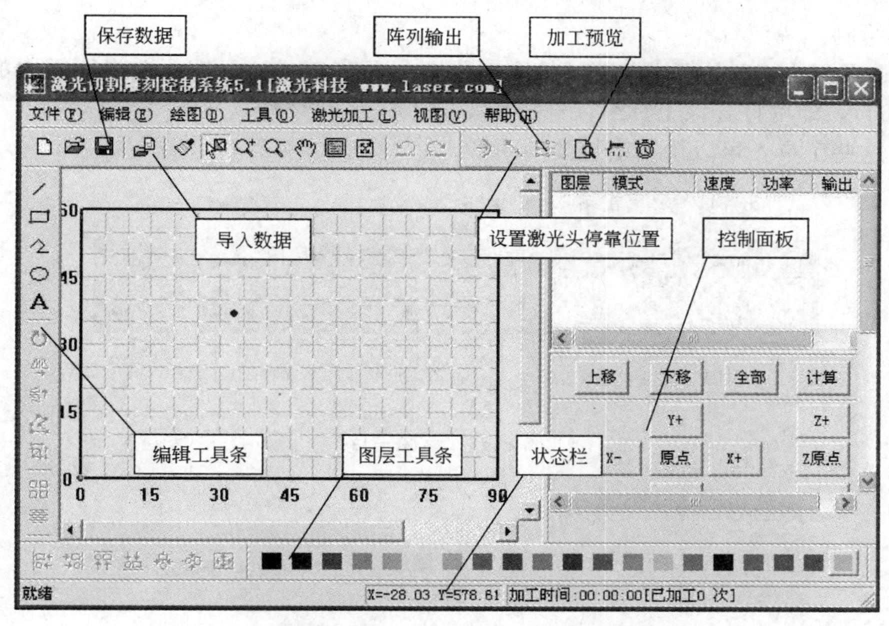

图 5.32 激光切割雕刻控制系统操作界面

5. 实验用 CoreldRAW 软件简介

(1) Coreldarw 软件融合了绘画与插图、文本操作、绘图编辑、桌面出版及版面设计、追踪、文件转换等高品质输出于一体的矢量图绘图软件，并在工业设计、产品包装造型设计，网页制作、建筑施工与效果图绘制等设计领域中得到了极为广泛的应用。在该软件中可以进行绘图或文本的编辑，将图形输出到激光雕刻机上即可在材料上打印出设计的图形。

(2) CoreldARW 软件使用说明。

CoreldRAW 的界面如图 5.33 所示。

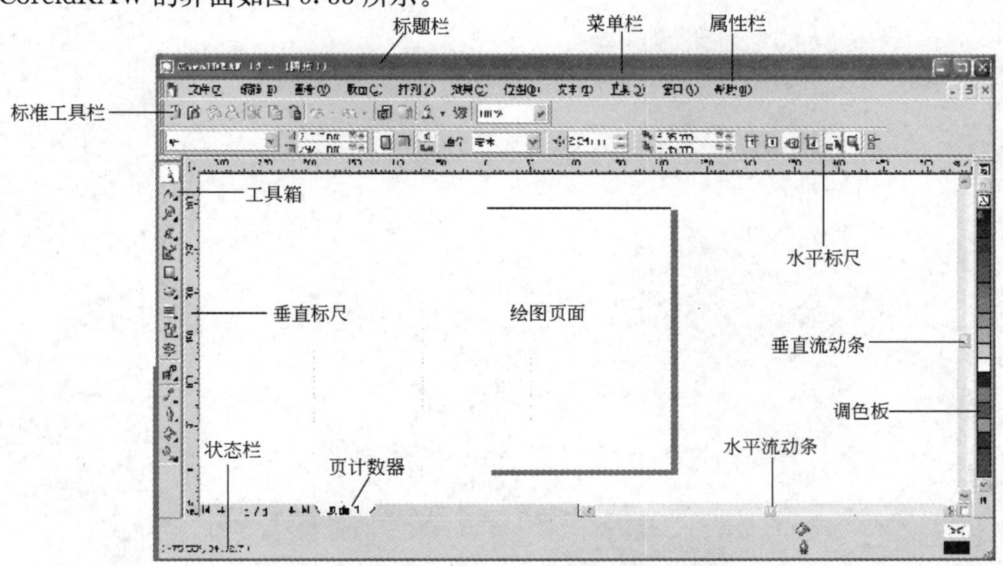

图 5.33 Coreldraw 界面

图形绘制。

CorelDRAW 的工具箱中包含了绘图时需要的所有工具，只需要单击所需要的工具按钮(图 5.34)，即可打开该工具组，选择所需的工具。

利用这些工具，可以绘制出想要的图形。

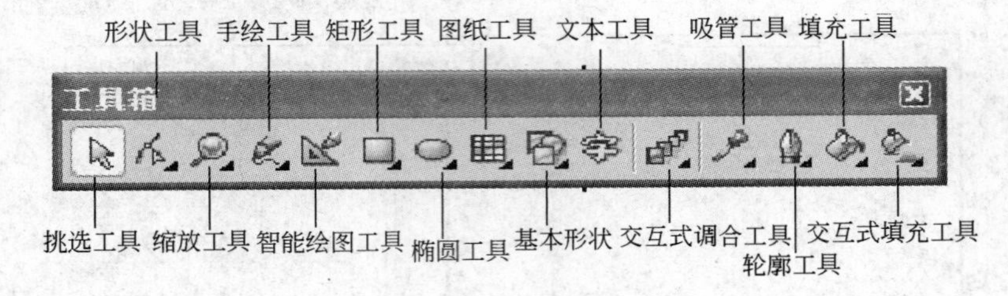

图 5.34　绘图工具

第6章
综合性实验

6.1 甲基丙烯酸甲酯的本体聚合成形及其性能测定

6.1.1 甲基丙烯酸甲酯单体的预处理

1. *实验目的*

(1) 了解甲基丙烯酸甲酯单体的储存和预处理方法。

(2) 掌握甲基丙烯酸甲酯减压蒸馏的方法。

2. *实验原理*

甲基丙烯酸甲酯为无色透明液体，常压下沸点为100.3～100.6℃。

为了防止甲基丙烯酸甲酯在储存时发生自聚，应加适量的阻聚剂对苯二酚，在聚合前需将其除去。对苯二酚可与氢氧化钠反应，生成溶于水的对苯二酚钠盐，再通过水洗即可除去大部分的阻聚剂，反应式为

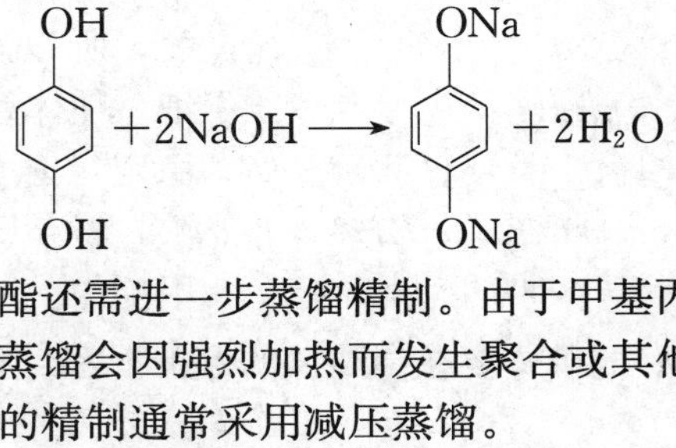

$$HO-C_6H_4-OH + 2NaOH \longrightarrow NaO-C_6H_4-ONa + 2H_2O$$

水洗后的甲基丙烯酸甲酯还需进一步蒸馏精制。由于甲基丙烯酸甲酯沸点较高，加之本身活性较大，如采用常压蒸馏会因强烈加热而发生聚合或其他副反应。减压蒸馏可以降低化合物的沸点温度。单体的精制通常采用减压蒸馏。

由于液体表面分子逸出体系所需的能量随外界压力的降低而降低，因此降低外界压力便可以降低液体的沸点。沸点与真空度之间的关系可近似地用式(6-1)表示。

$$\lg P = A + \frac{B}{T} \tag{6-1}$$

式中，P 为真空度；T 为液体的沸点；K、A 和 B 为常数，可通过测定两个不同外界压力时的沸点求出。

甲基丙烯酸甲酯沸点与压力关系，见表 6-1。

表 6-1　甲基丙烯酸甲酯沸点与压力关系

沸点/(℃)	10	20	30	40	50	60	70	80	90	100.6
压力/(mmHg)	24	35	53	81	124	189	279	397	543	760

注：1mmHg=133.322Pa

3. 主要试剂与仪器

1）主要试剂

甲基丙烯酸甲酯，氢氧化钠。

2）主要仪器

500mL 三口瓶，毛细管(自制)，刺型分馏柱，0～100℃温度计，接收瓶。

4. 实验步骤

(1) 在 500mL 分液漏斗中加入 250mL 甲基丙烯酸甲酯单体，用 5%氢氧化钠溶液洗涤数次至无色(每次用量 40～50mL)，然后用去离子水洗至中性，用无水硫酸钠干燥一周。

(2) 按图 6.1 安装减压蒸馏装置，并与真空体系、高纯氮体系连接，要求整个体系密闭。开动真空泵抽真空，并用煤气灯烘烤三口烧瓶、分馏柱、冷凝管、接收瓶等玻璃仪器，尽量除去系统中的空气，然后关闭抽真空活塞和压力计活塞，通入高纯氮至正压。待冷却后，再抽真空、烘烤，反复进行 3 次。

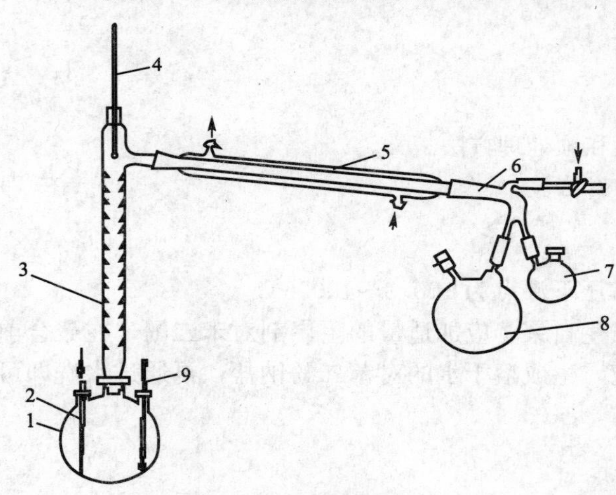

图 6.1　减压蒸馏装置

1—蒸馏瓶；2—毛细管；3—刺型分馏柱；4—温度计；5—冷凝管；6—分馏头；7—前馏分接收瓶；8—接收瓶；9—温度计

(3) 将干燥好的甲基丙烯酸甲酯加入减压蒸馏装置，加热并开始抽真空，控制体系压力为 100mmHg 进行减压蒸馏，收集 46℃的馏分。由于甲基丙烯酸甲酯沸点与真空度密切相关，所以对体系真空度的控制要仔细，使体系真空度在蒸馏过程中保证稳定，避免因真空度变化而形成爆沸，将杂质夹带进蒸好的甲基丙烯酸甲酯中。

(4) 为防止自聚，精制好的单体要在高纯氮的保护下密封后放入冰箱中保存待用。

6.1.2　引发剂的精制

1. 实验目的

(1) 了解偶氮二异丁腈的基本性质和保存方法。

(2) 掌握偶氮二异丁腈的精制方法。

2. 实验原理

偶氮二异丁腈(AIBN)是一种广泛应用的引发剂，为白色结晶，熔点102～104℃，有毒，溶于乙醇、乙醚、甲苯和苯胺等，易燃。偶氮二异丁腈是一种有机化合物，可采用常规的重结晶方法进行精制。

3. 主要试剂与仪器

1) 主要试剂
偶氮二异丁腈，乙醇。
2) 主要仪器
500mL锥形瓶，恒温水浴，0～100℃温度计，布氏漏斗。

4. 实验步骤

(1) 在500mL锥形瓶中加入200mL95%的乙醇，然后在80℃水浴中加热至乙醇将近沸腾。迅速加入20g偶氮二异丁腈，摇荡使其溶解。

(2) 溶液趁热抽滤，滤液冷却后，即产生白色结晶。若冷却至室温仍无结晶产生，可将锥形瓶置于冰水浴中冷却片刻，即会产生结晶。

(3) 结晶出现后静置30分钟，用布氏漏斗抽滤。滤饼摊开于表面皿中，自然干燥至少24小时，然后置于真空干燥箱中干燥24小时。称量，计算产率。

(4) 精制后的偶氮二异丁腈置于棕色瓶中，低温保存，以备用。

6.1.3 甲基丙烯酸甲酯的本体聚合及成形

1. 实验目的

(1) 了解本体聚合的原理。
(2) 熟悉型材有机玻璃的制备方法。

2. 实验原理

参考4.1实验原理部分。

3. 主要试剂与仪器

1) 主要试剂
甲基丙烯酸甲酯，偶氮异丁腈。
2) 主要仪器
100mL三口瓶，冷凝管，试管，恒温水浴，0～100℃温度计，玻璃板(两块)，橡皮条。

4. 实验步骤

1) 预聚体的制备

(1) 取0.02g偶氮二异丁腈、30g甲基丙烯酸甲酯混合均匀，投入到100mL装有冷凝管、温度计和毛细管的磨口三口瓶中，开启搅拌、开启冷凝水。

(2) 水浴加热，升温至75～80℃，反应20分钟后取样。注意观察聚合体系的黏度，当体系具有一定黏度（预聚物转化率约7%～10%）时，则停止加热，并将聚合液冷却至50℃左右。

2）有机玻璃薄板的成形

(1) 将做模板的两块玻璃板洗净、干燥，将橡皮条涂上聚乙烯醇糊，置于两玻璃板之间使其粘合起来，注意在一角留出灌浆口，然后用夹子在四边将模板夹紧。

(2) 将聚合液仔细加入玻璃夹板模具中，在60～65℃水浴中恒温反应两小时。

(3) 将玻璃夹板模具放入烘箱中，升温至95～100℃保持1小时，撤除夹板即得到一块透明光洁的有机玻璃薄板。

6.1.4 黏度法测定聚甲基丙烯酸甲酯的相对分子质量

1. 实验目的

(1) 掌握毛细管黏度计测定高分了溶液相对分子质量的原理。

(2) 学会使用黏度法测定聚甲基丙烯酸甲酯的特性黏度。

(3) 通过特性黏数计算聚甲基丙烯酸甲酯的相对分子质量。

2. 实验原理

高分子稀溶液的黏度主要反映了液体分子之间因流动或相对运动所产生的内摩擦阻力。内摩擦阻力越大，表现出来的强度就越大，且与高分子的结构、溶液浓度、溶剂的性质、温度以及压力等因素有关。用黏度法测定高分子溶液相对分子质量，关键在于$[\eta]$的求得，最为方便的是用毛细管黏度计测定溶液的相对黏度。常用的黏度计为乌氏黏度计，其特点是溶液的体积对测量没有影响，所以可以在黏度计内采取逐步稀释的方法得到不同浓度的溶液。

3. 主要试剂与仪器

1）主要试剂

聚甲基丙烯酸甲酯，正丁醇，丙酮。

2）主要仪器

乌氏毛细管黏度计，超级恒温水浴装置一套，秒表（最小单位0.0ls），吸耳球，夹子，2000mL的容量瓶，500mL的烧杯，砂芯漏斗。

4. 实验步骤

(1) 溶液配制。取洁净干燥的聚甲基丙烯酸甲酯样品，在分析天平上准确称取2.000g±0.001g，溶于500mL烧杯内（加纯溶剂丙酮200mL左右），微微加热，使其完全溶解，温度不宜高于60℃，待完全溶解后用砂芯漏斗滤至2000mL容量瓶内（用纯溶剂丙酮将烧杯洗2～3次并滤入容量瓶内），稀释至刻度，反复摇匀后待用。

(2) 安装黏度计。将干净烘干的黏度计，用过滤后的纯溶剂洗2～3次，然后将过滤好的纯溶剂从A管加入至F球的2/3～3/4，再固定在恒温30.0℃±0.1℃的水槽中，使其保持垂直，并尽量使E球全部浸泡在水中，最好使a、b两刻度线均浸没入水面以下（图4.20、6.2所示）。安装时除注意垂直外，还应注意固定的是否牢固，在测量的过程中不致引起数据的误差。

(3) 纯溶剂流出时间 t_0 的测定恒温 10～15min 后，开始测定。闭紧C管上的乳胶管，用吸耳球从B管口将纯溶剂吸至G球的一半，拿下吸耳球打开C管，记下纯溶剂流经 a、b 刻度线之间的时间 t_0，重复几次测定，直到出现3个数据，两两误差小于 0.2s，取这3次时间的平均值。

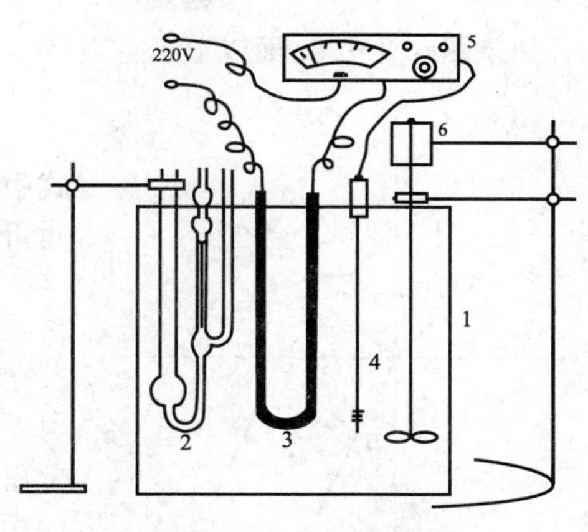

图 6.2 装置示意图

(4) 溶液流经时间 t 的测定。将毛细管内的纯溶剂倒掉，用溶液润洗1～2次，加入溶液至F球的2/3～3/4，固定在水槽中，恒温 15min 左右，开始测定。闭紧C管上的乳胶管，用吸耳球从B管口将溶液吸至G球的一半(注意B管中溶液表面不能有气泡，若有气泡可从B管上方将其吸出)，拿下吸耳球打开C管，记下溶液流经 a、b 刻度线之间的时间 t，重复几次测定，直到出现3个数据，两两误差小于 0.2s，取这3次时间的平均值。

(5) 整理工作。倒出黏度计中的溶液，倒入纯溶剂，将其吸至a线上方小球的一半，清洗毛细管，反复几次，倒挂毛细管黏度计以待后用。

(6) 计算甲基丙烯酸甲酯粘均分子量(参考 4.13 节的数据处理)。

6.1.5 有机玻璃薄板的光学性能测试

1. 实验目的

(1) 了解介质折射率的主要测试方法。
(2) 熟悉阿贝折射仪的结构、性能和工作原理。
(3) 学会用阿贝折射仪测定有机玻璃折射率。
(4) 了解光泽度的定义及测定意义。
(5) 掌握用光泽度计测量光泽度的原理和测试技术。
(6) 了解各种材料的测试要求和测量结果的处理方法。

2. 实验原理

1) 介质的折射率

由物理学知道，光在真空中的传播速度是 c_0。但是，当光线A以入射角 α 从真空进入另一介质时，由于介质中的各种离子或粒子对光线的作用，在两种介质的界面处，不仅光的传播速度将降低到 c，其传播方向也将发生变化，光线将以折射角 β 在介质内传播，这种现象称为折射，如图 6.3 所示。

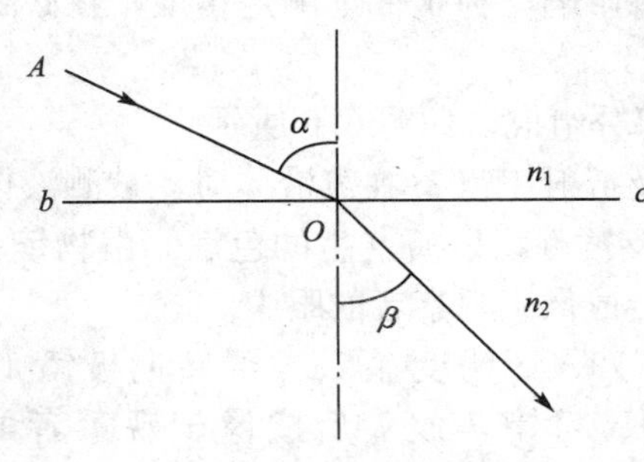

图 6.3 光在介质中的折射

介质的折射率一般用 n 表示，其关系式为

$$n=c_0/c \tag{6-2}$$

式中，n 为介质的绝对折射率；c_0 为光束在真空中的传播速度；c 为光束在介质中的传播速度。

如果图 6.3 中 bc 面以上是空气，bc 面以下是玻璃，则

$$n=\frac{n_2}{n_1}=\frac{c_1}{c_2} \tag{6-3}$$

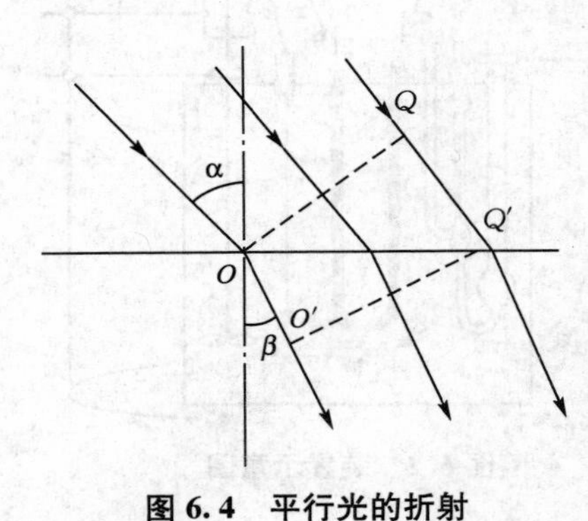

图 6.4　平行光的折射

式中，n 为玻璃对空气的相对折射率；n_1 为空气的绝对折射率；

n_2 为玻璃的绝对折射率；c_1 为光束在空气中的传播速度；c_2 为光束在玻璃中的传播速度。

按物理学中振动和波动所讲述的惠更斯原理，入射面 OQ 上的各点都可以看作是新的次波源。当 Q 点发出的次波在空气中经时刻 t 传到 Q' 点时，O 点发出的次波在相同的时刻 t 内在玻璃中传到 O' 点，如图 6.4 所示，$O'Q'$ 就是折射波面。由图 6.4 可知

$$QQ'=c_1t,\ QQ'=c_2t$$
$$\sin\alpha=QQ'/QQ'$$
$$\sin\beta=QQ'/QQ'$$

上两式相除得

$$\frac{\sin\alpha}{\sin\beta}=\frac{QQ'}{QQ'}=\frac{c_1t}{c_2t} \tag{6-4}$$

将式(6－4)代入式(6－3)得

$$n_1\cdot\sin\alpha=n_2\cdot\sin\beta \tag{6-5}$$

这就是光折射定律的表达公式。

介质的折射率是波长的函数，许多国家用光谱中的 D 线的折射率表示介质的折射率。我国以钠光谱 n_D 作为主折射率。

2) 阿贝折射仪的工作原理

(1) 阿贝折射仪的外形与结构。阿贝折射仪有投影式和非投影式两类，而每类的型号又有几种。2W 型(WZSI 型)的外形如图 6.5 所示。

底座 1 是仪器的支撑座，也是轴承座。连接两镜筒的支架 5 与外轴相连，支架上装有圆盘 3，此支架能绕主轴 5 旋转，以便工作者选择适当的工作位置。圆盘 3 内有扇形齿轮板，玻璃度盘就固定在齿轮板上。主轴 5 连接棱镜组 14 与齿轮板，当旋转手轮 2 时扇形板带动主轴，而主轴带动棱镜组 14 同时旋转，使明暗分界线位于视场中央。

棱镜组内有恒温水槽，因测量时的温度对折射率有影响，为了保证测定精度，在必要时可加恒温器。

(2) 光路系统光学系统由望远系统与读数系统两部分组成，如图 6.6 所示。

在望远系统中，光线由反光镜 1 进入进光棱镜 2 及折射棱镜 3(在测液体时，被测液体放在 2、3 之间)，经阿米西棱镜 4 抵消由于折射棱镜及被测物体所产生的色散，由物镜 5 将明暗分界线成像于场镜 6 的平面上，经目镜 7 扩大后成像于观察者的眼中。

在读数系统中，光线由小反光镜 13 经过毛玻璃 12、照明度盘 11，经转向棱镜 10 及物镜 9 将刻度成像于场镜 8 的平面上，经场镜 8、目镜 7 放大后成像于观察者的眼中。

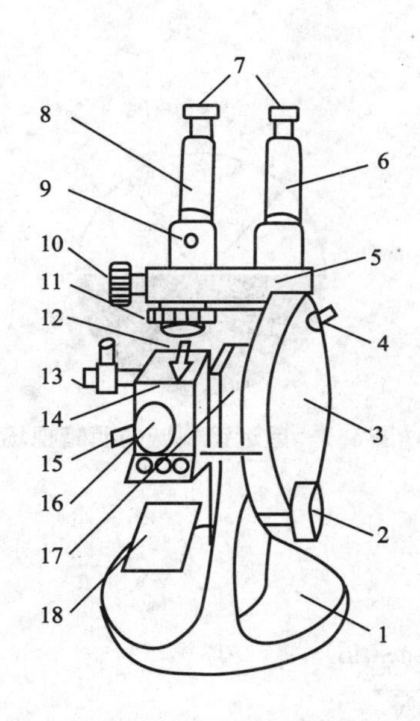

图 6.5 阿贝折射仪外形图

1—底座；2—棱镜转动手轮；3—圆盘组(内有刻度板)；
4—小反光镜；5—支架；6—读数镜筒；
7—目镜；8—望远镜筒；9—示值调节螺钉；
10—阿米西棱镜手轮；11—色散值刻度盘；
12—棱镜锁紧扳手；13—温度计座；
14—棱镜组；15—恒温器接头；
16—保护罩；17—主轴；
18—反光镜

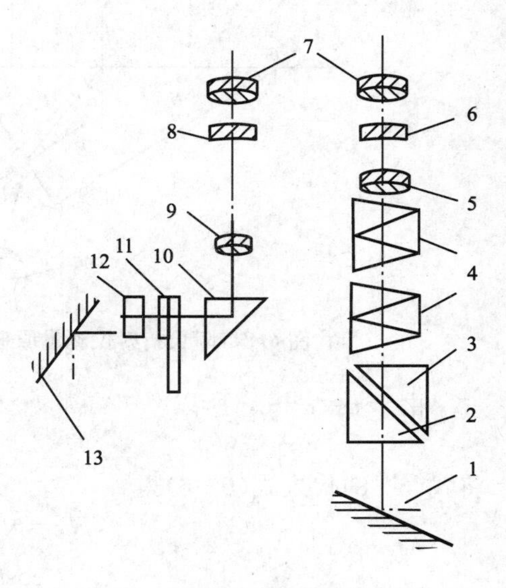

图 6.6 光学系统

1—反光镜；2—进光棱镜；3—折射棱镜；
4—阿米西棱镜；5、9—物镜；
6、8—场镜；7—目镜；10—转向棱镜；
11—照明度盘；12—毛玻璃；
13—小反光镜

(3) 测量原理。当一束光线从光密介质进入光疏介质时($n_1>n_2$)，入射角 i 将小于折射角 r。如果改变入射角，就可以使折射角达到 90°，这时的入射角称为“临界角”(i_c)。若入射角大于 i_c，就不再有折射光线，入射光全部反射回第一种介质，这种现象叫全反射，如图 6.7 所示。阿贝折射仪就是根据这个原理来测定介质的折射率的。

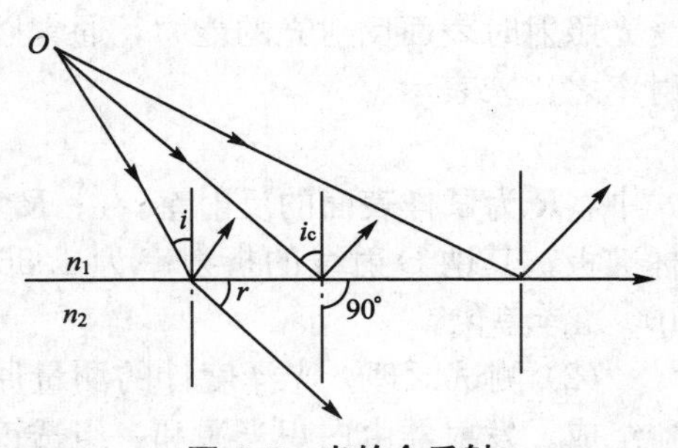

图 6.7 光的全反射

图 6.8 是一折射棱镜与试样组合时的情况。AB 面以上为待测试样，共折射率为 N_1；AB 面以下为折射棱镜，其折射率为 N_2。当光线以不同的角度入射 AB 面时，其折射角都大于 i_c。如果用一望远镜在 AC 方向观察时，就可以看到一半为明一半为暗的视场，如图 6.9 所示，明暗分界处即为临界角光线在 BC 面上的初射方向。

对于图 6.8 的情况，可用折射定律得

$$N_1 \cdot \sin 90° = N_2 \cdot \sin\alpha \tag{6-6}$$

$$N_2 \cdot \sin\beta = \sin i \tag{6-7}$$

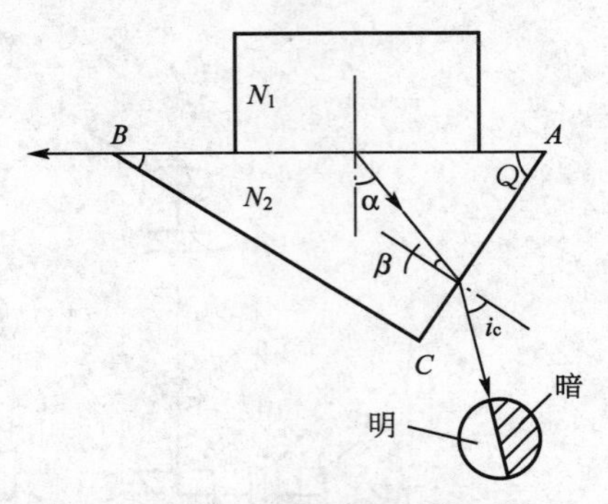

图 6.8　阿贝折射仪测量原理图

图 6.9　望远镜视域的明暗视场

由于 $\varphi=\alpha+\beta$，所以

$$\alpha=\varphi-\beta \tag{6-8}$$

将式(6－8)代入式(6－6)得

$$N_1=N_2(\sin\varphi\cos\beta-\cos\varphi\sin\beta) \tag{6-9}$$

$$\cos\beta=\sqrt{N_2^2-\sin^2 i/N_2} \tag{6-10}$$

将式(6－10)代入式(6－5)得

$$N_1=\sin\varphi\sqrt{N_2^2-\sin^2 i}-\cos\varphi\sin i \tag{6-11}$$

由式(6－11)可见，当 ϕ 角及 N_2 为已知时，测得 i 角，就可计算出被测物体的折射率 N_1。

在设计与制造阿贝折射仪时，已按公式(6－11)进行刻度盘的刻制，所以测量的读数就是被测物体的折射率，使用时是很方便的。

3) 色泽度的定义和测试原理

(1) 光泽度的定义。光泽是物体表面定向选择反射的性质，表现于在表面上呈现不同的亮斑或形成重叠于表面的物体的像。光泽度(用数字表示物体表面的光泽大小)是指物体受光照射时表面反射光的能力，通常以试样在镜面(正反射)方向的反射率与标准表面的反射率之比来表示。

$$G=100R/R_0 \tag{6-12}$$

式中，R 为试样表面的反射率，%；R_0 为标准板的反射率，以抛光完善的黑玻璃作为参照标准板，其钠 D 射线的折射率为 1.567，对于每一个几何光学条件的镜向光泽度定标为 100 光泽单位。

(2) 测试原理。光泽度计的测量原理如图 6.10 所示。仪器的测量头由发射器和接收器组成。发射器由白炽光源和一组透镜组成，它产生一定要求的入射光束。接收器由透镜和光敏元件组成，用于接受从样品表面反射回来的锥体光束。

用波动理论可以定性地解释材料的许多光学性能。根据波动理论可以导出，单位时间通过单位面积的入射光的能量流 W_0 与反射光的能量流 W 之比为

$$\frac{W}{W_0}=\frac{1}{2}\left[\frac{\sin^2(i-r)}{\sin^2(i+r)}+\frac{\tan^2(i-r)}{\tan^2(i+r)}\right] \tag{6-13}$$

式中，i 为入射光线和法线之间的夹角(入射角)；r 为折射角。

镜面反射率 R 取决于介质的折射率及光线的入射角，因此在实际应用中常用于式(6－14)的计算。

$$\frac{W}{W_0}=\frac{1}{2}\left[\frac{\cos i-\sqrt{n^2-\sin^2 i}}{\cos i+\sqrt{n^2+\sin^2 i}}+\frac{n^2\cos i-\sqrt{n^2-\sin^2 i}}{n^2\cos i+\sqrt{n^2-\sin^2 i}}\right] \tag{6-14}$$

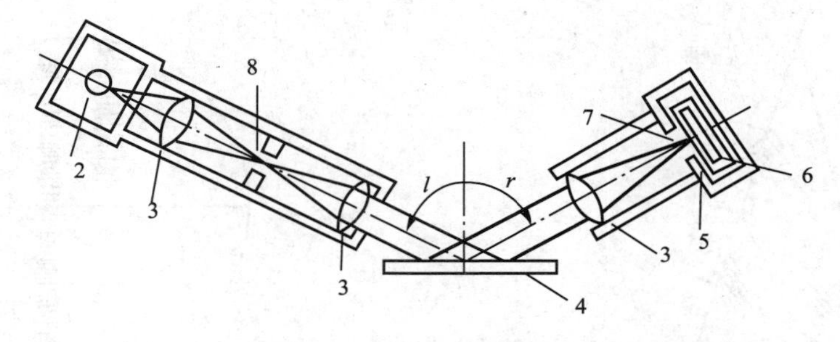

图 6.10 光泽度计的测量原理图

1—光轴；2—光源；3—透镜；4—试样；
5—光圈；6—受光器光圈；7—受光器；8—光源影像

式中，n 为材料的折射率。这样，根据标准光泽板的折射率和确定的入射角，就可计算标准板的镜面反射率。将这个值定为100个光泽度单位，在光泽度计的刻度盘上刻出，就可对待测试样进行测定。

3. 仪器与试剂

1）主要试剂

1-溴代萘(介质的折射率 $n<1.66$ 时用)，二碘甲烷($n>1.66$ 时用)，无水乙醇加乙醚混合液。

2）主要仪器

阿贝折射仪(2W 型)1 台、纱布、脱脂棉、镊子一把、光泽度计。

4. 实验步骤

1）样品折射率的测定

(1) 样品制备。取制备好的有机玻璃薄板，切取约 1cm 宽，2～3cm 长，厚 2～3mm 的试块。将试块的一个大面和一个端面磨成两个互成垂直的 A、B 面，并进行抛光，清洗干净，晾干待用。

(2) 校对仪器，主要包括以下两大步骤。

① 将仪器置于明亮处，从目镜中观察视场是否明亮均匀，否则以室内灯光来补充自然光。

② 在开始测定前，先用随仪器附件所带的标准试样校对仪器的读数。

首先，打开进光棱镜，用无水乙醇和乙醚(1∶1 的混合)将标准试块和折射棱镜的表面擦洗干净。为了使标准试样与折射棱镜的 AB 面完全接触，先在标准试样的大抛光面上加一滴 α-溴代萘，然后将标准试样贴在折射棱镜的抛光面上。粘贴时应注意，标准试样的抛光端面应向上，以便接受入射光线，如图 6.11 所示。

接着，调节棱镜转动手轮，使读数镜内指示在标准试样的刻度值上，如图 6.12 所示。此后，观察望远镜内的明暗分界线是否在十字线中心。若分界线偏离十字线中心，可用附件校正扳手转动示值调节螺钉，使明暗分界线调至十字线中心。仪器调正后，在测试过程

中不允许随意再动。

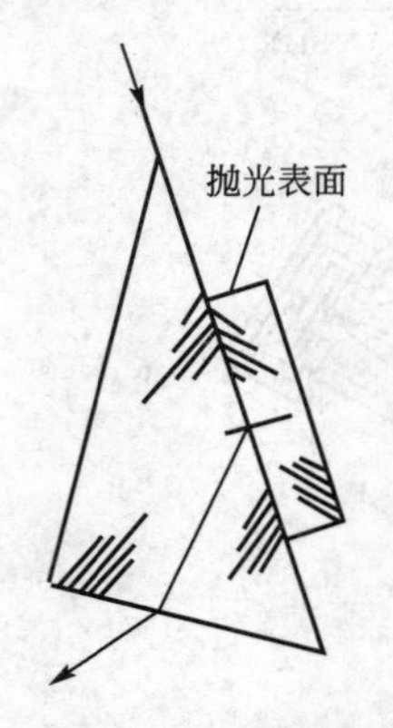

图 6.11　试样与折射棱镜粘贴示意图

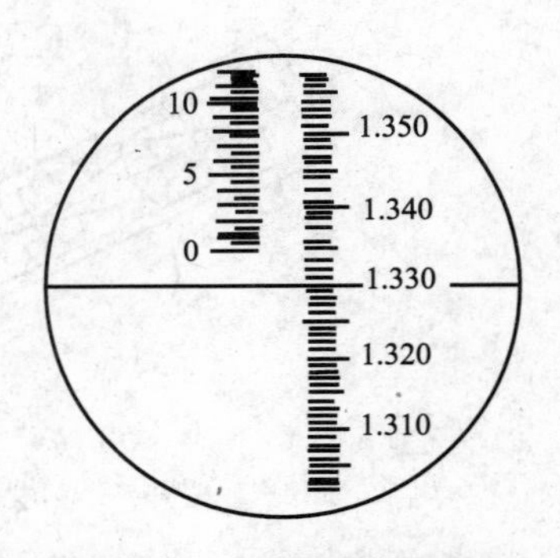

图 6.12　读数镜视场示意图

③ 校正完毕，取下标准试样，将折射棱镜和进光棱镜擦洗干净，以免留有其他物质影响测定精度。将标准试样擦洗干净，保存待下次使用。

(3) 试样测定，包括以下两个方面的操作。

① 在已洗净晾干的待测试样的抛光面上滴一滴溴代萘(若试样的折射率大于 1.66，则应改用二碘甲烷)，把试样贴在折射棱镜上，并使抛光端面朝上，如图 6.11 所示。

② 旋转棱镜手轮，使棱镜组转动，在望远镜中观察明暗分界线，调节明暗分界线在十字中心处；同时旋转阿米西棱镜手轮，使视场中除黑白色外无其他颜色。当视场中无其他颜色且明暗分界线在十字线中心时，读数镜视场右边所指示的刻度值即为待测试样的折射率(ND)值。测试无机玻璃作为对比。

2) 样品色泽度测定

(1) 试验要求与制备，主要包括以下几个方面。

① 试验表面应平整、光滑、无翘曲、波纹、突起、弯曲、砂眼等外观缺陷。

② 试验规格即数量。根据 GB/T 13891—92 的规定，不同材料(制品)的试样规格、数量，每块试样的测量点见表 6-2。

③ 将选择出的待测试样洗净、烘干备用。

表 6-2　试样要求与测量点布置

试样	规格(常×宽)/(mm×mm)	数量(块)	测量点的数值与位置
大理石板材	300×300	5	5 个测量点(板材的中心与四角)
墙地转	150×150 150×175	5	1 个测量点 (墙地砖的中心)
塑料地板	300×300	3	10 个测量点 (板材中心与四角的 5 个点测量后，将测量头旋转 90°，再测一次)
玻璃纤维增强塑料板材	150×150	3	10 个测量点 (与塑料地板相同)

(2) 实验步骤，主要包括以下几个步骤。

① 用擦镜纸将随机附带的标准板擦干净。将仪器的测量头置于标准板框内。

② 连接好测量头与检测仪表间的信号线，接通电源，检查确认无误后，打开电源开关，指示灯亮，整机通电预热30min以上。

③ 对于WYG－45光电光泽度计，将功能开关拨至“0”一侧，调整“0”旋钮，使指针对准零点。对于SS－82光电光泽度计，将“调零-测量”开关拨至“调零”一侧，调整“调零”旋钮，使指针对准零点。

④ 对于WYG－45光电光泽度计，将功能开关拨至“振幅(AMP)”一侧，调整“振幅(AMP)”旋钮，使指针的读数与标准板的光泽度相符。对于SS－82光电光泽度计，将“调零-测量”开头拨至“测量”一侧，调整“振幅”旋钮。使指针的读数与标准板的光泽度相符。

⑤ 重复③、④的过程，当零点与幅度均调节准确后，对于WYG－45光电光泽度计，将功能开关拨至“振幅(AMP)”一侧，即可进行实际测量。

对于SS－82光电光泽度计，将“调零-测量”开关拨至“测量”一侧，即可进行实际测量。

⑥ 按表6－2的要求，将测量头置于试样表面的第一个待测量部位，这时表头所指示的数值即为待测部位的光泽度值。读取数值后，再对其他测量部位进行测量。

⑦ 换另一块试样，按上述方法测量其光泽度值。

5. 数据记录及数据处理

应记录的原始数据包括以下几个方面：

样品名称、试样牌号、试样品种、试样来源、试样编号等，样品的折射率，样品色泽度。

6. 思考题

(1) 玻璃的折射率为什么与组成有关?

(2) 玻璃的折射率为什么与温度有关?

(3) 为什么当显微镜的镜筒向上提升时，贝克线向折射率大的介质方向移动，而镜筒下降时，贝克线向折射率小的介质方向移动?

(4) 镜向反射和漫反射有什么不同?

(5) 相对反射率的含义是什么? 在测材料(制品)的光泽度之前，为什么要用标准板对仪器的表头进行校正?

(6) 在陶瓷或搪瓷的生产中，为了提高制品表面的光泽度，应采取什么措施? 而在玻璃制品的深加工中，为了降低玻璃表面的光泽度，应采取什么措施?

6.2 聚乙烯醇缩丁醛的制备

6.2.1 醋酸乙烯酯的乳液聚合

1. 实验目的

(1) 学习与掌握乳液聚合方法，制备聚醋酸乙烯酯乳液。

(2) 了解乳液聚合机理及乳液聚合中各个组分的作用。

2. 实验原理

乳液聚合是以水为分散介质，单体在乳化剂的作用下分散，并使用水溶性的引发剂引发单体聚合的方法，所生成的聚合物以微细的粒子状分散在水中呈白色乳液状。

乳化剂的选择对乳液聚合的稳定十分重要，起降低溶液表面张力的作用，使单体容易分散成小液滴，并在乳胶粒表面形成保护层，防止乳胶粒凝聚。常见的乳化剂分为阴离子型、阳离子型和非离子型3种。一般多将离子型和非离子型乳化剂配合使用。

市场上的“白乳胶”就是乳液聚合方法制备的聚醋酸乙烯酯乳液。乳液聚合通常在装有回流冷凝管的搅拌反应器中进行：加入乳化剂、引发剂水溶液和单体后，一边进行搅拌，一边加热便可制得乳液。乳液聚合温度一般控制在70～90℃之间，pH在2～6之间。由于醋酸乙烯酯聚合反应放热较大，反应温度上升显著，一次投料法要想获得高浓度的稳定乳液比较困难，故一般采用分批加入引发剂或者单体的方法。醋酸乙烯酯乳液聚合机理与一般乳液聚合机理相似，但是由于醋酸乙烯酯在水中有较高的溶解度，而且容易水解，产生的乙酸会干扰聚合；同时，醋酸乙烯酯自由基十分活泼，链转移反应显著。因此，除了乳化剂，醋酸乙烯酯乳液中一般还加入聚乙烯醇来保护胶体。

醋酸乙烯酯也可以与其他单体共聚合制备性能更优异的聚合物乳液，如与氯乙烯单体共聚合可改善聚氯乙烯的可塑性或改良其溶解性；与丙烯酸共聚合可改善乳液的粘接性能和耐碱性。

3. 主要试剂与仪器

1）主要试剂

醋酸乙烯酯，聚乙烯醇-1788，十二烷基磺酸钠，OP-10，过硫酸胺，碳酸氢钠，去离子水。

2）主要仪器

搅拌器一套，球形冷凝管一个，500mL四口烧瓶一个，100mL滴液漏斗一个，恒温水槽一套，温度计一支，固定夹若干，pH试纸，NDJ-79型旋转黏度计，烘箱。

4. 实验步骤

1）实验装置

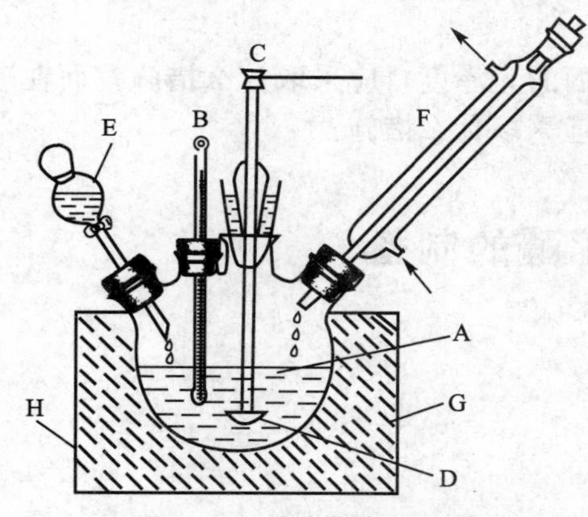

图6.13 乳液聚合装置图

A—三口瓶；B—温度计；C—搅拌马达；D—搅拌器；E—滴液漏斗；F—回流冷凝管；G—加热水浴；H—玻璃缸

(1) 实验装置如图6.13所示。

(2) 首先在四口烧瓶内加入去离子水90g、聚乙烯醇5g、5gOP-10，开启搅拌，水浴加热至80～90℃使其溶解。

(3) 降温至70℃后，停止搅拌，加入十二烷基磺酸钠1g及碳酸氢钠0.26g后，开启搅拌，再加入7g醋酸乙烯酯(约1/10单体量)，最后加入过硫酸胺0.4g，反应开始。

(4) 至反应体系出现蓝光，表明乳液聚合反应开始启动，15min后再开始缓慢滴加剩余的醋酸乙烯酯63g，在两个小时内加完。

(5) 滴加完毕后继续搅拌，保温反应0.5小时，撤除恒温浴槽，继续搅拌冷却至室温。

(6) 将生成的乳液经纱布过滤倒出，进行物性测试。

5. 乳液的物性测试

(1) pH值测定：以pH试纸测定乳液pH值。

(2) 固含量测定：在培养皿(预先称重 m_0)中倒入2g左右的乳液并准确记录(m_1)，在105℃烘箱内烘烤2小时，称量并计算干燥后的质量(m_2)，测其固体百分含量。

(3) 黏度测试：以NDJ－79型旋转式黏度计测试乳液黏度。选用“×1”号转子，测试温度为25℃。

6.2.2 聚醋酸乙烯醋酯的溶液聚合与聚乙烯醇的制备

1. 实验目的

(1) 通过本实验掌握聚醋酸乙烯酯PVAC溶液聚合方法。

(2) 了解聚醋酸乙烯酯制备聚乙烯醇(PVA)方法。

(3) 由高分子转化反应了解溶液聚合、高分子侧基反应原理及醇解度测定方法。

2. 实验原理

本实验采用自由基溶液聚合反应，之所以选用乙醇作溶剂，是由于PVAC能溶于乙醇，而且聚合反应中活性链对乙醇的链转移常数较小，而且在醇解制取PVA时，加入催化剂后在乙醇中经侧基转化反应即可直接进行醇解。

PVAC的醇解反应可以在酸性或碱性催化下进行，目前工业上都采用碱性醇解法。

乙醇中过量的水对醇解反应会产生阻碍作用。因为水的存在使反应体系内产生CH_3COONa，消耗了NaOH，而NaOH在此是用作催化剂的，因此要严格控制乙醇中水含量。

3. 主要试剂与仪器

1) 主要试剂

醋酸乙烯酯，氢氧化钠，乙醇，偶氮二异丁腈(AIBN)。

2) 主要仪器

250mL三口瓶一个，回流冷凝管一个，搅拌器一个，100mL滴液漏斗一个。

4. 实验步骤

(1) 聚醋酸乙烯酯(PVAC)的制备：按图6.14安装好实验装置，在250mL三口烧瓶中加入20g乙醇、40g醋酸乙烯酯和0.05g偶氮二异丁腈，开始搅拌。当偶氮二异丁腈完全溶解后，升温至60℃±2℃，在此温度下反应3小时，加入40g乙醇，起稀释作用，下一步参加醇解反应。

(2) 将大部分聚合物溶液倒入回收瓶中，反应瓶内留下约15g。用15mL乙醇将瓶口处的溶液冲净。

(3) 醇解反应：按图6.15改装好装置，在反应瓶中加入85mL乙醇。开动搅拌，使聚合物混合均匀后，在25℃下慢慢滴加5%的氢氧化钠/乙醇溶液2.8mL(约2秒/滴)。仔细观察反应体系，约1～1.5h发生相转变。这时再滴加1.2mL的氢氧化钠/乙醇溶液，继续反应1h，用布氏漏斗抽滤，所得聚醋酸乙烯酯为白色沉淀，分别用15mL乙醇洗涤3次。产物放在表面皿上，捣碎并尽量散开，自然干燥后放入真空烘箱中，在50℃

下干燥 1h，再称重。

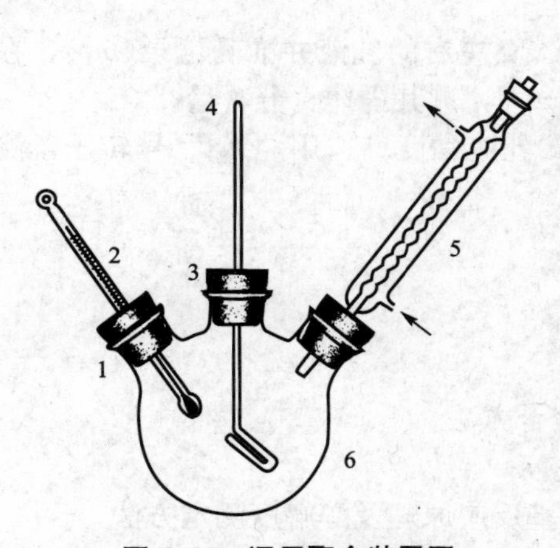

图 6.14 通用聚合装置图

1—温度计套管；2—温度计；3—四氟密封塞；
4—搅拌器；5—球形冷凝管；
6—250mL 三口烧瓶

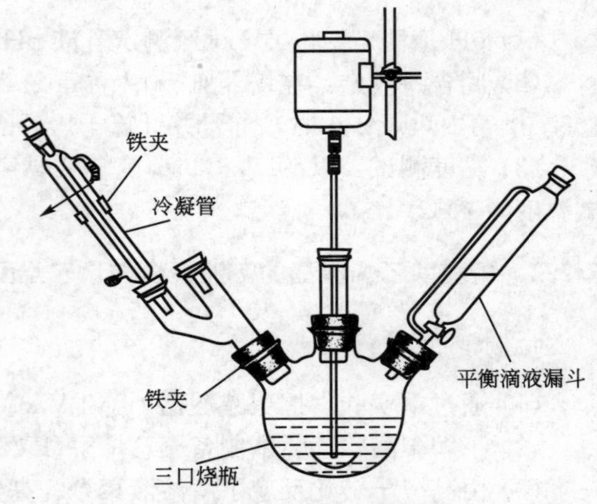

图 6.15 醇解反应装置图

5. 注意事项

为避免醇解过程中出现冻胶甚至产物结块，添加催化剂的速度要慢，并分两次加入。如反应过程中发现可能出现冻胶时，应加快搅拌速度，并适当补加一些乙醇。

6.2.3 聚乙烯醇及其缩丁醛的制备

1. 实验目的

了解聚合物中官能团反应的知识，并学会其操作技术。

2. 实验原理

由于单体的乙烯醇并不存在，聚乙烯醇不可能从单体聚合而得，只能以它的酯类(即聚乙酸乙烯酯)通过醇解而得到，醇解可以在酸性或碱性条件下催化进行，通常用乙醇或甲醇作溶剂。酸性醇解时，由于痕迹量的酸极难自聚乙烯醇中除去，残留在产物中的酸，可能加速聚乙烯醇的脱水作用，使产物变黄或不溶于水。碱性醇解时，产品中含有副产物醋酸钠。目前工业上都采用碱性溶解法。

碱性醇解反应式为

$$\sim CH_2-\underset{\displaystyle OCOCH_3}{\underset{|}{CH}}-CH_2-\underset{\displaystyle OCOCH_3}{\underset{|}{CH}}\sim\sim \xrightarrow[NaOH]{CH_3OH}$$

$$\sim CH_2-\underset{\displaystyle OH}{\underset{|}{CH}}-CH_2-\underset{\displaystyle OH}{\underset{|}{CH}}\sim\sim + CH_3COONa + CH_3COOCH_3$$

酸性醇解反应式为

$$\sim CH_2-\underset{OCOCH_3}{\underset{|}{CH}}-CH_2-\underset{OCOCH_3}{\underset{|}{CH}}\sim\sim\xrightarrow[H_2SO_4]{CH_3OH}$$

$$\sim CH_2-\underset{OH}{\underset{|}{CH}}-CH_2-\underset{OH}{\underset{|}{CH}}\sim\sim + CH_3COOH + CH_3COOCH_2$$

醇解在加热和搅拌下进行，初始时微量聚乙烯醇先在瓶壁析出，当约有60%的乙酰氧基被羟基取代后，聚乙烯醇即自溶液中大量析出。继续加热，醇解在二相中进行。在反应过程中，除了乙酸根被醇解外，还有支链的断裂，聚乙酸乙烯酯的支化度越高，醇解后分子量降低就越多。

聚乙烯醇是白色粉末，易溶于水，将它的水溶液自纺丝头喷入 $NaSO_4-K_2SO_4$ 的溶液中，聚乙烯醇即沉淀而出，再用甲醛处理就得强度高、密度大的人造纤维，商品名叫“维尼纶”。

聚乙烯醇水溶液在浓盐酸催化下与丁醛缩合制得的聚乙烯醇缩丁醛树脂，就是粘结力大、制造透明安全玻璃的一种原料。此外，聚乙烯醇对许多有机溶剂的不溶性，可用来制耐汽油的衬垫和管子。

3. 主要试剂和仪器

1）主要试剂

聚乙酸乙烯酯，乙醇，氢氧化钾-乙醇溶液，正丁醛，盐酸羟胺水溶液。

2）主要仪器

搅拌器，三颈瓶，冷凝管，滴液漏斗等。

4. 实验步骤

1）聚乙酸乙烯酯的醇解-聚乙烯醇的制备

在装有搅拌器、冷凝管、温度计和滴液漏斗的500mL三颈瓶中加330mL6%的氢氧化钾-乙醇碱液[1]，用水浴保持温度在20～25℃[2]，滴加80g浓度为26%的聚乙酸乙烯酯溶液，速度不宜过快[3]，在40～45min内滴完。然后维持此温度2h，冷却至室温，用布氏漏斗过滤。产物为白→浅黄色固体，用60mL70%乙醇分4次洗涤，抽干，然后置于真空烘箱中在50～60℃的温度下烘干。

附：醇解度分析

测定方法：准确称取聚乙烯醇样品1g，加入100mL蒸馏水，加热回流至全部溶解。冷却后加入酚酞指示剂，用0.01mol/L氢氧化钠乙醇溶液中和至微红色。加入25mL0.5mol/L氢氧化钠水溶液，在水浴上回流1小时，冷却，用0.5mol/L盐酸滴定至无色。同时作一空白试验。

注：[1] 氢氧化钾-乙醇碱液要先配好，过滤后再用，氢氧化钾的质量对产物的色泽影响很大。

[2] 温度不宜超过30℃，否则产物的颜色较深。

[3] 为防止结块，滴加速度不宜过快。生产上也有采用在聚乙酸乙烯酯的溶液中加入碱液进行醇解的操作方法，但在实验室中不宜采用，因为小试的搅拌效率不高，反应过快，会产生冻胶现象，产物难以处理。

$$乙酰氧基含量\% = \frac{(V_2 - V_1)N}{W} \times 0.059 \times 100\% \tag{6-15}$$

式中，N 为盐酸标准溶液的摩尔浓度；V_2 为空白消耗盐酸的毫升数；V_1 为样品消耗盐酸的毫升数；W 为样品的质量；0.059 是换算因子。

2）聚乙烯醇缩丁醛的制备

在装有搅拌器、冷凝管、温度计的 250mL 三颈瓶中加入 10g 聚乙烯醇，90mL 蒸馏水，配成 10%溶液。在 70～80℃溶解 1h。待聚乙烯醇完全溶解后，冷却到 8～10℃，测 pH 值。若溶液呈碱性，先加数滴 20%的盐酸中和至中性。加入 5.8g 丁醛，溶解搅拌 10～15min，加入 20%盐酸 2.4mL。反应温度控制在 8～10℃2h，10～15℃12h，15－20℃0.5h，以后逐步升温到 50～55℃，反应时间 3h 左右[1]。冷却到室温后，用砂蕊漏斗抽气过滤，用大量水洗至中性，并除去未反应的丁醛[2]，产物抽干，在真空烘箱中干燥，温度控制在 40℃左右。产物为白色粉末，易溶于酯类和乙醇中，易溶于苯和乙醇的混合液中，缩醛度约为 40%。试验聚乙烯醇缩丁醛的溶解度，并同聚乙烯醇比较，在乙醇中的溶解度随着缩醛度的提高而提高。

附：缩醛度和酸度的测定

测定方法：聚乙烯醇缩丁醛(PVB)样品经 50℃真空烘箱干燥恒重，准确称取 1g，置于 250mL 磨口三角烧瓶中，加入 50mL 乙醇，接上冷凝管，加热至 60℃，使样品全部溶解。冷却后，加入 1%酚酞指示剂，用 0.02mol/L 氢氧化钾-乙醇溶液滴定至微红色。加入 7%盐酸羟胺水溶液 25mL，摇匀，并加热回流 3h。冷却后加入甲基橙指示剂，用 0.5mol/L 的氢氧化钾标准溶液滴定至终点由红→黄，同时做一空白试验。

$$酸值 = \frac{(V_2 - V_1)N \times 56.1}{W \times 1000} \times 100\% \tag{6-16}$$

式中，V_1 是空白消耗氢氧化钾-乙醇溶液毫升数；V_2 是样品消耗氢氧化钾-乙醇溶液毫升数；56.1 是换算因子；W 是样品重；N 是氢氧化钾-乙醇溶液的摩尔浓度，mol/L。

$$缩醛度\% = \frac{(V_2 - V_1) \times N \times 0.088}{W} \times 100\% \tag{6-17}$$

式中，W 是样品重量；0.088 是换算因子；V_2 是样品消耗氢氧化钾标准溶液毫升数，V_1 是空白消耗氢氧化钾标准溶液毫升数。

6.3 油改性醇酸树脂的制备

6.3.1 植物油改性醋酸树脂

1. 实验目的

(1) 了解醇酸树脂的聚合方法。

(2) 植物油改性醋酸树脂的制备。

注：[1] 为防止结块，温度不能升得太快。

[2] 未反应的丁醛难溶于冰水，除去困难，可改用 30～40℃温水处理，或用低浓度的乙醇溶液洗涤。

2. 实验原理

邻苯二甲酸酐(苯酐)和丙三醇(甘油)以当量反应生成醇酸树脂，其结构式如下所示。

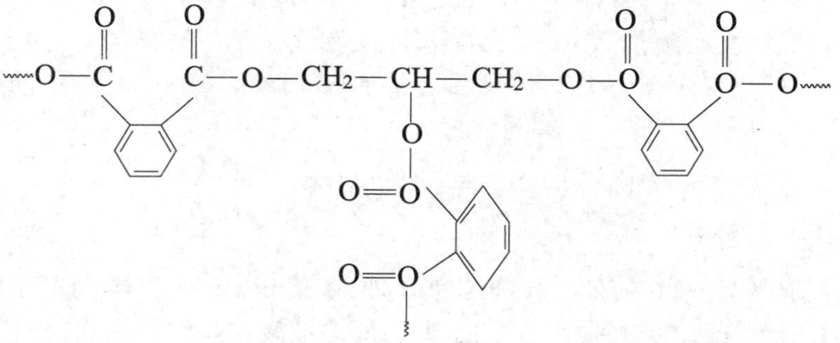

$$\sim O-\overset{O}{\overset{\|}{C}}-C_6H_4-\overset{O}{\overset{\|}{C}}-O-CH_2-CH-CH_2-O-O\cdots O-O\sim$$

该反应属于体型缩聚反应。按Carothor方程计算，反应程度达83.8%时发生凝胶化，形成网状交联结构的聚合物。为了提高反应程度，又要避免凝胶化，可以设法用植物油改性，使丙三醇先变成一元甘油酯，其结构如下所示。

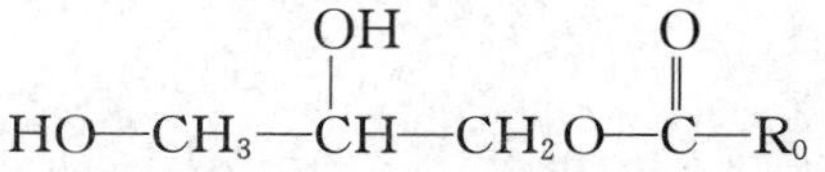

$$HO-CH_3-\overset{OH}{\overset{|}{C}H}-CH_2O-\overset{O}{\overset{\|}{C}}-R_0$$

这是一个二官能团化合物，再与苯酐反应，就是线型缩聚了，即使反应程度接近100%，也不出现凝胶化。

油是各种脂肪酸甘油酯的混合物，与丙三醇发生醇解反应，生成各种一元甘油酯的混合物。反应时油和甘油不能混合而分层，一定要加些碱性催化剂如四氧化三铅等，使甘油和油混合发生酯交换的醇解反应。催化剂用量是甘油的0.15%。

油改性醇酸树脂虽然是线型聚合物，但油的脂肪酸根中含不饱和双键，它能与空气中的氧发生反应，使树脂进一步氧化交联，最终形成不溶不熔的干性漆膜。不同的油品，组成不同，其双键含量也不同。亚麻仁油双键数多，干燥速度快称干性油；豆油中双键数少，干燥速度慢称半干性油。本实验用亚麻仁油改性。反应产物中加环烷酸钴，锰，镍等固化剂后，即可作清漆使用。

3. 主要试剂及仪器

1）主要试剂

甘油，亚麻仁油，邻苯二甲酸酐，四氧化三铅，二甲苯，氢氧化钾-乙醇溶液。

2）主要仪器

搅拌器，三颈瓶，冷凝管。

4. 实验步骤

1）亚麻仁油醇解——甘油单亚油酸酸的制备

在装有搅拌器、温度计、冷凝管的三颈瓶中加入15.5g甘油及52.5g亚麻仁油。通入氮气(保护液面)加热至120℃，然后加入Pb_3O_4 0.018g和少量亚麻仁油调成的糊状物。继续加热至240℃，保持该温度反应1h。此时，取样0.5g左右，加入2.5g甲醇，检查互溶程度。若互溶即达醇解终点，降温至200℃。

2）油改性醇酸树脂的制备

在上面反应瓶装上油水分离器，分离器中装满二甲苯。将 33.2g 苯酐分批加入反应瓶。加入苯酐时，反应瓶中有泡沫生成，要待泡沫消失后再加，同时苯酐会升华，要注意防止升华而堵住管子。反应物料保持 180～200℃。加毕后(约 15～30min)保持 200℃反应 1h，蒸出水分，然后小心地加入 6mL 二甲苯，在氮气保护下，回流 3 小时，取样测 pH 值。酸值在 pH 为 4 左右停止反应。冷却后，再加入 108mL 二甲苯稀释，得米棕色溶液。称取 3～4g 样品，烘干，称重，计算固含量。

$$固含量=\frac{W_{固体}}{W_{溶液}}\times 100\% \quad (6-18)$$

3）酸值测定

测定酸值：取样 3.00g 左右，准确称重，加入 25mL 苯一乙醇的混合溶液(苯：乙醇＝1：1)，加入酚酞指示剂 4 滴，氢氧化钾-乙醇溶液滴定，然后用式(6-19)计算酸值。

$$酸值=\frac{N_{KOH}\times 56.1}{W_{样}}\times V_{KOH} \quad (6-19)$$

氢氧化钾-乙醇溶液浓度在 0.037～0.038。V_{KOH} 为滴定所耗用的氢氧化钾-乙醇溶液的毫升数。

5. 注意事项

加苯酐时注意不要加得太快，以防溶液溢出。

6.3.2 猪油改性醇酸树脂的制备

猪油资源充足，但过去主要用于食品及制皂工业，在涂料工业方面的开发利用，将是高附加值的开发利用。为此，开展了猪油改性醇酸树脂的研制。

1. 实验目的

猪油改性醇酸树脂的合成。

2. 实验步骤

醇酸树脂的制造是以多元醇、多元酸、脂肪酸等进行酯化为主要反应。由于使用原料不同，可分为脂肪酸法和醇解法，本实验采用醇解法。

1）醇解反应

醇解反应是制造猪油改性醇酸树脂过程中的一个极为重要的步骤，这是影响醇酸树脂分子量分布与结构的关键。猪油与甘油在催化剂存在下共热，发生醇解反应(又称酯交换反应)，反应式为

$$2\begin{array}{l}CH_2OH\\|\\CHOH\\|\\CH_2OH\end{array} + \begin{array}{l}CH_2-COOR\\|\\CH-COOR\\|\\CH_2-COOR\end{array} \xrightarrow[\triangle]{催化剂} 3\cdot\begin{array}{l}CH_2-COOR\\|\\CH-OH\\|\\CH_2OH\end{array}$$

此反应属于亲核反应，主要产物是甘油一酸酯，这种单甘油酯能与多元醇、多元酸互溶形成均相系统。变三元醇为二元醇，进而与二元酸进行线型酯化聚合反应。

2）酯化聚合反应

利用第一步醇解反应产物甘油-酸酯与甘油、苯二甲酸酐在 200～220℃进行酯化聚合

反应，反应式为

$$n\,\underset{\substack{|\\ CH_2OH}}{\overset{\substack{CH_2OH\\ |}}{CH}}—COOR + n\,\underset{\substack{|\\ CH_2OH}}{\overset{\substack{CH_2OH\\ |}}{CHOH}} + n\,C_6H_4(CO)_2O \xrightarrow{\triangle}$$

$$HOOC{-}C_6H_4{-}COO{-}H_2C{-}\left[\underset{\substack{|\\ COOR}}{CH}{-}CH_2CH_2{-}\underset{\substack{|\\ OH}}{CH}\right]_n{-}CH_2{-}OOC{-}C_6H_4{-}COOH$$

3）合成工艺

向装有搅拌器、温度计、带有冷凝管的油水分离器的四口烧瓶中加入猪油 72g（天冷时，先将猪油加热融熔），甘油 45g，开启搅拌，升温并同时通入 CO_2 气体。升温至 120℃时，停止搅拌，加入 LiOH0.01～0.2g，然后继续搅拌、升温至 200～250℃，保温醇解。20min 后取样测甲醇容忍度达到 5 为醇解终点（醇解物：甲醇＝1：5 透明，甲醇为分析纯）。降温加苯二甲酸酐 83g，停止通 CO_2，从分水器加入总投料量 6%的二甲苯，再继续升温至 200～220℃，保温酯化。60min 后开始取样测酸价、黏度，至酸价≤8mg KOH/g，黏度达 6s（格氏管法），停止保温，降温至 135℃以下，加入二甲苯 155g 稀释，冷却过滤，包装。

4）结果与讨论

（1）油度的选择。油改性醇酸树脂根据油的性质和树脂的用途，制成不同油度（指树脂中脂肪酸的含量）的醇酸树脂。一般分为短、中、长 3 种油度。猪油的成分中饱和脂肪酸的含量占 41.5%，碘值较低，因此猪油树脂不适宜制常温自干型漆，适宜制烘干型漆。猪油树脂的油度不宜过长，故选择短油度。

（2）应用效果。短油度醇酸树脂在制漆时，一般不单独使用，常与含交联基团的氨基树脂并用，制氨基烘漆。将猪油树脂与氨基树脂交联制氨基清烘漆。猪油树脂制的氨基清烘漆，漆液颜色浅，漆膜性能良好，其中光泽与耐水性能大大超过标准值，表现出猪油树脂具有良好的光泽与耐水性。

（3）实用价值。猪油成分中不含亚麻酸，因此猪油树脂制的漆膜不易泛黄，适宜制白色或浅色氨基烘漆。所制清烘漆颜色也较浅，适用于轻工产品、高档家电产品表面的罩光。

5）结论

猪油系动物油脂，不含植物性色素，酸值低，故猪油进厂检验合格，即可投入生产。可省略精制工序，避免了油的损耗，可以降低生产成本。而且猪油价格也低于植物油价格，所以猪油在涂料工业具有实用价值。

3. 背景知识

醇酸树脂是一种应用较早，使用面很广的一种化工原料。涂料用合成树脂中醇酸树脂的产量最大，用途最广，约占世界涂料用合成树脂总产量的 15%以上，我国涂料市场中约占总产量的 25%。由于它的价格低，其综合性能优良等特点，具有较大的适应性。其合成方法很多，但其合成反应温度一般为200～240℃，有些甚至高达250℃以上，而且酯化反应时间很长，一般需12～17h。因此降低反应温度，缩短反应时间是改进工艺的关键课题。

6.4 酚醛泡沫的制备及性能表征

1. 实验目的

(1) 学习缩聚反应的特点及反应条件对产物性能的影响。
(2) 学会在苯酚存在下测定甲苯含量的方法。
(3) 掌握酚醛泡沫材料的测试要求和测量结果的处理方法。

2. 实验原理

酚醛树脂是最早实现工业化的树脂，它具有很多优点，如抗湿、抗电、耐腐蚀等，模制器件有固定形状、不开裂等优点，是现代工业中应用广泛的塑料之一。

本实验是在酸性催化剂存在下，使甲醛与过量苯酚缩聚而得到热塑性酚醛树脂，其反应式为

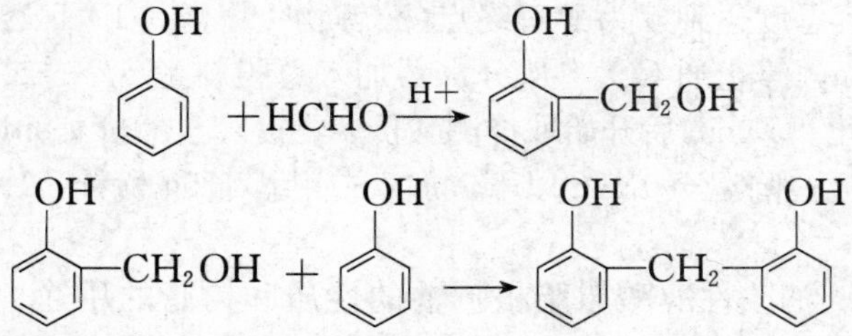

$$\text{OH} \quad + HCHO \xrightarrow{H^+} \quad \text{OH} \quad -CH_2OH$$

$$\text{OH} \quad -CH_2OH + \quad \text{OH} \longrightarrow \quad \text{OH} \quad -CH_2- \quad \text{OH}$$

继续反应生成线形大分子，其结构如下所示。

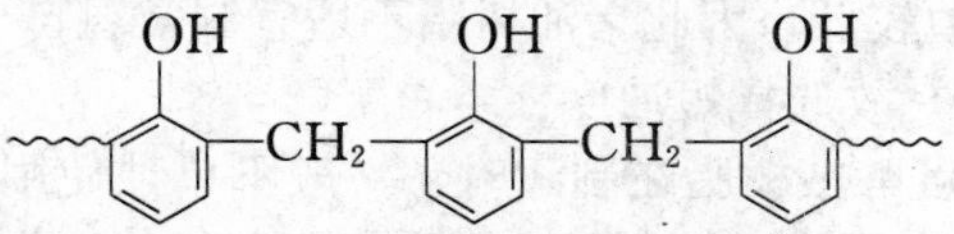

$$\sim\sim \quad \text{OH} \quad -CH_2- \quad \text{OH} \quad -CH_2- \quad \text{OH} \quad \sim\sim$$

线形酚醛树脂相对分子质量在1000以下，聚合度约为4～10。

分析甲醛含量的方法是根据甲醛与亚硫酸钠作用生成氢氧化钠的量来计算甲醛含量。其反应式为

$$HCHO + Na_2SO_3 + H_2O \longrightarrow H-\overset{\displaystyle H}{\underset{\displaystyle SO_2Na}{C}}-OH + NaOH$$

酚醛泡沫塑料是一种新型难燃、防火低烟保温材料，它是由酚醛树脂加入阻燃剂、抑烟剂、发泡剂、固化剂及其他助剂制成的闭孔硬质泡沫塑料。

3. 主要试剂与仪器

1) 主要试剂

方案一：

苯酚，甲醛，盐酸，多元醇，固化剂，发泡剂。

方案二：

苯酚，甲醛，多聚甲醛，碱，改性剂(间苯二酚)，稳定剂，有机酸，无机酸，多元醇，固化剂，发泡剂和助发泡剂。

2）主要仪器

方案一：

聚合装置一套(包括250mL三口烧瓶一个，电动搅拌器一套，冷凝管一支，0～100℃温度计一支，加热套一个)，表面皿，吸管，20mL移液管，布氏漏斗，锥形瓶。

方案二：

反应釜一套。

4. 实验步骤

1）酚醛树脂的合成

方案一：

将50g苯酚及41g甲醛溶液在250mL三口瓶中混合。然后固定在固定架上，装好回流冷凝器及搅拌器、温度计，缓缓加热，使温度保持在60℃±2℃。取3g样品，加1.0mL盐酸，反应即开始。每隔30分钟用滴管取2～3g，放入预先称量好的150mL锥形瓶中，分别进行分析。

反应3小时后，将反应瓶中的全部物料倒入蒸发皿中。冷却后倒去上层水，下层缩合物用水洗涤数次，至呈中性为止。然后用小火加热，由于有水存在，树脂在开始加热时有泡沫产生。当水蒸发完后，移去酒精灯(防止烧焦)，倒在铁皮上冷却，称量。

方案二：

在反应釜中按比例加入苯酚、改性剂和碱的水溶液，在搅拌下升至反应温度，将一定量的甲醛加入反应体系中，并控制滴加速度，使反应体系的温度不能上升太快；加完后在85℃下反应4h左右，加入助发泡剂，然后用酸液调节pH值到6.8～7.2，减压脱水，直到树脂中的水含量符合要求，加入稳定剂，降温出料，出料黏度控制在1.5～2.0Pa·s(25℃)。

2）酚醛泡沫的制备

在容器中按配比加入合成的酚醛树脂、发泡剂、催化剂和固化剂等，均匀搅拌并迅速倒入模具中，在指定温度下发泡并记录时间。为了提高泡沫性能，还需在80～100℃熟化一定时间。

3）性能测试

(1) 甲醛含量测定。将约3g(准确称量)苯酚与甲醛的混合物放在250mL锥形瓶中，加25mL蒸馏水，加3滴酚酞，用NaOH标准溶液滴定至呈红色(为什么?)。再加lmol/L的Na_2SO_3溶液50mL，为了使Na_2SO_3与甲醛反应完全，混合物应在室温下放置2h，然后用0.5mol/L HCl溶液滴定至退色为止。

(2) 酚醛树脂的活性测定。在容器中称取15g树脂，将85%的磷酸7g倒入容器中并迅速搅拌均匀，在25℃左右的环境中放置，记录达到固化的时间。

(3) 酚醛泡沫塑料强度测定。按GB 8813—88进行。

(4) 保温性能测定。导热系数按GB 3399—82进行。

5. 结果讨论

(1) 苯酚存在下甲醛含量的测定。甲醛百分含量按式(6-20)计算

$$X\%=\frac{0.03V_c\times 100}{m} \tag{6-20}$$

式中，X 为甲醛含量；V 为滴定消耗的盐酸体积数；c 为盐酸的摩尔浓度；m 为样品质量；0.03 相当于 lmL 的 $1\text{mol}\cdot\text{L}^{-1}$ 盐酸溶液的甲醛含量。

(2) 根据分析结果计算不同时间甲醛的转化率，以时间对甲醛浓度作图。

(3) 计算苯酚、甲醛加料量之摩尔比，苯酚过量的目的何在？

(4) 讨论反应结果好坏的原因，并对碱催化合成酚醛树脂的结果进行讨论。

6. 背景知识

酚醛树脂塑料是第一个商业化的人工合成聚合物，早在 1909 年就由 Bakelite 公司开始生产。它具有高强度和尺寸稳定性好、抗冲击、抗蠕变、抗溶剂和湿气性能良好等优点。大多数酚醛聚合物都需要加填料增强。通用级酚醛塑料常用云母、黏土、木粉或矿物质粉、纤维素和短纤维素来增强。而工程级酚醛聚合物则要用玻璃纤维、弹性体、石墨及聚四氟乙烯来增强，使用温度达 150～170℃。

酚醛聚合物大量地用作胶合板和纤维板的粘合剂，也用于粘结氧化铝或碳化硅做砂轮，还用作家具、汽车、建筑、木器制造等工业的粘合剂。作为涂料也是它的另一个重要应用，如酚醛清漆，将它与醇酸树脂、聚乙烯、环氧树脂等混合使用，性能也很好。含有酚醛树脂的复合材料可用于航空飞行器，它可以做成开关、插座机壳等。

6.5 苯乙烯的正离子聚合

1. 实验目的

(1) 通过实验加深对正离子聚合原理的认识。

(2) 掌握正离子聚合的实验操作。

2. 实验原理

正离子聚合反应是由链引发、链增长、链终止和链转移 4 个基元反应构成。

链引发反应式为

$$C+RH \overset{k}{\rightleftharpoons} H^+(CR)^-$$

$$H^+(CR)^- + M \xrightarrow{ki} HM^+(CR)^-$$

其中 C，RH 和 M 分别为引发剂、助引发剂和单体。

链增长反应式为

$$HM^+(CR)^- + M \xrightarrow{kp} HM_nM^+(CR)^-$$

链终止和链转移反应式为

$$HM_nM^+(CR)^- \xrightarrow{ki} HM_nM + H^+(CR)^-$$

$$HM_nM^+(CR)^- + M \xrightarrow{k_{trm}} HM_nM + M^+(CR)$$

某些单体的正离子聚合的链增长存在碳正离子的重排反应，绝大多数的正离子聚合链转移和链终止反应多种多样，使其动力学表达较为复杂。温度、溶剂和反离子对聚合反应影响较为显著。

Lewis 酸是正离子聚合常用的引发剂，在引发除乙烯基醚类以外单体进行聚合反应时，需要加入助引发剂(如水、醇、酸或氯代烃)。例如，使用水或醇作为助引发剂时，它们与引发剂($BF_3 \cdot Et_2O$)形成络合物，然后解离出活泼正离子，引发聚合反应。

正离子聚合对杂质极为敏感，杂质或加速聚合反应，或对聚合反应起阻碍作用，还能起到链转移或链终止的作用，使聚合物相对分子质量下降。因此，进行离子型聚合，需要精制所用溶剂、单体和其他试剂，还需对聚合系统进行充分干燥。

本实验以 $BF_3 \cdot Et_2O$ 作为引发剂，在苯中进行苯乙烯正离子聚合。

3. 主要试剂与仪器

1) 主要试剂

苯乙烯(精制)，苯，CaH_2，$BF_3 \cdot Et_2O$，甲醇。

2) 主要仪器

100mL 三口烧瓶，直形冷凝管，注射器，注射针头，电磁搅拌器，真空系统，通氮系统。

4. 实验步骤

1) 溶剂和单体的精制

单体精制：在 100mL 分液漏斗中加入 50mL 苯乙烯单体，用 15mL 的 NaOH 溶液(5%)洗涤两次，以去除阻聚剂。用蒸馏水洗涤至中性。分离出的单体置于锥形瓶中，加入无水硫酸钠至液体透明。干燥后的单体进行减压蒸馏，收集 53.3kPa 压力下 59～60℃的馏分，储存在烧瓶中，充氮封存，置于冰箱中待用。

溶剂苯需进行预处理。400mL 苯用 25mL 浓硫酸洗涤两次以除去噻吩等杂环化合物，用 5%的 NaOH 溶液 25mL 洗涤一次，再用蒸馏水洗至中性，加入无水硫酸钠干燥待用。

2) 引发剂精制

$BF_3 \cdot Et_2O$ 长期放置，颜色会转变成棕色。使用前，在隔绝空气的条件下进行蒸馏，收集馏分。商品 $BF_3 \cdot Et_2O$ 溶液中 BF_3 的含量为 46.6%～47.8%，必要时用干燥的苯稀释至适当浓度。

3) 苯乙烯正离子聚合

苯乙烯正离子聚合装置如图 6.16。所用玻璃仪器包括注射器、注射针头和磁搅拌子在内，预先置于 100℃烘箱中干燥过夜。趁热，将反应瓶连接到双排管聚合系统上，体系抽真空、通氮气，反复 3 次，并保持反应体系为正压。分别用 50mL 和 5mL 的注射器先后注入 25mL 苯和 3mL 苯乙烯，开动电磁搅拌，再加入 $BF_3 \cdot Et_2O$ 溶液 0.3mL(浓度约为 0.5%(质量))。控制水浴温度在 27～30℃，反应 4h，得到黏稠的液体。用 100mL 甲醇沉淀出聚合物，用布氏漏斗过滤，以甲醇洗涤、抽干，在真空烘箱内干燥，称重，计算产率。

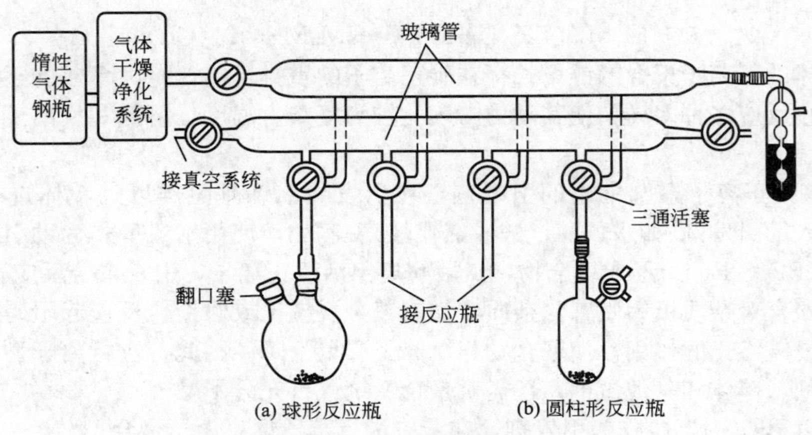

图 6.16　双排管反应系统

6.6　淀粉基热塑性塑料的注射成形工艺实验

1. 实验目的

(1) 了解注塑成形过程和成形工艺条件。

(2) 掌握注塑成形工艺参数的确定以及它们对制品结构形态的影响。

(3) 掌握注塑机模具的结构、正确操作注塑机，掌握制作标准测试样条的方法。

2. 实验原理

注射成形是高分子材料成形加工中一种重要的方法，应用十分广泛，几乎所有的热塑性塑料及多种热固性塑料都可用此法成形。热塑性塑料的注射成形又称注塑，是将粒状或粉状塑料加入到注射机的料筒，经加热溶化后呈流动状态，然后在注射机的柱塞或移动螺杆快速而又连续的压力下，从料筒前端的喷嘴中以很高的压力和很快的速度注入闭合的模具内。充满膜腔的熔体在受压的情况下，经冷却固化后，开模得到与模具型腔相应的制品。

注射成形机主要的有柱塞式和移动螺杆式两种，以后者为常用。不同类型的注射机的动作程序不完全相同，但塑料的注射成形原理及过程是相同的。

塑料在注塑机料筒中经外部加热及螺杆对物料和物料之间的摩擦生热使塑料熔化呈流动状态后，在螺杆的高压、高速作用推动下，塑料熔体通过喷嘴注入温度较低的封闭模具型腔中，经冷却定型成为所需制品。

注塑成形工艺过程包括以下几个步骤。

(1) 成形前的准备。

(2) 注塑过程。

(3) 制件的后处理。

注射成形工艺的核心问题是要求得到塑化良好的塑料熔体并把它顺利注射到模具中去，在控制的条件下冷却定型，最终得到合乎质量要求的制品。因此，注射最重要的工艺条件是影响塑化流动和冷却的温度、压力和相应的各个作用的时间。

注射成形过程需要控制的温度包括料筒温度、喷嘴温度和模具温度。前两者关系到塑料的塑化和流动，后者关系到塑料的成形。

料筒温度料温的高低，主要决定于塑料的性质，必须把塑料加热到粘流温度 T_f 或熔点 T_m 以上，但必须低于其分解温度 T_d。随着料温升高，熔体黏度下降，料筒、喷嘴、模具的浇注系统的压力降减小，塑料在模具中流程就长。但若料温太高，易引起塑料热降解，制品物理机械性能降低；料温太低，则容易造成制品缺料，表面无光，有熔接痕等，且生产周期长，劳动生产率降低。

在决定料温时，必须考虑塑料在料筒内的停留时间，这对热敏性塑料尤其重要，随着温度升高物料在料筒内的停留时间缩短。料筒温度通常从料斗一侧起至喷嘴分段控制，由低到高，以利于塑料逐步塑化，各段之间的温差为 30～50℃。

喷嘴温度塑料在注射时是以高速度通过喷嘴的细孔的，有一定的摩擦热产生，为了防止塑料熔体在喷嘴可能发生“流涎现象”，通常喷嘴温度略低于料筒的最高温度。

模具温度不但影响塑料充模时的流动行为，而且影响制品的物理机械性能和表观质量。

无定型塑料注射入模时，不发生相转变，模温的高低主要影响熔体的黏度和充模速率。在顺利充模的情况下，较低的模温可以缩短冷却时间，提高成形效率。所以对于熔融黏度较低的塑料，一般选择较低的模温；反之，必须选择较高模温。选用低模温，虽然可加快冷却，有利提高生产效率，但过低的模温可能使浇口过早凝封，引起缺料和充模不全。

注射过程中的压力包括塑化压力(背压)和注射压力，是塑料塑化充模成形的重要因素。

塑化压力(背压)预塑化时，塑料随螺杆旋转，塑化后堆积在料筒的前部，螺杆的端部塑料熔体产生一定的压力，称为塑化压力，或称螺杆的背压，其大小可通过注射机油缸的回油背压阀来调整。

螺杆的背压影响预塑化效果。提高背压，物料受到剪切作用增加，熔体温度升高，塑化均匀性好，但塑化量降低。螺杆转速低则延长预塑化时间。

螺杆在较低背压和转速下塑化时，螺杆输送计量的精确度提高。对于热稳定性差或熔融黏度高的塑料应选择较低的转速；对于热稳定性差或熔体黏度低的塑料则选择较低的背压。螺杆的背压一般为注射压力的 5%～20%。

注射压力的作用是克服塑料在料筒、喷嘴及浇注系统和型腔中流动时的阻力，给予塑料熔体足够的充模速率，能对熔体进行压实，以确保注射制品的质量。注射压力的大小取决于模具和制件的结构、塑料的品种以及注射工艺条件等。

塑料注射过程中的流动阻力决定于塑料的摩擦因数和熔融黏度，两者越大，所要求的注射压力越高。而同一种塑料的摩擦因数和熔融黏度是随料筒温度和模具温度而变动的，所以在注射过程中注射压力与塑料温度实际上是相互制约的。料温高时注射压力减小；反之，所需注射压力加大。

完成一次注射成形所需的全部时间称为注射成形周期，它包括注射(充模、保压)时间、冷却(加料、预塑化)时间及其他辅助(开模、脱模、嵌件安放、闭模)时间。

注射时间中的充模时间主要与充模速度有关。保压时间依赖于料温、模温以及主流道和浇口的大小，对制品尺寸的准确性有较大影响，保压时间不够，浇口未凝封，熔料会倒流，使模内压力下降，会使制品出现凹陷、缩孔等现象。冷却时间取决于制品的厚度、塑料的热性能、结晶性能以及模具温度等。冷却时间以保证制品脱模时不变形绕曲，而时间又较短为原则。成形过程中应尽可能地缩短其他辅助时间，以提高生产效率。

热塑性塑料的注射成形，主要是一个物理过程，但高聚物在热和力的作用下难免发生某些化学变化。注射成形应选择合理的设备和模具设计，制订合理的工艺条件，以使化学变化减少到最小的程度。

3. 主要原料与仪器设备

1）主要原料

淀粉基热塑性塑料母料，LDPE，色母粒。

2）仪器设备

实验所需设备如图 6.17 所示。

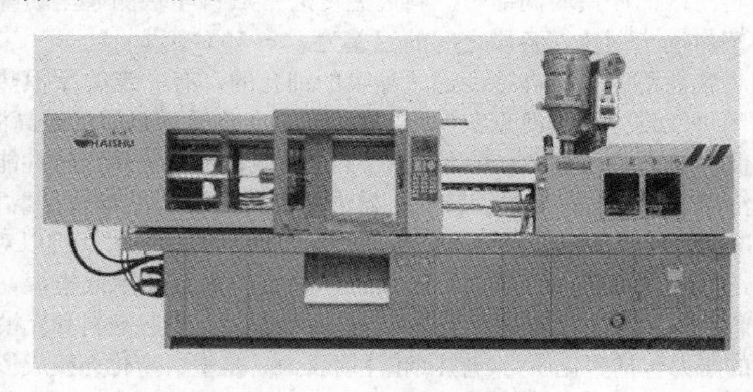

图 6.17　注射成形机

4. 实验内容和步骤

1）实验内容

(1) 不同熔体温度、模温、注射压力下的注塑制品：

固定注射压力、模温等其他条件，改变熔体温度的模制制品；

固定熔体温度、模温等其他条件，改变注射压力的模制制品；

固定熔体温度、注射压力等其他条件，改变模温的模制制品。

(2) 测定制品收缩率。

2）实验步骤

(1) 根据操作规程做好注塑机开车前的检查和准备工作。

(2) 安装调试模具，设定各种参数。

(3) 判断料筒温度和喷嘴温度是否合适。

(4) 选择手动、半自动或全自动操作模式。

(5) 测制品收缩率。

(6) 记录成形的参数。

5. 数据处理

1）原料规格及产地

写出原料规格及产地

2）注塑机模制制品的条件料筒(或熔体温度)

注塑机熔体温度列入表 6-3。

表6-3 注塑机熔体温度表

	一段	二段	三段
温度/(℃)			

3) 注射压力

注射压力列入表6-4。

表6-4 注射压力表

	一段	二段	三段
压力/(bar)			

模温：____℃

注射时间：____ s；保压时间：____ s；冷却时间：____ s

螺杆前进速度：____ mm/s

加料量：____ g

4) 测定收缩率

测定收缩率的公式为

$$收缩率=\frac{l_1-l_2}{l_1}\times 100(\%) \qquad (6-21)$$

式中，l_1 为模腔长度，mm；l_2 为在室温下放置24小时后样品的长度，mm。

5) 注射行程

注射行程列入表6-5。

表6-5 注射行程表

	一级	二级	三级	四级
注射行程 /(mm)				

6) 收缩率测试表

收缩率测试表列入表6-6。

表6-6 收缩率测试表

编号	1		2		3		4	
方向	l_1/(mm)	l_2/(mm)	l_1/(mm)	l_2/(mm)	l_1/(mm)	l_2/(mm)	l_1/(mm)	l_2/(mm)
平行								
垂直								

6. 结果与讨论

(1) 注塑成形工艺条件如何确定？

(2) 制品形态与制品性能之间有何关系？

(3) 用注射充模流动过程讨论制品结构形态的形成。

(4) 注塑成形制品常见缺陷如何解决?

(5) 平行于分流道方向和垂直于分流道方向的收缩率有何不同，为什么?

7. 注意事项

(1) 未经实验室工作人员的同意，不得操作注塑机。

(2) 未经实验室工作人员的允许，不得任意调整注塑机仪表上的阀门或开关。

(3) 严禁硬金属工具接触模具型腔。

(4) 设备运行过程中一定要关好安全门。

(5) 在闭合动模、定模时务必保证模具方位的整体一致性，以防损伤模具。

(6) 模具定位螺栓、压板、垫铁应该牢靠适宜。

(7) 严禁料筒温度未达到设定值时启动电机进行预塑或注射等动作。

(8) 主机运行时严禁手臂及工具等硬物进入料斗。

(9) 喷嘴阻塞时切忌增压清除阻塞物。

(10) 严防随意接触有关控制面板触式按钮或电器开关，使机器误动，造成设备或人身伤害事故。

第7章
设计性实验

7.1 碱木质素基聚氨酯薄膜的制备及性能检测

1. 题目

碱木质素基聚氨酯薄膜的制备及性能检测

2. 实验要求

(1) 应用《材料化学》、《高分子科学》课程中所学的理论知识，制备不同性能的碱木质素基聚氨酯薄膜。

(2) 在实验室条件下制备添加不同木素含量的聚氨酯薄膜。

(3) 进行 DSC、OM、弹性模量、老化性能测试。

3. 实验论证与答辩

1) 查阅文献资料

通过查阅文献资料，了解国内外研究、生产聚氨酯薄膜的科技动态。

2) 实验立题报告的编写内容

(1) 论述聚氨酯薄膜的研究动态、社会效益与经济效益。

(2) 论述木质素的应用情况、与该题目相关的研究进展。

(3) 实施该项目的具体方案、步骤、性能检测手段。

3) 实验立题答辩

在有关指导教师和同学们组成的答辩会上宣讲立题报告，倾听修改意见，最终将完善后的实验立题报告交指导教师审阅，批准后方可进行实验准备。

4. 实验提示

(1) 原料：麦草碱木质素、聚乙二醇(PEG)、多苯基甲烷多异氰酸酯(PAPI)。

溶剂：N，N-二甲基甲酰胺(DMF)，分析纯。

催化剂：二月桂酸二丁基锡(分析纯)。

(2) 主要原料的分析检验。测定碱木质素的总羟基含量，重均分子量为，分散性系数，外观颜色；PAPI 的异氰酸酯基(-NCO)含量。

(3) 材料预处理。碱木质素在50℃真空干燥箱中干燥24h。PEG300、400、600为液体，在空气中易吸水，使用前在40℃，以无水$CaCl_2$为干燥剂的真空干燥箱中脱水24h备用。

(4) 碱木质素聚氨酯薄膜的制备方法提示。将碱木质素、聚乙二醇、多异氰酸酯和催化剂按设定的配比溶于DMF中，按照60mL/g碱木质素用量溶解，催化剂用量为固形物的3%，反应时间为1min，然后浇注于事先平铺于玻璃板上的铝箔中，在温度为105℃的烘箱中固化成形12h，制成厚度为0.08～0.12mm的薄片。聚氨酯薄片试样按照GB/T 2918—1998 7.1a的规定在干燥器中进行状态调整，7d后测试性能。制备时木素添加量为0%、10%、20%、30%、40%集中分组进行。

(5) 碱木质素聚氨酯薄膜性能检测方法主要有以下几种。

① 碱木质素聚氨酯薄膜热性能测定方法。采用差示扫描量热仪(DSC)对聚氨酯的热性能进行测定。

仪器：NETZSCH 204型DSC　　试样质量：11～14mg

加热速率：10℃/min　　清洗气：高纯氮气

终止温度：400℃

② 碱木质素聚氨酯薄膜力学性能测定方法。在万能力学试验机上，按照GB 13022—91的规定，制成长条形试样，测定聚氨酯试样的弹性模量、拉伸强度和拉伸率。

仪器：微机控制电子万能试验机。

试样规格：150mm×15mm×0.10mm(长×宽×厚)。

拉伸速率：5mm/min。

③ 碱木质素聚氨酯薄膜吸水率测定方法。按照GB/T 1034—1998的规定制备试样，测定聚氨酯薄膜吸水率，结果按照式(7-1)计算。

$$Wm=(m_2-m_3/m_3)\times 100 \tag{7-1}$$

式中：m_2为浸泡后试样的质量，mg；m_3为再次干燥后试样的质量，mg。

④ 碱木质素聚氨酯薄膜膨胀性能测定方法。聚氨酯薄片在DMF中浸泡120h至溶胀平衡，称量浸泡前后样片的质量，计算聚氨酯试样的增重率。

试样规格：50mm×50mm。

⑤ 碱木质素聚氨酯薄膜干燥时间测定方法。

配制一系列成分一样的碱木质素聚氨酯原液，浇注于平铺在玻璃板上的铝铂中，在105℃烘箱中分别固化成形1h、2h、4h、6h、8h和10h以上，然后观察现象，记录所用时间及现象。

5. 实验总结

(1) 将实验得到的数据进行归纳、整理与分类并进行数据处理与分析。

(2) 写出总结实验报告。

(3) 成绩评定，由指导教师考核完成。

7.2 废旧高分子材料的分离与鉴定

1. 实验要求

(1) 设计合理方案分离PP、PE、PC、PVC、HDPE、UPVC。

(2) 设计方案鉴定PP、PE、PC、PVC、HDPE、UPVC。

2. 实验论证与答辩

(1) 查阅文献资料。

(2) 实验立题报告的编写内容。

① 论述高分子材料的鉴别分离方法。

② 实施该项目的具体方案、步骤。

③ 所需试剂与仪器。

(3) 实验立题答辩。

在有关指导教师和同学们组成的答辩会上宣讲立题报告，倾听修改意见，最终将完善后的实验立题报告交指导教师审阅，批准后方可进行实验准备。

3. 实验提示

高分子材料的鉴别技术如下。

1) 外观鉴别法

用手感、感觉、眼睛、鼻子来观察塑料制品的外观特征，如形状、透明度、颜色、光泽、硬度、弹性等来鉴别塑料所属类型。

2) 燃烧鉴别法

大多数塑料都能够燃烧，由于其结构的不同燃烧特征也不同，采用燃烧的方法可以简便有效地鉴别塑料的种类。燃烧法主要根据塑料燃烧时的燃烧难易程度、气味、火焰特征及塑料状态变化等现象来鉴别。

3) 溶解鉴别法

塑料在溶剂中会表现出不同的现象，如在溶剂中热塑性塑料可以溶胀或溶解，而热固性塑料不能溶胀或溶解，弹性体则不发生溶解；非交联高分子材料可溶解于有机溶剂中，而交联高分子材料不能溶解。因此，可以根据塑料在溶剂中的溶解情况来判断塑料的种类。

4) 密度鉴别法

密度鉴别法是根据各种塑料具有不同的相对密度来鉴别的，可利用塑料的沉浮鉴别出塑料的类别。这种方法简易可行，但对于相对密度十分接近的塑料，不易采用该种方法。在实际应用中，密度法经常与其他鉴别方法配合使用。表7-1列出了几种主要塑料的密度。

表7-1 塑料种类与密度

塑料种类	密度/(g·cm^3)	塑料种类	密度/(g·cm^3)
PP	0.85～0.91	PAN	1.14～1.17
HDPE	0.92～0.98	PMMA	1.16～1.20
PS	1.04～1.08	PC	1.20～1.22
PA6	1.12～1.15	UPVC	1.38～1.50

5) 塑料介绍

塑料是由多种元素组成的，主要元素除C、H以外，其他元素有S、N、P、Cl、F、Si等元素，通过对元素的检测，可判断检测塑料的种类。鉴别方法为：取0.1～0.5 g塑料试样放入试管中，与少量的金属钠一起加热熔融，冷却后加入乙醇，使过量的钠分解，然后溶

15mL 左右的蒸馏水中并过滤。将滤液进行一定处理，根据现象来判断可能的塑料品种。如取部分滤液用稀硝酸硝化，如产生白色沉淀，并能溶于过量氨水，曝光后不会变色，则表明有 Cl 元素存在，可能为 PVC、CPVC、CPE、PVDC、PVCA、VC/MA 等。

7.3 丙烯酸乳液压敏胶的制备

1. 实验要求

(1) 应用《高分子化学》、《高分子物理》等课程中所学的理论知识，设计合理方案精制过硫酸铵、单体丙烯酸丁酯。

(2) 在实验室条件下制备乳液压敏胶，确定工艺路线。

(3) 改变工艺条件制备不同的丙烯酸乳液压敏胶。

(4) 计算过硫酸铵纯化产率。

2. 实验论证与答辩

(1) 查阅文献资料。

(2) 实验立题报告的编写内容。

① 论述乳液聚合的基本原理和组成，乳液型压敏胶的制备方法和配方设计原理。

② 实施该项目的具体方案、步骤。

③ 所需试剂与仪器。

(3) 实验立题答辩。

在有关指导教师和同学们组成的答辩会上宣讲立题报告，倾听修改意见，最终将完善后的实验立题报告交指导教师审阅，批准后方可进行实验准备。

3. 实验提示

基本实验内容大体包括以下几点，学生在具体实验过程中，应根据自己的对实验任务的理解，运用以往相关理论课程和实验课程学习的知识和技能，自行进行设计与实施。

1) 过硫酸铵的精制

(1) 在 500mL 锥形瓶中加入 200mL 去离子水，然后在 40℃水浴中加热 15min，使锥形瓶内水温达到 40℃。

(2) 迅速加入 20g 过硫酸铵，如果很快溶解，可以适当再补加过硫酸铵直至形成饱和溶液；

(3) 溶液趁热用布氏漏斗过滤，滤液用冰水浴冷却即产生白色结晶(也可置于冰箱冷藏室使结晶更完全)，过滤出结晶，并以冰水洗涤，用 $BaCl_2$ 溶液检验滤液直至无 SO_4^{2-} 为止。

(4) 将白色晶体置于真空干燥器中干燥，称重，计算产率，并将其放在棕色瓶中低温保存备用。

2) 单体丙烯酸丁酯的精制

(1) 实验准备：①配制 5%NaOH 溶液；②丙烯酸丁酯的碱洗和干燥。

(2) 安装蒸馏装置，并与真空体系、高纯氮体系连接。

(3) 单体丙烯酸丁酯的精制。

(4) 精制好的丙烯酸丁酯单体密封后放入冰箱保存待用。

3) 乳液压敏胶的制备

(1) 各组分称量。

(2) 反应装置安装。

(3) 乳液压敏胶的制备。

4) 对实验结果做出分析

依据所完成的整体实验工作，做出系统的实验报告。

4. 实验报告要求

(1) 简述实验目的。

(2) 简述所采用的各项实验的原理。

(3) 说明选取的仪器、药品。

(4) 简述各步实验的步骤。

(5) 对实验结果和实验中出现的现象及实验成功、失败原因进行分析。

(6) 对整个实验过程操作的满意度做出自身评价。

(7) 实验报告的撰写格式符合统一规定，内容掌握力求详实具体。

7.4 尼龙-66的制备

1. 实验要求

(1) 应用《高分子化学》、《高分子物理》等课程中所学的理论知识，在实验室条件下设计合理方案，确定制备尼龙-66的工艺路线。

(2) 改变工艺条件，探讨影响因素。

(3) 尼龙-66的初步应用。

(4) 应用逐步聚合反应分子量的控制原理和寻找合理的方法控制分子量。

2. 实验论证与答辩

(1) 查阅文献资料。

(2) 实验立题报告的编写内容。

① 论述背景、目的和意义，设计合理的尼龙-66制备方案并简述其原理。

② 实施该项目的具体方案、步骤。

③ 所需试剂与仪器。

(3) 实验立题答辩。

在有关指导教师和同学们组成的答辩会上宣讲立题报告，倾听修改意见，最终将完善后的实验立题报告交指导教师审阅，批准后方可进行实验准备。

3. 实验提示

(1) 用称量纸分别称取7g尼龙-66盐3份。

(2) 称取0.16g己二酸和月桂酸各一份(精确到0.0002g)。

(3) 将它们分别与一份尼龙-66盐充分混合，剩下的一份尼龙盐中不放添加物，然后将这3份尼龙-66盐分别装入3根试管中，做好标记。

(4) 分别用一玻璃毛细管插入试管底部，作为氮气入口、以短玻璃管头作为氮气出口，并用微量的氮气排除试管中的空气。氮气出口用玻璃四通并联起来插入水中。

(5) 将试管插入电热套中开始升温。尼龙-66盐达熔点时，增大氮气流量(约30 mL/min)，缓慢升温，在260～280℃的温度下保持1.5h左右，直到试管壁上没有水分为止。

(6) 反应完成后，将试管用坩埚钳夹住。转动试管，一方面观察和比较3个试管中产物的熟度，另一方面使产物在试管壁上结成薄膜。待试管冷却后方可断去氮气。将冷却了的试管用重物敲碎，取出产物(可用于测量相对分子质量)。

4. 结果与讨论

(1) 在反应过程中为什么要通氮气?

(2) 为什么在尼龙-66盐熔融后产生大量水分，而随着反应的进行反而看不到水分了?

(3) 描述3个试管中聚合物的状度差异，并解释原因。

5. 实验报告要求

(1) 简述实验目的。

(2) 简述所采用的各项实验的原理。

(3) 说明选取的仪器、药品。

(4) 简述各步实验的步骤。

(5) 对实验结果和实验中出现的现象及实验成功、失败原因进行分析。

(6) 对整个实验过程操作的满意度做出自身评价。

(7) 实验报告的撰写格式符合统一规定，内容掌握力求翔实具体。

7.5　增容木粉/LDPE复合材料的制备与性能测定

1. 实验要求与设计背景

巩固高分子科学基本理论，增进对生物质/高分子复合材料的了解，增强独立思考、严谨踏实、协同配合的科学意识，培养自主分析问题、解决问题和实际动手的能力。

木塑复合材料(WPC)是将木粉与塑料复合制得的复合材料。WPC集木材和塑料的优点于一身，不仅具有天然木材低密度、低成本、低设备磨损和良好的生物降解性的优点，而且塑料能给WPC带来优异的防潮、防腐蚀能力以及不开裂、不翘曲等优点。通过加入不同类型的木粉(或木纤维)和色母粒可以获得各种具有丰富色彩和表面纹理的制品，用途相当广泛。但是，WPC的推广使用也受到木粉(或木纤维)的热稳定性差、木粉(或木纤维)分散较困难和界面粘结弱等问题的困扰。改善木塑界面间的相容性及混合的均匀性便是制取优良性能的复合材料的关键。

2. 实验论证与答辩

(1) 通过查找阅读文献资料，书写开题报告和实验方案。

(2) 了解改善木塑复合材料相容性的方法以及各种方法的增容机理。

(3) 掌握 LDPE - g - MAH 的制备方法。

(4) 制备增容木粉/LDPE 复合材料，初步考察少数重要因素对木粉/LDPE 复合材料性能的影响。

(5) 测试木粉/LDPE 复合材料的拉伸、冲击性能及流动性能。

(6) 书写出规范的实验研究报告。

3. 实验提示

1) 木粉预处理

将木粉置于 120℃真空干燥箱中干燥 3h，使水分质量分数低于 3%。然后将一定浓度的 KH - 570 乙醇溶液与木粉在高速混合机中充分混合均匀，置于 120℃烘箱中活化 1h 后再在 100℃下抽真空 24h。

2) 试样的制备

将处理前后的木粉分别与一定比例的 LDPE 及不同增容剂在高速混合机中充分混合，然后利用双螺杆挤出机挤出造粒，然后用注塑机注塑成试样。

3) 性能测试

测试木粉/LDPE 复合材料的拉伸、冲击性能及流动性能。

4. 结果与讨论

(1) 增容剂对复合材料性能的影响。

① 不同增容剂的影响。

② 增容剂含量的影响。

(2) 木粉含量对复合材料的影响。

(3) 复合材料的形态结构。

5. 实验报告要求

(1) 简述实验目的。

(2) 简述所采用的各项实验的原理。

(3) 说明选取的仪器、药品。

(4) 简述各步实验的步骤。

(5) 对实验结果和实验中出现的现象及实验成功、失败原因进行分析。

(6) 对整个实验过程操作的满意度做出自身评价。

(7) 实验报告的撰写格式符合统一规定，内容掌握力求翔实具体。

附　录

附表 1　检验范围及依据的标准/方法

序号	产品/产品类别	项目/参数		检测标准(方法)名称及编号(含年号)	限制范围	说明
		序号	名称			
1	包装用聚丙烯压敏胶粘带		全部参数	HG/T 2885—1997《包装用聚丙烯压敏胶粘带》		
2	电气绝缘用聚氯乙烯压敏胶粘带		全部参数	HG/T 3596—1999《电气绝缘用聚氯乙烯压敏胶粘带》		
3	双面压敏胶粘带		全部参数	HG/T 3658—1999《双面压敏胶粘带》		
4	压敏胶标签纸		全部参数	HG/T 2406—2002《压敏胶标签纸》		
5	电气绝缘用聚酯压敏胶粘带		全部参数	HG/T 2407—1992《电气绝缘用聚酯压敏胶粘带》		
6	牛皮纸压敏胶粘带		全部参数	HG/T 2408—1992《牛皮纸压敏胶粘带》		
7	封箱用 BOPP 压敏胶粘带		全部参数	QB/T 2422—1998《封箱用 BOPP 压敏胶粘带》		
8	双面胶粘带		部分参数	QB/T 2424—1998《双面胶粘带》	不测：耐候性试验	
9	硅酮建筑密封胶		部分参数	GB/T 14683—2003《硅酮建筑密封胶》	不测：挤出性、耐紫外线辐照	
10	建筑用硅酮结构密封胶		部分参数	GB 16776—2005《建筑用硅酮结构密封胶》	不测：挤出性、耐紫外线辐照	变更
11	聚乙酸乙烯酯乳液木材胶粘剂		部分参数	HG/T 2727—1995《聚乙酸乙烯酯乳液木材胶粘剂》	不测：最低成膜温度	
12	木工用氯丁橡胶胶粘剂		全部参数	LY/T 1206—1997《木工用氯丁橡胶胶粘剂》		
13	通用型聚酯聚氨酯胶粘剂		全部参数	HG/T 2814—1996《通用型聚酯聚氨酯胶粘剂》		

（续）

序号	产品/产品类别	项目/参数		检测标准(方法)名称及编号(含年号)	限制范围	说明
		序号	名称			
14	乙酸乙烯酯-乙烯共聚乳液		部分参数	HG/T 2405—2005《乙酸乙烯酯-乙烯共聚乳液》	不测：(1) 乙烯含量 (2) 粒径 (3)最低成膜温度	变更
15	α-氰基丙烯酸乙酯瞬间胶粘剂		全部参数	HG/T 2492—2005《α-氰基丙烯酸乙酯瞬间胶粘剂》		变更
16	鞋和箱包用胶粘剂		全部参数	GB 19340—2003《鞋和箱包用胶粘剂》		
17	快速粘接输送带用氯丁胶粘剂		全部参数	HG/T 3659—1999《快速粘接输送带用氯丁胶粘剂》		
18	水溶性聚乙烯醇建筑胶粘剂		全部参数	JC/T 438—2006《水溶性聚乙烯醇建筑胶粘剂》		变更
19	陶瓷墙地砖胶粘剂		部分参数	JC/T 547—2005《陶瓷墙地砖胶粘剂》	不测：防霉性能	变更
20	壁纸胶粘剂		部分参数	JC/T 548—1994《壁纸胶粘剂》	不测：防霉性能	
21	天花板胶粘剂		全部参数	JC/T 549—1994《天花板胶粘剂》		
22	塑料地板胶粘剂		全部参数	JC/T 550—1994《半硬质聚氯乙烯块状塑料地板胶粘剂》		
23	木材胶粘剂用尿醛酚醛三聚氰胺甲醛树脂		全部参数	GB/T 14732—2006《木材胶粘剂用脲醛酚醛三聚氰胺甲醛树脂》		变更
24	室内装饰装修材料胶粘剂		全部参数	GB 18583—2001《室内装饰装修材料胶粘剂中有害物质的限量》		
25	木材胶粘剂及其树脂检验方法		部分参数	GB/T 14074—2006《木材胶粘剂及其树脂检验方法》	不测：凝胶时间	变更

（续）

序号	产品/产品类别	项目/参数		检测标准(方法)名称及编号(含年号)	限制范围	说明
		序号	名称			
26	橡胶原材料	1	未硫化橡胶门尼黏度	GB/T 1232.1—2000 未硫化橡胶用圆盘剪切黏度计进行测定——第一部分：门尼黏度的测定 GB/T 1233—1992 橡胶胶料初期硫化特性的测定——门尼黏度计法 ISO 289—1：2005 未硫化橡胶——用剪切圆盘形黏度计——第一部分：门尼黏度的测定 ISO 289—2—1994 未硫化橡胶——用剪切圆盘形黏度计测定——第二部分：预硫化特性的测定 ASTM D1646—2004 橡胶黏度应力松弛及硫化特性(门尼黏度计)的试验方法 JIS K6300－1：2001 未硫化橡胶-物理特性——第一部分：用门尼黏度计测定黏度及预硫化时间的方法		
		2	胶料硫化特性	GB/T 9869—1997 橡胶胶料硫化特性的测定(圆盘振荡硫化仪法) GB/T 16584—1996 橡胶用无转子硫化仪测定硫化特性 ISO 3417：1991 橡胶-硫化特性的测定——用摆振式圆盘硫化计 ASTM D2084—2001 用振动圆盘硫化计测定橡胶硫化特性的试验方法 ASTM D5289—1995(2001)橡胶性能——使用无转子流变仪测量硫化作用的试验方法 DIN 53529—4：1991 橡胶-硫化特性的测定——用带转子的硫化计测定交联特性		
27	橡胶及制品	1	橡胶拉伸性能	GB/T 528—1998 硫化橡胶或热塑性橡胶拉伸应力应变性能的测定 ISO 37：2005 硫化或热塑性橡胶——拉伸应力应变特性的测定 ASTM D412-1998(2002) 硫化橡胶、热塑性弹性材料拉伸强度试验方法 JIS K6251：1993 硫化橡胶的拉伸试验方法 DIN 53504—1994 硫化橡胶的拉伸试验方法		

（续）

序号	产品/产品类别	项目/参数		检测标准(方法)名称及编号(含年号)	限制范围	说明
		序号	名称			
27	橡胶及制品	2	橡胶撕裂性能	GB/T 529—1999 硫化橡胶或热塑性橡胶撕裂强度的测定(裤形、直角形和新月形试样) ISO 34—1：2004 硫化或热塑性橡胶——撕裂强度的测定——第一部分：裤形、直角形和新月形试片 ASTM D624—2000 通用硫化橡胶及热塑性弹性体抗撕裂强度的试验方法 JIS K6252：2001 硫化橡胶及热塑性橡胶撕裂强度的计算方法		
		3	橡胶硬度	GB/T 531—1999 橡胶袖珍硬度计压入硬度试验方法 GB/T6031—1998 硫化橡胶或热塑性橡胶硬度的测定(10－100IRHD) ISO 7619—1：2004 硫化或热塑性橡胶——压痕硬度的测定——第一部分：硬度计法(邵式硬度) ISO 7619—2：2004 硫化或热塑性橡胶——压痕硬度的测定——第二部分：IRHD 袖珍计法 ASTM D2240—2004 用硬度计测定橡胶硬度的试验方法 ASTM D1415—1988(2004)橡胶特性——国际硬度的试验方法 JIS K6253：1997 硫化橡胶及热塑性橡胶的硬度试验方法 DIN 53505—2000 橡胶试验 邵式 A 和 D 的硬度试验		
		4	压缩永久变形性能	GB/T 7759—1996 硫化橡胶、热塑性橡胶 在常温、高温和低温下压缩永久变形测定 ISO 815：1991 硫化橡胶、热塑性橡胶 在常温、高温和低温下压缩永久变形测定 ASTM D395—2003 橡胶性能的试验方法 压缩永久变形 JIS K6262：1997 硫化橡胶及热塑性橡胶压缩永久变形试验方法		

（续）

序号	产品/产品类别	项目/参数		检测标准(方法)名称及编号(含年号)	限制范围	说明
		序号	名称			
27	橡胶及制品	5	橡胶的回弹性	GB/T 1681—1991 硫化橡胶回弹性的测定 ISO 4662：1986 硫化橡胶回弹性的测定 ASTM D1054—2002 用回跳摆锤法测定橡胶弹性的实验方法 JIS K6255：1996 硫化橡胶及热塑性橡胶的回弹性试验方法 DIN 53512—2000 硫化橡胶回弹性的测定		
		6	橡胶低温特性	GB/T 1682—1994 硫化橡胶低温脆性的测定——单试样法 GB/T 15256—1994 硫化橡胶低温脆性的测定(多试样法) GB/T 7758—2002 硫化橡胶——低温特性的测定——温度回缩法(TR 试验) ISO 2921：2005 硫化橡胶——低温特性——温度回缩(TR)试验 ASTM D1329—2002 天然橡胶特性的评定——橡胶的低温回缩试验方法(TR 试验法) ASTM D746—2004 用冲击法测定塑料及弹性材料的脆化温度的试验方法 ASTM D2137—2005 弹性材料脆化温度的试验方法 JIS K6261—1997 硫化橡胶及热塑性橡胶的低温试验方法		
		7	橡胶热空气老化性能	GB/T 3512—2001 硫化橡胶或热塑性橡胶 热空气加速老化和耐热试验 ISO 188—1998 硫化或热塑性橡胶——加速老化和耐热试验 ASTM D573—2004 用热空气箱对橡胶损蚀的试验方法 DIN 53508—2000 硫化橡胶——加速老化试验 JIS K6257—2003 硫化橡胶或热塑性橡胶——热空气老化		

（续）

序号	产品/产品类别	项目/参数		检测标准(方法)名称及编号(含年号)	限制范围	说明
		序号	名称			
27	橡胶及制品	8	橡胶耐臭氧老化性能	GB/T 7762—2003 硫化橡胶或热塑性橡胶——耐臭氧龟裂-静态拉伸试验 GB/T 13642—1992 硫化橡胶耐臭氧老化试验动态拉伸试验法 ASTM D518—1999 橡胶损坏性——表面裂开的试验方法 ASTM D1149—1999 橡胶在小室中臭氧龟裂 ASTM D1171—1999 橡胶在小室中臭氧龟裂(三角形试样) ASTM D3395—1999 橡胶变质——在小室中动态臭氧碎裂的试验方法 DIN 53509—1—2001 橡胶试验抗臭氧龟裂稳定性的测定——第一部分：静应力 JIS K6259—2004 硫化橡胶或热塑性橡胶耐臭氧性能的测定		
		9	橡胶耐介质	GB/T 1690—2006 硫化橡胶或热塑性橡胶耐液体试验方法 ISO 1817：2005 硫化橡胶 液体影响的测定 ASTM D471—1998 液体对橡胶性能影响的试验方法 JIS K6258—2003 液体对硫化橡胶或热塑性弹性体影响的测定		
		10	橡胶对金属粘附性与腐蚀性	GB/T 19243—2003 硫化橡胶与有机材料接触污染的试验 ASTM D925—1988(2000)橡胶特性——表面的着色性(接触、色移及扩散)的试验方法		
		11	橡胶燃烧性能	GB/T 10707—89 橡胶的燃烧性能(氧指数法) GB/T 13488—92 橡胶的燃烧性能(垂直燃烧法) UL 94—1996 橡胶燃烧性能		
		12	橡胶磨耗性	GB/T 1689—1998 硫化橡胶耐磨性能的测定(用阿克隆磨耗机) GB/T 9867—1988 硫化橡胶耐磨性能的测定(旋转辊筒式磨耗机法) ASTM D5963—2004 硫化橡胶耐磨性能的测定(旋转辊筒式磨耗机法)		

（续）

序号	产品/产品类别	项目/参数		检测标准(方法)名称及编号(含年号)	限制范围	说明
		序号	名称			
27	橡胶及制品	13	橡胶电性能	GB/T 1692—1992 硫化橡胶绝缘电阻率 GB/T 1693—1981(1989)硫化橡胶工频介电常数和介质损耗角正切值的测定方法 GB/T 1694—1981(1989)高频介电常数和介质损耗角正切值 GB/T 1695—2005 工频击穿介电强度和耐电压的测定方法 GB/T 2439—2001 硫化橡胶或热塑性橡胶—导电性能和耗散性能电阻率的测定		
28	胶黏剂	1	pH	GB/T 14518—1993《胶黏剂的pH测定法》		
		2	聚氨酯预聚异氰酸酯基含量	HG/T 2409—1992《聚氨酯预聚异氰酸酯基含量的测定》		
		3	密度	GB/T 13354—1992《液态胶黏剂密度的测量方法—重量杯法》		
		4	剥离强度	GB/T 2790—1995《胶黏剂挠性材料对刚性材料 180 度剥离强度试验方法》 GB/T 2791—1995《胶黏剂挠性材料对刚性材料 T 剥离强度试验方法》		
		5	拉伸强度	GB/T 6329—1996《对接接头拉伸强度的测定》		
		6	剪切强度	GB/T 7124—1986《拉伸剪切强度测定方法》 GB/T 18747.2—2002《厌氧胶黏剂剪切强度的测定(轴和套环试验法)》		
		7	扭转强度	GB/T 18747.1—2002《厌氧胶黏剂扭矩强度的测定(螺纹紧固件)》		
		8	耐热性(蠕变法)	HG/T 2815—1996《鞋用胶黏剂耐热性试验方法蠕变法》		
		9	软化点(环球法)	GB/T 15332—1994《热熔胶黏剂软化点(环球法)》		
		10	耐化学试剂性能	GB/T 13353—1992《胶黏剂耐化学试剂性能》		
		11	融熔黏度	HG/T 3660—1999《热熔胶黏剂融熔黏度的测定》		

（续）

序号	产品/产品类别	项目/参数		检测标准(方法)名称及编号(含年号)	限制范围	说明
		序号	名称			
28	胶黏剂	12	乳液试验	GB/T 11175—2002《合成树脂乳液试验方法》		
29	胶黏带	1	剥离强度	GB/T 2792—1998《压敏胶黏度剥离强度》 JIS Z0237—2000 §8《压敏胶黏度剥离强度》		
		2	持黏性	GB/T 4851—1998《压敏胶黏带持黏性》 JIS Z0237—2000 §11《压敏胶黏带持黏性》		
		3	初黏性	GB/T 4852—2002《压敏胶黏带初黏性试验方法(滚球法)》 JIS Z0237—2000 §12《压敏胶黏带初黏性》		
		4	加速老化	GB/T 17875—1999《压敏胶黏带加速老化试验方法》		
		5	带厚度	GB/T 7125—1999《压敏胶黏带和胶粘剂带厚度》		
		6	耐电压	GB/T 7752—1987《绝缘胶黏带工频击穿强度试验方法》		
		7	绝缘电腐性系数	GB/T 15333—1994《绝缘胶黏带电腐性系数》		
		8	耐燃性(悬挂法)	GB/T 15903—1995《压敏胶黏带耐燃性试验方法悬挂法》		
		9	低速解卷强度	GB/T 4850—2002《压敏胶黏带低速解卷强度》 JIS Z 0237—2000 §9《压敏胶黏带低速解卷强度》		
		10	渗透率	GB/T 15331—1994《压敏胶黏带水蒸气透过率》 GB/T 15330—1994《压敏胶黏带水渗透率》		
		11	拉伸强度和伸长率	JIS Z 0237—2000 §6《压敏胶黏带拉伸强度和伸长率》		

参 考 文 献

[1] 伍洪标. 无机非金属材料实验 [M]. 北京：化学工业出版社，2002.
[2] 王玉峰，孙墨珑，张秀成. 物理化学实验 [M]. 哈尔滨：东北林业大学出版社，1995.
[3] 温广玉，许文科. 概率论与数理统计 [M]. 哈尔滨：东北林业大学出版社，2002.
[4] 许承德，王勇. 概率论与数理统计 [M]. 北京：科学出版社，2005.
[5] 陈希孺. 概率论与数理统计 [M]. 北京：科学出版社，2006.
[6] 宋少忠. Excel 公式、函数和图表应用与实例分析 [M]. 北京：水利水电出版社，2008.
[7] 郝红伟，施光凯. Origin 6.0 实例教程 [M]. 北京：中国电力出版社，2003.

北京大学出版社材料类相关教材书目

序号	书　　名	标准书号	主　　编	定价	出版日期
1	金属学与热处理	7-5038-4451-5	朱兴元，刘忆	24	2007.7
2	材料成型设备控制基础	978-7-301-13169-5	刘立君	34	2008.1
3	锻造工艺过程及模具设计	978-7-5038-4453-5	胡亚民，华林	30	2012.3
4	材料成形 CAD/CAE/CAM 基础	978-7-301-14106-9	余世浩，朱春东	35	2008.8
5	材料成型控制工程基础	978-7-301-14456-5	刘立君	35	2009.2
6	铸造工程基础	978-7-301-15543-1	范金辉，华勤	40	2009.8
7	材料科学基础	978-7-301-15565-3	张晓燕	32	2012.1
8	模具设计与制造	978-7-301-15741-1	田光辉，林红旗	42	2012.5
9	造型材料	978-7-301-15650-6	石德全	28	2012.5
10	材料物理与性能学	978-7-301-16321-4	耿桂宏	39	2012.5
11	金属材料成形工艺及控制	978-7-301-16125-8	孙玉福，张春香	40	2010.2
12	冲压工艺与模具设计(第 2 版)	978-7-301-16872-1	牟林，胡建华	34	2010.6
13	材料腐蚀及控制工程	978-7-301-16600-0	刘敬福	32	2010.7
14	摩擦材料及其制品生产技术	978-7-301-17463-0	申荣华，何林	45	2010.7
15	纳米材料基础与应用	978-7-301-17580-4	林志东	35	2010.8
16	热加工测控技术	978-7-301-17638-2	石德全，高桂丽	40	2010.8
17	智能材料与结构系统	978-7-301-17661-0	张光磊，杜彦良	28	2010.8
18	材料力学性能	978-7-301-17600-3	时海芳，任鑫	32	2012.5
19	材料性能学	978-7-301-17695-5	付华，张光磊	34	2012.5
20	金属学与热处理	978-7-301-17687-0	崔占全，王昆林，吴润	50	2012.5
21	特种塑性成形理论及技术	978-7-301-18345-8	李峰	30	2011.1
22	材料科学基础	978-7-301-18350-2	张代东，吴润	36	2012.8
23	DEFORM-3D 塑性成形 CAE 应用教程	978-7-301-18392-2	胡建军，李小平	34	2012.5
24	原子物理与量子力学	978-7-301-18498-1	唐敬友	28	2012.5
25	模具 CAD 实用教程	978-7-301-18657-2	许树勤	28	2011.4
26	金属材料学	978-7-301-19296-2	伍玉娇	38	2011.8
27	材料科学与工程专业实验教程	978-7-301-19437-9	向嵩，张晓燕	25	2011.9
28	金属液态成型原理	978-7-301-15600-1	贾志宏	35	2011.9
29	材料成形原理	978-7-301-19430-0	周志明，张弛	49	2011.9
30	金属组织控制技术与设备	978-7-301-16331-3	邵红红，纪嘉明	38	2011.9
31	材料工艺及设备	978-7-301-19454-6	马泉山	45	2011.9
32	材料分析测试技术	978-7-301-19533-8	齐海群	28	2011.9
33	特种连接方法及工艺	978-7-301-19707-3	李志勇，吴志生	45	2012.1
34	材料腐蚀与防护	978-7-301-20040-7	王保成	38	2012.2
35	金属精密液态成形技术	978-7-301-20130-5	戴斌煜	32	2012.2
36	模具激光强化及修复再造技术	978-7-301-20803-8	刘立君，李继强	40	2012.8
37	高分子材料与工程实验教程	978-7-301-21001-7	刘丽丽	28	2012.8

电子书(PDF 版)、电子课件和相关教学资源下载地址：http://www.pup6.cn/ 欢迎下载。
欢迎免费索取样书，可在网站上在线填写样书索取信息。
联系方式：010-62750667，童编辑，13426433315@163.com，pup_6@126.com，欢迎来电来信。